Solutions Manual

Basics of Quantum Mechanics

기본 양자역학 문제 풀이집

이창영 지음

북스힐

풀이집을 펴내며

이 풀이집은 기본 양자역학의 각 장에 주어진 문제들을 상세하게 풀이한 책이다. 처음에는 다른 교재들처럼 풀이집은 출판하지 않으려고 생각하였지만, 많은 학생들이 문제가 이해되지 않거나 어렵다고 생각하여 지레 풀기를 포기하는 경우가 많음을 익히 알기에 차라리 풀이 과정을 보고 이해하여 양자역학 개념에 대한 이해와 적용을 더 잘 하는 것이 도움이 되리라 생각하여 풀이집도 따로 출판하기로 결정하였다.

대부분의 학부 전공 책들은 강의교재로 쓰이는 경우에 강의하는 선생에게만 문제에 대한 풀이집을 비공개로 제공하고 있다. 하지만 그렇게 학생들에게 비공개되어야 할 풀이집들이 거의 대다수 강의의 경우에 상당수 학생들에게 퍼져 있는 것 또한 사실이다. 그렇게 은연 중에 퍼져 있는 풀이집으로 인해서 통상 하듯이 교재의 문제들을 숙제로 낼 경우 풀이집의 풀이를 그대로 베껴내는 경우도 종종 볼 수 있다.

풀이집을 보고 이해를 하는 것 그 자체는 하등 나쁜 일이 아니라고 생각한다. 물리 공부에 진심인 상당수 학생들이 소장하고 있는 Landau-Lifshitz 물리학 이론 강좌 시리즈의 경우에도 본문에 나온 모든 문제들에 대한 상세한 풀이가 주어져 있다. 그 이유는 그렇게 풀이가 있는 문제들을 대다수 교재의 풀이가 있는 예제들의 확장이라고 볼 수도 있기 때문이다. 문제에 대한 상세한 설명을 통하여 관련 개념들을 더 완전하게 잘 이해한다면, 풀이를 보고 알았다고 하더라도 나쁠 것은 없기 때문이다. 다만, 본문이나 예제 등을 통해 기본적인 개념을 이해하고 그 적용 방법을 알았다면, 다양한 경우에 응용하는 것을 풀이를 보기 전에 먼저 시도하는 것이 이해와 생각의 폭을 넓히는데 더욱 도움이 될 것이기에 풀이에 의존하기에 앞서 좀 더 끈질기게 궁리하며 생각의 힘을 기르는 것은 매우 중요하다. 장차 연구의 길에 들어선다면, 이해되지 않은 현상에 대해서 스스로 답을 구하는 과정 역시도 마찬가지 과정이기 때문이다.

그런데 처음 개념들을 접하는 경우에, 그러한 의지가 승리하기에 앞서 많은 학생들이 어느 정도 풀다가 풀리지 않는 경우 아예 문제 풀기를 포기하는 경우가 꽤 있다. 문제가 이해되지 않고 정히 풀리지 않아 좌절이 오는 경우에는 차라리 풀이집을 보고서라도 좌절 대신 이해를 해 나가는 것이 오히려 더 도움이 될 것이다. 아마도 그런 연유에서 Landau-Lifshitz 시리즈에서도 모든 문제에 대한 자세한 풀이가 주어져 있지 않나 생각한다.

특히나 이제 양자역학이 물리학 전공자에게 뿐만아니라 양자계산이나 양자암호, 양자통신 등 앞으로 더 중요하게 자리잡을 양자기술 quantum engineering 분야에서도 기본 개념들에 대한 철저한 이해는 그런 분야를 연구해 나가는데 있어서 매우 중요할 것이다. 그래서 본 교재인 기본 양자역학의 독자들이 주어진 도움말을 활용하여 열심히 문제를 풀어 본 연후에, 풀이집의 풀이와 비교하여 모든 개념들을 보다 완벽하게 이해한다면 더 큰 도움이 되지 않을까 생각한다. 그런 관점에서 부디 독자들이 먼저 주어진 문제에 대해서 열심히 풀거나 또는 끈질긴 시도를 해 본 연후에 풀이집을 참고하기 바라는 바이다.

2023년 가을,　한누리 이창영

차례

제1장 양자역학의 등장

1.1 1). 스테판-볼츠만 공식의 유도: 식 (1.26)으로 주어진 플랑크의 흑체복사 에너지 밀도를 써서 스테판-볼츠만 공식을 유도하라.

$$U(T) = \int_0^\infty d\nu\, u(\nu, T) \equiv aT^4, \quad a = \frac{\pi^2 k_B^4}{15\hbar^3 c^3} = 7.56 \times 10^{-15}\text{erg/cm}^3 K^4$$

도움말: 다음의 적분 관계식들을 참고하라. $\int_0^\infty x^n e^{-x} dx = n!$, $\zeta(s) = \sum_{n=1}^\infty n^{-s}$

$$\int_0^\infty \frac{x^3}{e^x - 1} dx = \int_0^\infty x^3 e^{-x} \sum_{n=0}^\infty e^{-nx} dx = \sum_{n=0}^\infty \frac{1}{(n+1)^4} \int_0^\infty y^3 e^{-y} dy = 3!\zeta(4) = \frac{\pi^4}{15}$$

2). 흑체에서 나오는 복사 일률 emmisve power 이 다음과 같음을 보여라.

$$P(T) = \int_{\text{반구}} dP = \frac{1}{4} cU(T) \equiv \sigma T^4, \quad \sigma = \frac{\pi^2 k_B^4}{60\hbar^3 c^2} = 5.67 \times 10^{-5}\text{erg/cm}^2 K^4\text{sec}$$

우리는 σ 를 스테판-볼츠만 상수 Stefan-Boltzmann constant 라고 한다.

도움말: 흑체가 무한히 큰 비어 있는 구껍질에 있는 단위 면적의 구멍이라고 생각하고, 그 구껍질 안의 복사파들이 단위 시간 당 그 구멍으로 빠져나가는 복사 에너지를 계산하라. 복사 에너지는 빛의 속력으로 전파되므로, 단위 시간 당 전파되는 거리는 빛의 속력 c 이다. 무한히 큰 구껍질의 표면은 평면으로 근사할 수 있으므로, 흑체 구멍을 중심으로 하는 반지름 c 인 반구 내의 모든 부분에서 그 흑체 구멍을 통하여 빠져나가는 복사 에너지의 합을 구하면 된다. 여기서 구멍이 x-y 평면 상의 원점에 위치한다고 하자. 그러면 (r, θ, ϕ) 지점에 위치한 체적소 $dv = r^2 dr \sin\theta d\theta d\phi$ 로부터 단위 면적의 이 구멍으로 빠져나가는 복사 에너지는 그 지점에서 구멍이 갖는 입체각 solid angle Ω 를 4π로 나눈 값에 체적소가 갖는 복사 에너지를 곱한 값이 될 것이다. 즉, $dP = \frac{\Omega}{4\pi} U dv$ 인데 구멍의 크기는 단위 면적이고 체적소 dv 는 z 축과 θ 의 각도로 기울어진 곳에 있으므로, 체적소의 관점에서 구멍이 갖는 입체각은 $\Omega = \frac{\cos\theta}{r^2}$ 가 된다.

풀이: 1). 전체 흑체복사 에너지 밀도는 모든 진동수에서의 에너지 밀도를 합한 것이

므로 다음과 같다.

$$U(T)=\int_0^\infty d\nu\frac{8\pi h\nu^3}{c^3}\cdot\frac{1}{e^{\frac{h\nu}{k_BT}}-1}=\frac{8\pi h}{c^3}(\frac{k_BT}{h})^4\int_0^\infty dx\ x^3\frac{1}{e^x-1}=\frac{\pi^2k_B^4T^4}{15c^3\hbar^3}$$

2). 반지름 c 인 반구 내에서 구멍으로 향하는 복사 에너지의 합은 다음과 같다.

$$\begin{aligned} P(T) &= \int_{\text{반구}} dP = \int_{\text{반구}} \frac{\Omega}{4\pi}U dv \\ &= \frac{U}{4\pi}\int_0^{2\pi} d\phi\int_0^{\pi/2} d\theta\sin\theta\int_0^c dr\ r^2\ \frac{\cos\theta}{r^2} \\ &= \frac{U}{2}c\int_0^1 dx\ x = \frac{1}{4}cU = \frac{\pi^2k_B^4T^4}{60\hbar^3c^2} \end{aligned}$$

1.2 반경 1m 의 구형 위성이 태양 주위에서 원궤도 운동을 하고 있다. 위성에서 바라보는 태양의 입체각은 8×10^{-5} sr(steradian) 이라고 한다. 위성의 표면 온도가 균일하고, 위성의 복사 일률이 파장에 무관하다고 할 때, 위성 표면의 온도는 얼마인가? 태양의 표면온도는 $6,000K$로 놓고 계산하라. 위성 표면의 복사 에너지 흡수율과 방출율은 같다고 가정한다.

도움말: 위성에서 태양까지의 거리를 D, 태양의 반경을 R 이라고 하면, 태양이 갖는 입체각은 $\Omega=\frac{\pi R^2}{D^2}$ 이고, 태양이 방출하는 전체 복사 일률은 $4\pi R^2\sigma T_S^4$ 이다. 태양에서 위성만큼 떨어진 거리에서 태양빛을 받는 전체 표면적은 $4\pi D^2$ 이므로, 위성의 궤도에서 단위 면적 당 받는 복사 일률은 $\frac{4\pi R^2\sigma T_S^4}{4\pi D^2}=\Omega\sigma T_S^4/\pi$ 로 주어진다. 여기서 σ 는 문제 1.1의 2)번에서 얻은 스테판-볼츠만 상수이고, T_S 는 태양의 표면온도이다. 평형상태에서는 흡수하는 에너지와 방출하는 에너지가 같음을 써라.

풀이: 위성의 반경을 r, 흡수율을 ϵ 이라고 하자. 도움말에서 주어진 단위 면적 당 받는 복사 일률을 쓰면 위성 표면이 흡수하는 시간당 에너지는 다음과 같이 주어진다.

$$\pi r^2\Omega\sigma T_S^4\epsilon/\pi=r^2\Omega\sigma T_S^4\epsilon$$

한편, 위성이 방출하는 시간당 에너지는 위성 표면의 온도를 T 라고 하면 $4\pi r^2\sigma T^4\epsilon$ 이다. 이 두 값이 서로 같아야 하므로, 위성 표면의 온도는 다음과 같다.

$$T=(\frac{\Omega}{4\pi})^{1/4}\ T_S=(\frac{8\times10^{-5}}{4\pi})^{1/4}\times6,000\simeq301K$$

1.3 플랑크의 흑체복사 공식 (1.26)으로부터 빈의 변위법칙 식 (1.2)를 유도하라.

도움말: 흑체복사 공식을 파장으로 표현한 다음, 파장에 대한 최대값을 구한다. 진동수와 파장은 서로 역수이므로 $u(\nu,T)d\nu = -u(\lambda,T)d\lambda$ 에서 $u(\lambda,T) = u(\nu,T)|\frac{d\nu}{d\lambda}|$ 가 되어 $u(\lambda,T) = \frac{c}{\lambda^2}u(\frac{c}{\lambda},T)$가 된다. 여기서 $u(\lambda,T)$의 최대값을 주는 파장은 $\frac{du}{d\lambda} = 0$ 의 조건식을 만족한다. $\frac{hc}{k_B\lambda T} \equiv x$ 로 놓았을 때, 먼저 이 조건식이 $xe^x - 5e^x + 5 = 0$ 이 됨을 보여라. 이 방정식을 만족하는 x 값은 대략 $x \simeq 4.965$ 이다.

풀이: 먼저 파장으로 표시한 에너지 밀도는 다음과 같다.

$$u(\lambda,T) = \frac{c}{\lambda^2}\cdot\frac{8\pi h}{\lambda^3}\frac{1}{e^{\frac{ch}{k_B\lambda T}}-1} = \frac{8\pi hc}{\lambda^5}\frac{1}{e^{\frac{ch}{k_B\lambda T}}-1}$$

그리고 $\frac{du}{d\lambda} = 0$ 에서 다음의 방정식을 얻는다.

$$\begin{aligned}\frac{du}{d\lambda} &= \frac{d}{d\lambda}\left(\frac{8\pi hc}{\lambda^5}\frac{1}{e^{\frac{ch}{k_B\lambda T}}-1}\right)\\ &= \left[\frac{-40\pi hc}{\lambda^6}\left(e^{\frac{ch}{k_B\lambda T}}-1\right) - \frac{8\pi hc}{\lambda^5}e^{\frac{ch}{k_B\lambda T}}\left(\frac{-ch}{k_B\lambda^2 T}\right)\right]\left(e^{\frac{ch}{k_B\lambda T}}-1\right)^{-2}\\ &= 0\end{aligned}$$

여기서 $\frac{hc}{k_B\lambda T} \equiv x$ 로 놓으면, 위 식은 다음과 같이 된다.

$$\frac{5}{\lambda}(e^x-1) + e^x\left(\frac{-x}{\lambda}\right) = 0 \Rightarrow xe^x - 5e^x + 5 = 0$$

도움말에서 이 방정식을 만족하는 최대 세기가 되는 파장($\lambda_{\max}$)에서의 x 값이 4.965로 주어졌으므로, $\frac{hc}{k_B\lambda T} = x$ 의 관계에서 다음 결과를 얻는다.

$$\begin{aligned}\lambda_{\max}T &= \frac{hc}{4.965k_B}\\ &= \frac{6.6261\times10^{-27}[\text{erg}\cdot\text{s}]\times3\times10^{10}[\text{cm/s}]}{4.965\times1.3807\times10^{-16}[\text{erg/K}]} \simeq 2.90\times10^{-1}\text{cm}K\end{aligned}$$

1.4 어떤 금속에 500nm의 빛을 쪼였을 때 발생하는 광전효과에 의한 전류를 중단하는데 필요한 전압이 $0.25V$ 였다. 이 금속의 일함수는 얼마인가? 이 금속에 다른 빛을 쪼였을 때 광전효과에 의한 전류를 중단하는데 필요한 전압이 $1V$ 였다면 그 빛의 파장은 얼마이겠는가?

도움말: 광전효과 전류를 중단시키는데 필요한 전압을 V, 일함수를 Φ 라고 하면, 다음의 관계가 성립한다: $eV = hc/\lambda - \Phi$. 여기서 e 는 전자의 전하량이다.

풀이: 주어진 관계식으로부터 일함수는 다음과 같다. 단위는 MKS로 통일.

$$
\begin{aligned}
\Phi &= hc/\lambda - eV \\
&= 6.6261 \times 10^{-34}[\mathrm{J \cdot s}] \times 3 \times 10^{8}[\mathrm{m/s}]/5 \times 10^{-7}[m] - 1.6 \times 10^{-19}[\mathrm{Coul}] \times 0.25[\mathrm{Volt}] \\
&= 3.576 \times 10^{-19} J
\end{aligned}
$$

위의 관계식에서 두 번째 빛의 파장은 다음과 같이 주어진다.

$$
\lambda = \frac{hc}{\Phi + eV} = \frac{6.6261 \times 10^{-34}[\mathrm{J \cdot s}] \times 3 \times 10^{8}[\mathrm{m/s}]}{3.576 \times 10^{-19}[\mathrm{J}] + 1.6 \times 10^{-19}[\mathrm{Coul}] \times 1[\mathrm{Volt}]} = 3.84 \times 10^{-7}\mathrm{m}
$$

1.5 정지 상태에 있는 전자에 $1MeV$의 에너지를 가진 광자가 탄성 충돌하여 원래의 진행방향에서 60^o의 각도로 산란하였다. 충돌 후 이 광자의 에너지는 얼마이겠는가?

풀이: 식 (1.29)를 적용하면 다음과 같이 된다.

$$
\lambda' - \lambda = \frac{h}{mc}(1 - \cos 60^o) = \frac{6.6261 \times 10^{-34} Js}{9.1 \times 10^{-31} kg \times 3 \times 10^{8} m/s}(1 - 0.5) = 1.21 \times 10^{-12} m
$$

여기서 원래 파장은 $hc/\lambda = 1MeV$에서 다음과 같이 된다.

$$
\lambda = hc/1MeV = \frac{6.6261 \times 10^{-34}[\mathrm{J \cdot s}] \times 3 \times 10^{8}[\mathrm{m/s}]}{1.6 \times 10^{-13} J} = 1.24 \times 10^{-12} m
$$

따라서 $\lambda' - \lambda = 1.21 \times 10^{-12} m$ 에서 나중 파장은 $\lambda' = 2.45 \times 10^{-12} m$ 가 되고, 그 에너지는 다음과 같다.

$$
E' = hc/\lambda' = \frac{6.6261 \times 10^{-34}[\mathrm{J \cdot s}] \times 3 \times 10^{8}[\mathrm{m/s}]}{2.45 \times 10^{-12} m} = 8.11 \times 10^{-14} J = 0.51 MeV
$$

1.6 고전 전자기 이론에 따르면 가속 운동을 하는 전하는 에너지를 방출한다. 그 복사일률은 CGS 단위계에서 다음과 같이 주어진다.[1]

$$
P = \frac{2q^2 a^2}{3c^3}
$$

[1] MKS 단위계에서는 $P = \frac{\mu_0 q^2 a^2}{6\pi c}$ 으로 주어진다.

여기서 q 는 전하량이고, a 는 가속도이며, c 는 빛의 속력이다.

1). 수소 원자에서 전자가 처음에 보어 반경 $a_0 \simeq 0.53 \times 10^{-10} m$ 의 고전적인 원궤도 운동을 하고 있었다면, 이때 전자가 방출하는 복사 일률과 궤도 운동의 주기를 구하라.

2). 계산의 편의를 위해 전자의 궤도가 변해도 복사 일률이 변하지 않고[2] 쿨롱 인력과 원심력이 균형을 이룬다고 가정하면, 전자의 궤도 반경이 절반으로 줄어드는데 걸리는 시간은 얼마인가? 문제를 간단히 하기 위해 위치에너지의 변화에서 전자가 전자파 복사로 잃어버린 에너지를 뺀 것이 궤도 운동에너지의 변화(증가)와 같다고 가정하라.

풀이: 모든 궤도 반경에서 원궤도 운동이 유지된다고 근사하고, 각 지점에서 쿨롱 인력과 원심력이 균형을 이룬다고 하면, 다음 관계가 성립할 것이다.

$$\frac{mv^2}{r} = \frac{e^2}{r^2} \quad \longrightarrow \quad K.E. = \frac{1}{2}mv^2 = \frac{e^2}{2r}, \quad v = \frac{e}{\sqrt{mr}}, \quad a = \frac{v^2}{r} = \frac{e^2}{mr^2}$$

1). 따라서 복사 일률과 주기는 각각 다음과 같다.

$$P = \frac{2e^2}{3c^3}\frac{e^4}{m^2 a_0^4} = \frac{2(4.8 \times 10^{-10}\text{esu})^6}{3(3 \times 10^{10}\text{cm/s})^3(9.1 \times 10^{-28}\text{g})^2(0.53 \times 10^{-8}\text{cm})^4} = 4.61 \times 10^{-1}\text{erg/s}$$

$$T = \frac{2\pi r}{v} = \frac{2\pi\sqrt{ma_0^3}}{e} = \frac{2 \times 3.14 \times \sqrt{9.1 \times 10^{-28}\text{g}(0.53 \times 10^{-8}\text{cm})^3}}{4.8 \times 10^{-10}\text{esu}} = 1.52 \times 10^{-16}\ \text{s}$$

참고로 처음 속도는 다음과 같다.

$$v_0 = \frac{e}{\sqrt{ma_0}} = \frac{4.8 \times 10^{-10}\text{esu}}{\sqrt{9.1 \times 10^{-28}\text{g} \times 0.53 \times 10^{-8}\text{cm}}} = 2.16 \times 10^8\text{cm/s} \ < 0.01c$$

2). 처음과 나중 궤도에서의 궤도 운동에너지와 위치에너지는 각각 다음과 같다.

$$(K.E.)_i = -V_i/2 = \frac{e^2}{2r_0} = \frac{(4.8 \times 10^{-10}\text{esu})^2}{2 \times 0.53 \times 10^{-8}\text{cm}} = 2.17 \times 10^{-11}\text{erg}$$

$$(K.E.)_f = -V_f/2 = \frac{e^2}{2r_0/2} = \frac{(4.8 \times 10^{-10}\text{esu})^2}{0.53 \times 10^{-8}\text{cm}} = 4.35 \times 10^{-11}\text{erg}$$

여기서 위치에너지의 변화에서 전자가 전자파 복사로 잃어버린 에너지를 뺀 것이 궤도 운동에너지의 변화(증가)와 같다고 하면,

$$(V_i - V_f) - Pt_{1/2} = (K.E.)_f - (K.E.)_i \ \rightarrow \ \frac{V_i - V_f}{2} = Pt_{1/2}$$

[2]실제로 1)의 계산 과정에서 보겠지만 원궤도 운동하는 전자의 복사 일률은 r^{-4}에 비례한다.

따라서 걸린 시간은 다음과 같다.

$$t_{1/2} = \frac{V_i - V_f}{2P} = \frac{(4.35 - 2.17) \times 10^{-11}\text{erg}}{2 \times 4.61 \times 10^{-1}\text{erg/s}} = 2.36 \times 10^{-11}\text{s}$$

고전 전자기 이론에 따를 경우, 복사 일률은 궤도가 줄어들수록 r^4에 반비례하여 커지므로, 궤도 운동하는 전자는 나선을 그리며 더 빨리 원자핵으로 떨어질 것이다.

1.7 궤도반경 r 과 각진동수 w 는 0 이 아니라고 가정하고, 원운동을 하는 조화 떨개의 에너지 준위를 보어의 각운동량 양자화 가정 $mvr = n\hbar$ 를 써서 구하라. 이때 조화 떨개의 에너지는 각진동수 w 로 다음과 같이 주어진다.

$$E = \frac{p^2}{2m} + \frac{1}{2}mw^2r^2$$

도움말: 원운동에서 성립하는 $v = rw$ 의 관계를 사용하라.

풀이: 운동에너지에 $v = rw$ 의 관계를 적용하면 다음과 같다.

$$\frac{p^2}{2m} = \frac{m^2v^2}{2m} = \frac{mr^2w^2}{2}$$

다음으로 각운동량 양자화 관계식은 다음과 같이 쓸 수 있다.

$$mvr = mr^2w = n\hbar$$

이 관계를 쓰면 운동에너지와 위치에너지는 각각 다음과 같이 쓸 수 있다.

$$\frac{p^2}{2m} = \frac{mr^2w^2}{2} = \frac{mr^2w}{2}w = \frac{1}{2}n\hbar w, \quad \frac{1}{2}mw^2r^2 = \frac{1}{2}n\hbar w$$

따라서 전체 에너지는 $E = n\hbar w,\ \ n = 1, 2, \cdots$ 로 주어진다. 참고로 r 이 0 인 상태에서 처음에 정지해 있었다면 $E = 0$ 이 될 것이다.

1.8 본문에서 우리는 빛의 경우 파장이 $\lambda = c/\nu$ (ν 는 진동수)로 주어지므로, 아인슈타인의 광전효과 이론에 따른 빛 입자의 에너지 표현 $E = h\nu$ 를 쓰면 파장은 $\lambda = hc/E$ 가 되어 상대론적 에너지 관계식 $E = \sqrt{p^2c^2 + m^2c^4}$ 에서 질량이 0 인 빛의 경우 $E = pc$ 가 되어 파장은 $\lambda = hc/E = h/p$, 즉 드브로이 파장과 같아짐을 보았다.

반대로 우리가 물질파 가설에 따라 드브로이 파장 $\lambda = h/p$ 이 모든 입자에 적용된다고 가정하고, 아인슈타인의 광전효과 이론에 따라 빛의 에너지가 $E = h\nu$ 로 주어진다고 가정하면, 빛의 질량이 0 이 되어야 함을 보여라.

도움말: 질량이 m, 속력이 v 인 입자의 운동량은 $p = \gamma mv$, 에너지는 $E = \gamma mc^2$ 임을 이용하라. 여기서 $\gamma = (1 - v^2/c^2)^{-1/2}$ 이다.

풀이: 파장의 두 관계식을 다시 쓰면 다음과 같다.

$$\lambda = \frac{h}{p} = \frac{h}{\gamma mv}, \quad \lambda = \frac{c}{\nu} = \frac{hc}{E} = \frac{hc}{\gamma mc^2},$$

따라서 두 식이 동시에 만족되려면 $v = c$ 가 되어야 한다. 그리고 $v \to c$ 일 때 $\gamma \to \infty$ 이므로 파장이 유한한 값을 가지려면 $v = c$ 가 될 때 $m = 0$ 이 되어야 한다.

1.9 X-선의 파장 영역에서 물질파로서 중성자는 같은 파장의 X-선에 비해 훨씬 낮은 에너지를 갖고, 전기적으로 중성이므로 물질의 구조나 특성을 파악하는 회절실험 등에서 유리한 점이 많다. 실제로 비슷한 파장 대에서 중성자의 에너지는 X-선 에너지의 백만분의 1 정도에 불과해 시료에 가해질 수 있는 손상도 피할 수 있다. 아래 각각의 경우에 파장을 계산하여 이를 확인하라.

1). 5meV의 에너지를 가지는 중성자의 드브로이 파장을 구하라.

2). 5keV의 에너지를 가지는 X-선의 파장을 구하라.

풀이: 1). 중성자의 운동에너지 $E = \frac{p^2}{2m}$ 에서 운동량은 $p = \sqrt{2mE}$로 주어진다. 따라서 드브로이 파장 $\lambda = \frac{h}{p}$ 는 다음과 같다.

$$\lambda = \frac{h}{\sqrt{2mE}} = \frac{6.626 \times 10^{-27}\text{erg} \cdot \text{s}}{\sqrt{2 \times 1.675 \times 10^{-24}\text{g} \times 5 \times 10^{-3} \times 1.6 \times 10^{-12}\text{erg}}} = 4{\times}10^{-8}\text{cm} = 4\mathring{A}$$

2). X-선의 파장과 에너지는 $\lambda = \frac{c}{\nu}$ 와 $E = h\nu$ 로 주어지므로 파장은 다음과 같다.

$$\lambda = \frac{c}{\nu} = \frac{c\ h}{E} = \frac{3 \times 10^{10}\text{cm/s} \times 6.626 \times 10^{-27}\text{erg} \cdot \text{s}}{5 \times 10^3 \times 1.6 \times 10^{-12}\text{erg}} = 2.48 \times 10^{-8}\text{cm} \simeq 2.5\mathring{A}$$

1.10 Dicke-Wittke cage: 원통의 반지름이 R 이고 원통의 원주를 따라 N 개의 창살이 균일한 간격으로 있는 원통형 새장을 생각하자. 이 경우 원주 상의 창살 사이 간격 d 는 다음과 같이 주어질 것이다.

$$d = 2\pi R/N$$

이제 원통의 중심축에서 방사상으로 고루게 복사파가 나온다고 하자. 이때 창살들이 회절 격자의 역할을 하여 복사파가 원래의 방사(지름) 방향으로부터 각도 θ 로 산란할 때 그 세기가 최대가 되었다고 하면, 복사파의 파장과 창살 사이의 간격은 보강간섭이 일어나는 다음의 관계를 만족할 것이다.

$$d\sin\theta = n\lambda, \quad n = 1, 2, 3, \cdots$$

한편, 복사파를 입자의 관점에서 보면 복사파에 의해 새장에 전달되는 원주의 접선 방향 충격량은 복사파 입자의 운동량을 p 라고 할 때 $p\sin\theta$ 가 될 것이다. 따라서 복사파 입자에 의해 새장에 전달되는 각운동량은 다음과 같이 될 것이다.

$$L = Rp\sin\theta$$

여기서 물질파 가설을 적용하여 복사파의 파장이 드브로이 파장에 해당한다면, 운동량과 드브로이 파장의 관계 $p = h/\lambda$ 를 써서 복사파로부터 새장이 얻는 각운동량이 다음과 같이 양자화 됨을 보여라.

$$L = Nn\hbar$$

풀이: 처음 두 관계식으로부터 파장은 다음의 관계를 만족한다.

$$\lambda = d\sin\theta/n = \frac{2\pi R}{Nn}\sin\theta$$

따라서 각운동량은 드브로이 파장을 써서 다음과 같이 주어진다.

$$L = Rp\sin\theta = \frac{Rh}{\lambda}\sin\theta = \frac{RhNn}{2\pi R} = \frac{Nnh}{2\pi} = Nn\hbar$$

1.11 식 (1.75) 유도: $[P, X] = \frac{\hbar}{i}$ 의 관계식을 사용하여, $V(X)$가 X의 다항식으로 표현될 때, 다음의 관계가 성립함을 보여라.

$$[P, V(X)] = \frac{\hbar}{i}\frac{dV(X)}{dX}$$

풀이: $[P, X^2] = X[P, X] + [P, X]X = 2X\frac{\hbar}{i}$,
$[P, X^3] = X[P, X^2] + [P, X]X^2 = 2X^2\frac{\hbar}{i} + \frac{\hbar}{i}X^2 = \frac{\hbar}{i}3X^2$

$[P,X^4]=X[P,X^3]+[P,X]X^3=\frac{\hbar}{i}3X^3+\frac{\hbar}{i}X^3=\frac{\hbar}{i}4X^3$

즉, $[P,X^n]=\frac{\hbar}{i}nX^{n-1},\quad n=1,2,3,\cdots$ 의 관계가 성립한다. 따라서 $V(X)$가 X의 다항식, 즉 $V(X)=\sum_{n=0}^{N}c_nX^n$ 일 경우, 다음의 관계가 성립한다.

$$[P,V(X)]=\sum_{n=0}^{N}c_n[P,X^n]=\frac{\hbar}{i}\sum_{n=0}^{N}nc_nX^{n-1}=\frac{\hbar}{i}\frac{dV(X)}{dX}$$

1.12 문제 1.11에서 주어진 관계는 X 의 지수가 음의 정수인 경우에도 성립한다. 이를 위해서 $XX^{-1}=X^{-1}X=1$ 의 관계가 성립할 때, $[P,X]=\frac{\hbar}{i}$ 의 관계식을 사용하여 다음의 관계가 성립함을 보여라. 아래 식에서 X^{-n} 은 $(X^{-1})^n$ 을 뜻한다.

$$[P,X^{-n}]=-\frac{\hbar}{i}nX^{-n-1}\equiv\frac{\hbar}{i}\frac{d}{dX}X^{-n}\ ,\quad n=1,2,\cdots$$

도움말: $[P,1]=0$ 이고 $[P,XX^{-1}]=X[P,X^{-1}]+[P,X]X^{-1}$ 임을 사용하라.

풀이: $[P,XX^{-1}]=0$ 에서 $X[P,X^{-1}]=-[P,X]X^{-1}=-\frac{\hbar}{i}X^{-1}$ 의 관계가 성립한다. 이 식의 양변에 좌측으로부터 X^{-1} 을 곱해주면 아래의 관계식을 얻을 수 있다.

$$X^{-1}\left(X[P,X^{-1}]=-\frac{\hbar}{i}X^{-1}\right)\ \rightarrow\ [P,X^{-1}]=-\frac{\hbar}{i}X^{-2}$$

다음으로 $[P,X^{-2}]=[P,X^{-1}X^{-1}]$ 이므로, 위의 결과를 쓰면 다음 관계를 얻는다.

$$[P,X^{-2}]=[P,X^{-1}]X^{-1}+X^{-1}[P,X^{-1}]=-\frac{\hbar}{i}X^{-2}X^{-1}-X^{-1}\frac{\hbar}{i}X^{-2}=-2\frac{\hbar}{i}X^{-3}$$

마찬가지로 $[P,X^{-3}]=[P,X^{-1}X^{-2}]$ 이므로, 위의 결과들을 쓰면 다음 관계를 얻는다.

$$[P,X^{-3}]=[P,X^{-1}]X^{-2}+X^{-1}[P,X^{-2}]=-\frac{\hbar}{i}X^{-2}X^{-2}-2X^{-1}\frac{\hbar}{i}X^{-3}=-3\frac{\hbar}{i}X^{-4}$$

$[P,X^{-4}]$ 의 경우도 $[P,X^{-4}]=[P,X^{-1}X^{-3}]$ 으로 쓰고 위와 같은 계산을 반복하면 다음과 같다.

$$[P,X^{-4}]=-\frac{\hbar}{i}X^{-2}X^{-3}-3X^{-1}\frac{\hbar}{i}X^{-4}=-4\frac{\hbar}{i}X^{-5}\equiv\frac{\hbar}{i}\frac{d}{dX}X^{-4}$$

이를 반복하면, 임의의 자연수 n 에 대해서는 다음의 관계가 성립함을 알 수 있다.
$[P,X^{-n}]=-\frac{\hbar}{i}nX^{-n-1}\equiv\frac{\hbar}{i}\frac{d}{dX}X^{-n}$

1.13 식 (1.77) 유도: 운동량의 경우도 위치와 마찬가지로 다음과 같이 표현하면

$$P_{nm}(t) = P_{nm}\exp(2\pi i\nu_{nm}t),$$

운동량의 시간 변화는 아래와 같이 표현됨을 보여라.

$$\frac{d}{dt}P = \frac{i}{\hbar}(HP - PH)$$

풀이: 본문에서 주어진 $\nu_{nm} = (E_n - E_m)/h$ 의 관계를 쓰면 다음의 관계식이 성립한다.

$$\begin{aligned}\frac{d}{dt}P_{nm}(t) &= P_{nm}2\pi i\nu_{nm}\exp(2\pi i\nu_{nm}t)\\ &= P_{nm}2\pi i\frac{E_n - E_m}{h}\exp(2\pi i\nu_{nm}t)\\ &= \frac{i}{\hbar}(E_nP_{nm}(t) - P_{nm}(t)E_m)\end{aligned}$$

여기서 본문에서 설명한 바와 같이 에너지는 대각행렬로 주어지는 해밀토니안 H 로 표현되는 물리량이며, E_n 은 그 행렬의 n 번째 대각원소이다. 또한 $P_{nm}(t)$ 는 운동량 P 에 대한 행렬 표현의 (nm)번째 행렬 요소라고 할 수 있으므로, 위식은 다음과 같은 행렬식의 (nm)번째 요소에 해당한다.

$$\left[\frac{d}{dt}P\right]_{nm} = \left[\frac{i}{\hbar}(HP - PH)\right]_{nm}$$

1.14 다음의 자코비 항등식 Jacobi identity 이 성립함을 보여라.

$$[A,[B,C]] + [B,[C,A]] + [C,[A.B]] = 0$$

풀이: $[A,[B,C]] = A[B,C] - [B,C]A = ABC - ACB - BCA + CBA$
$[B,[C,A]] = B[C,A] - [C,A]B = BCA - BAC - CAB + ACB$
$[C,[A,B]] = C[A,B] - [A,B]C = CAB - CBA - ABC + BAC$
위 세 식을 다 더하면 0 이 된다.

제2장 양자역학의 체계 I

2.1 입자의 상태를 기술하는 파동이 파동묶음처럼 전파되어 갈 때 우리는 파동함수를 식 (2.17)과 같이 공간과 시간의 함수로 표현할 수 있을 것이다.

$$\Psi(x,t) = \int_{-\infty}^{\infty} dp\ \phi(p) \exp[i(px - Et)/\hbar]$$

자유입자의 경우, $E = \frac{p^2}{2m} = \frac{\hbar^2 k^2}{2m}$ 으로 쓸 수 있으므로 이는 다시 파수와 운동량 사이의 관계 $p = \hbar k$ 를 써서 다음과 같이 쓸 수 있다.

$$\Psi(x,t) = \int_{-\infty}^{\infty} dk\ g(k) \exp[i(kx - \frac{\hbar k^2}{2m} t)]$$

이 경우 본문의 방식에 따르면 $w = \frac{\hbar k^2}{2m}$ 이므로, 군속도는 $v_{\rm gp} = \frac{dw}{dk} = \frac{\hbar k}{m}$ 로 주어진다. 이제 시간 $t = 0$ 일 때, 파동함수가 다음과 같이 주어졌다고 하자.

$$\Psi(x,0) = N \exp(-\alpha x^2 + iux)$$

1). 규격화 상수 N 을 구하고, 푸리에 변환을 써서 $g(k)$ 를 구하여 임의의 시간에서의 파동함수를 구하라. 여기서 u 는 양의 상수이다.

2). 위치의 기대값 $< x >$ 를 구하여 파동이 $+x$ 방향으로 전파됨을 보여라.

풀이: 1). 먼저 규격화 조건을 구한다.

$$\begin{aligned} 1 &= \ < \Psi(x,0)|\Psi(x,0) > = |N|^2 \int_{-\infty}^{\infty} dx\ \exp(-\alpha x^2 - iux)\exp(-\alpha x^2 + iux) \\ &= |N|^2 \int_{-\infty}^{\infty} dx\ \exp(-2\alpha x^2) = |N|^2 \sqrt{\frac{\pi}{2\alpha}} \end{aligned}$$

따라서 규격화 상수 N 은 다음과 같다.

$$N = \left(\frac{2\alpha}{\pi}\right)^{1/4}$$

다음으로 임의의 시간에서 파동함수를 구하기 위해서 $g(k)$ 를 다음 관계식에서 구한다.

$$\Psi(x,0) = \int_{-\infty}^{\infty} dk\ g(k) \exp(ikx)$$

즉, $\Psi(x,0)$ 를 역 푸리에 변환하여 $g(k)$ 를 구한다.

$$\begin{aligned}
g(k) &= \frac{1}{2\pi}\int_{-\infty}^{\infty} dx\ \Psi(x,0)\exp(-ikx) \\
&= \frac{N}{2\pi}\int_{-\infty}^{\infty} dx\ \exp(-\alpha x^2 + iux)\exp(-ikx) \\
&= \frac{N}{2\pi}\int_{-\infty}^{\infty} dx\ \exp[-\alpha x^2 - i(k-u)x] \\
&= \frac{N}{2\pi}\int_{-\infty}^{\infty} dx\ \exp\left[-\alpha\left(x + i\frac{(k-u)}{2\alpha}\right)^2 - \frac{(k-u)^2}{4\alpha}\right] \\
&= \frac{1}{2\pi}\left(\frac{2\alpha}{\pi}\right)^{1/4}\exp\left[-\frac{(k-u)^2}{4\alpha}\right]\sqrt{\frac{\pi}{\alpha}} = \frac{1}{(2^3\pi^3\alpha)^{1/4}}\exp\left[-\frac{(k-u)^2}{4\alpha}\right]
\end{aligned}$$

따라서 임의의 시간 t 에서의 파동함수는 다음과 같다.

$$\begin{aligned}
\Psi(x,t) &= \int_{-\infty}^{\infty} dk\ g(k)\exp[i(kx - \frac{\hbar k^2}{2m}t)] \\
&= \frac{1}{(2^3\pi^3\alpha)^{1/4}}\int_{-\infty}^{\infty} dk\ \ \exp\left[-\frac{(k-u)^2}{4\alpha}\right]\exp[i(kx - \frac{\hbar k^2}{2m}t)] \\
&= \frac{1}{(2^3\pi^3\alpha)^{1/4}}\int_{-\infty}^{\infty} dk\ \ \exp\left[-k^2\left(\frac{1}{4\alpha} + \frac{i\hbar t}{2m}\right) + k\left(\frac{u}{2\alpha} + ix\right) - \frac{u^2}{4\alpha}\right]
\end{aligned}$$

적분 계산의 편의를 위하여 다음과 같이 적분 변수 k 에 대한 상수를 도입하자.

$$A \equiv \frac{1}{4\alpha} + \frac{i\hbar t}{2m},\quad B \equiv \frac{u}{2\alpha} + ix$$

그러면 위 적분은 다음과 같이 계산된다.

$$\begin{aligned}
\Psi(x,t) &= \frac{1}{(2^3\pi^3\alpha)^{1/4}}\exp\left(-\frac{u^2}{4\alpha}\right)\int_{-\infty}^{\infty} dk\ \ \exp\left[-Ak^2 + Bk\right] \\
&= \frac{1}{(2^3\pi^3\alpha)^{1/4}}\exp\left(-\frac{u^2}{4\alpha}\right)\int_{-\infty}^{\infty} dk\ \ \exp\left[-A\left(k - \frac{B}{2A}\right)^2 + \frac{B^2}{4A}\right] \\
&= \frac{1}{(2^3\pi^3\alpha)^{1/4}}\exp\left(-\frac{u^2}{4\alpha}\right)\sqrt{\frac{\pi}{A}}\ \exp\left(\frac{B^2}{4A}\right)
\end{aligned}$$

여기서 $4\alpha A = 1 + \frac{2i\hbar\alpha t}{m},\quad \alpha B^2 = -\alpha x^2 + iux + \frac{u^2}{4\alpha}$ 이므로, 임의의 시간 t 에서의 파동함수 $\Psi(x,t)$ 는 다음과 같이 쓸 수 있다.

$$\Psi(x,t) = \left(\frac{2\alpha}{\pi}\right)^{1/4}\exp\left(-\frac{u^2}{4\alpha}\right)\frac{1}{\sqrt{1 + \frac{2i\hbar\alpha t}{m}}}\exp\left(\frac{-\alpha x^2 + iux + \frac{u^2}{4\alpha}}{1 + \frac{2i\hbar\alpha t}{m}}\right)$$

2). 다음으로 위치의 기대값 $< x >$ 는 다음과 같이 주어지므로,

$$< x > = \int_{-\infty}^{\infty} dx\ x\ |\Psi(x,t)|^2,$$

파동함수의 절대값을 먼저 구하자. 앞에서 구한 파동함수에서 x 와 t 의 함수로 주어지는 지수 부분은 다음과 같이 쓸 수 있으므로,

$$\frac{-\alpha x^2 + iux + \frac{u^2}{4\alpha}}{1 + \frac{2i\hbar\alpha t}{m}} = \frac{(-\alpha x^2 + iux + \frac{u^2}{4\alpha})(1 - \frac{2i\hbar\alpha t}{m})}{1 + (\frac{2\hbar\alpha t}{m})^2}$$

이 파동함수의 절대값 즉, 진폭은 다음과 같이 주어진다.

$$|\Psi(x,t)| = \left(\frac{2\alpha}{\pi}\right)^{1/4} \exp\left(-\frac{u^2}{4\alpha}\right) \frac{1}{\left(1 + (\frac{2\hbar\alpha t}{m})^2\right)^{1/4}} \exp\left(\frac{-\alpha x^2 + \frac{2\hbar\alpha uxt}{m} + \frac{u^2}{4\alpha}}{1 + (\frac{2\hbar\alpha t}{m})^2}\right)$$

이는 직접 $|\Psi(x,t)|^2$ 을 계산해서도 확인할 수 있다.

$$\begin{aligned} |\Psi(x,t)|^2 \quad &= \quad \left(\frac{2\alpha}{\pi}\right)^{1/2} \exp\left(-\frac{u^2}{2\alpha}\right) \frac{1}{\sqrt{\left(1 + \frac{2i\hbar\alpha t}{m}\right)\left(1 - \frac{2i\hbar\alpha t}{m}\right)}} \\ &\times \exp\left(\frac{-\alpha x^2 + iux + \frac{u^2}{4\alpha}}{1 + \frac{2i\hbar\alpha t}{m}} + \frac{-\alpha x^2 - iux + \frac{u^2}{4\alpha}}{1 - \frac{2i\hbar\alpha t}{m}}\right) \end{aligned}$$

여기서 지수 부분 ( )은 다음과 같이 되어 위와 같은 결과를 준다.

$$\begin{aligned} &\frac{-\alpha x^2 + iux + \frac{u^2}{4\alpha}}{1 + \frac{2i\hbar\alpha t}{m}} + \frac{-\alpha x^2 - iux + \frac{u^2}{4\alpha}}{1 - \frac{2i\hbar\alpha t}{m}} \\ &= \frac{\left(-\alpha x^2 + iux + \frac{u^2}{4\alpha}\right)\left(1 - \frac{2i\hbar\alpha t}{m}\right) + \left(-\alpha x^2 - iux + \frac{u^2}{4\alpha}\right)\left(1 + \frac{2i\hbar\alpha t}{m}\right)}{1 + (\frac{2\hbar\alpha t}{m})^2} \\ &= \frac{-2\alpha x^2 + \frac{u^2}{2\alpha} + \left(\frac{4\hbar\alpha uxt}{m}\right)}{1 + (\frac{2\hbar\alpha t}{m})^2} \end{aligned}$$

한편, 절대값의 표현에서 지수 함수 ( )의 분자 부분은 다음과 같이 쓸 수 있는데,

$$-\alpha x^2 + \frac{2\hbar\alpha uxt}{m} + \frac{u^2}{4\alpha} = -\alpha\left(x - \frac{\hbar ut}{m}\right)^2 + \alpha\left(\frac{\hbar ut}{m}\right)^2 + \frac{u^2}{4\alpha},$$

위 우변의 마지막 두 항은 다음과 같이 쓸 수 있으므로,

$$\alpha\left(\frac{\hbar ut}{m}\right)^2+\frac{u^2}{4\alpha}=\frac{u^2}{4\alpha}\left(1+\frac{4\alpha^2\hbar^2t^2}{m^2}\right)=\frac{u^2}{4\alpha}\left(1+\left(\frac{2\alpha\hbar t}{m}\right)^2\right),$$

파동함수의 절대값은 최종적으로 다음과 같이 쓸 수 있다.

$$|\Psi(x,t)|=\left(\frac{2\alpha}{\pi}\right)^{1/4}\frac{1}{\left(1+(\frac{2\hbar\alpha t}{m})^2\right)^{1/4}}\exp\left(\frac{-\alpha\left(x-\frac{\hbar ut}{m}\right)^2}{1+(\frac{2\hbar\alpha t}{m})^2}\right)$$

이 진폭은 파동이 가우스 형태를 유지하며 시간에 따라 넓게 퍼져감을 보여준다.

따라서 이제 x 에 대한 기대값 적분은 다음과 같이 쓸 수 있다.

$$< x > = \sqrt{\frac{2\alpha}{\pi}}\frac{1}{\sqrt{1+\left(\frac{2\hbar\alpha t}{m}\right)^2}}\int_{-\infty}^{\infty}dx\ x\ \exp\left(\frac{-2\alpha\left(x-\frac{\hbar ut}{m}\right)^2}{1+(\frac{2\hbar\alpha t}{m})^2}\right)$$

변수 변환하여 $x-\frac{\hbar ut}{m}\equiv y$ 로 놓으면, 적분값은 다음과 같이 된다.

$$\begin{aligned}< x > &= \sqrt{\frac{2\alpha}{\pi}}\frac{1}{\sqrt{1+\left(\frac{2\hbar\alpha t}{m}\right)^2}}\int_{-\infty}^{\infty}dy\ \left(y+\frac{\hbar ut}{m}\right)\ \exp\left(\frac{-2\alpha y^2}{1+(\frac{2\hbar\alpha t}{m})^2}\right)\\ &= \frac{\hbar ut}{m}\sqrt{\frac{2\alpha}{\pi}}\frac{1}{\sqrt{1+\left(\frac{2\hbar\alpha t}{m}\right)^2}}\int_{-\infty}^{\infty}dy\ \exp\left(\frac{-2\alpha y^2}{1+(\frac{2\hbar\alpha t}{m})^2}\right)\\ &= \frac{\hbar ut}{m}\end{aligned}$$

이는 이 파동이 $v=\frac{\hbar u}{m}$ 의 속력으로 $+x$ 방향으로 진행함을 보여준다.

즉, $\hbar u=p_0$ 는 처음에 주어진 운동량이고, u 는 파수에 해당함을 알 수 있다.

2.2 위의 문제 2.1에서 시간 $t=0$ 에서의 파동함수가 $\Psi(x,0)=N\exp(-\alpha x^2)$ 로 주어졌다고 하자.

1). 푸리에 변환을 하여 $g(k)$ 를 구하고, 임의의 시간에서의 파동함수를 구하라.

2). 파동이 시간에 따라 넓게 분산됨을 진폭을 구하여 보여라.

3). 이 파동은 전파되지 않음을 위치의 기대값 $< x >$ 를 구하여 보여라.

풀이: 1). 먼저 규격화 조건을 구한다.

$$
\begin{aligned}
1 &= <\Psi(x,0)|\Psi(x,0)> = |N|^2 \int_{-\infty}^{\infty} dx\ \exp(-\alpha x^2)\exp(-\alpha x^2) \\
&= |N|^2 \int_{-\infty}^{\infty} dx\ \exp(-2\alpha x^2) = |N|^2 \sqrt{\frac{\pi}{2\alpha}}
\end{aligned}
$$

따라서 규격화 상수 N 은 다음과 같다.

$$
N = \left(\frac{2\alpha}{\pi}\right)^{1/4}
$$

다음으로 $\Psi(x,0)$ 를 역 푸리에 변환하여 $g(k)$ 를 구한다.

$$
\begin{aligned}
g(k) &= \frac{1}{2\pi}\int_{-\infty}^{\infty} dx\ \Psi(x,0)\exp(-ikx) \\
&= \frac{N}{2\pi}\int_{-\infty}^{\infty} dx\ \exp(-\alpha x^2)\exp(-ikx) \\
&= \frac{N}{2\pi}\int_{-\infty}^{\infty} dx\ \exp[-\alpha x^2 - ikx] \\
&= \frac{N}{2\pi}\int_{-\infty}^{\infty} dx\ \exp\left[-\alpha\left(x + i\frac{k}{2\alpha}\right)^2 - \frac{k^2}{4\alpha}\right] \\
&= \frac{1}{2\pi}\left(\frac{2\alpha}{\pi}\right)^{1/4}\exp\left[-\frac{k^2}{4\alpha}\right]\sqrt{\frac{\pi}{\alpha}} = \frac{1}{(2^3\pi^3\alpha)^{1/4}}\exp\left[-\frac{k^2}{4\alpha}\right]
\end{aligned}
$$

문제 2.1에서 임의의 시간 t 에서의 파동함수는 다음과 같이 구할 수 있다.

$$
\begin{aligned}
\Psi(x,t) &= \int_{-\infty}^{\infty} dk\ g(k)\exp[i(kx - \frac{\hbar k^2}{2m}t)] \\
&= \frac{1}{(2^3\pi^3\alpha)^{1/4}}\int_{-\infty}^{\infty} dk\ \exp\left[-\frac{k^2}{4\alpha}\right]\exp[i(kx - \frac{\hbar k^2}{2m}t)] \\
&= \frac{1}{(2^3\pi^3\alpha)^{1/4}}\int_{-\infty}^{\infty} dk\ \exp\left[-k^2\left(\frac{1}{4\alpha} + \frac{i\hbar t}{2m}\right) + ikx\right]
\end{aligned}
$$

적분 계산의 편의를 위하여 다음과 같이 적분 변수 k 에 대한 상수를 도입하자.

$$
A \equiv \frac{1}{4\alpha} + \frac{i\hbar t}{2m}
$$

그러면 위 적분은 다음과 같이 계산된다.

$$\begin{aligned}\Psi(x,t) &= \frac{1}{(2^3\pi^3\alpha)^{1/4}}\int_{-\infty}^{\infty} dk\ \exp\left[-Ak^2+ixk\right] \\ &= \frac{1}{(2^3\pi^3\alpha)^{1/4}}\int_{-\infty}^{\infty} dk\ \exp\left[-A\left(k-\frac{ix}{2A}\right)^2-\frac{x^2}{4A}\right] \\ &= \frac{1}{(2^3\pi^3\alpha)^{1/4}}\sqrt{\frac{\pi}{A}}\ \exp\left(-\frac{x^2}{4A}\right)\end{aligned}$$

여기서 $4\alpha A = 1+\frac{2i\hbar\alpha t}{m}$ 임을 쓰면, 임의의 시간 t 에서의 파동함수는 다음과 같다.

$$\Psi(x,t) = \left(\frac{2\alpha}{\pi}\right)^{1/4}\frac{1}{\sqrt{1+\frac{2i\hbar\alpha t}{m}}}\exp\left(-\frac{\alpha x^2}{1+\frac{2i\hbar\alpha t}{m}}\right)$$

2). 진폭은 파동함수의 절대값을 구하면 다음과 같이 주어진다.

$$|\Psi(x,t)| = \left(\frac{2\alpha}{\pi}\right)^{1/4}\frac{1}{\left(1+(\frac{2\hbar\alpha t}{m})^2\right)^{1/4}}\exp\left(\frac{-\alpha x^2}{1+(\frac{2\hbar\alpha t}{m})^2}\right)$$

이는 파동이 가우스 형태를 유지하며, 시간이 지남에 따라 넓게 퍼짐을 보여준다.

3). 위치의 기대값 $<x>$ 는 다음과 같이 주어진다.

$$\begin{aligned}<x> &= \int_{-\infty}^{\infty} dx\ x\ |\Psi(x,t)|^2 \\ &= \left(\frac{2\alpha}{\pi}\right)^{1/2}\frac{1}{\left(1+(\frac{2\hbar\alpha t}{m})^2\right)^{1/2}}\int_{-\infty}^{\infty} dx\ x\ \exp\left(\frac{-2\alpha x^2}{1+(\frac{2\hbar\alpha t}{m})^2}\right) \\ &= 0\end{aligned}$$

이 파동은 시간이 지나도 중심이 변하지 않음을 보여준다. 즉, 전파되지 않는 파동이며 다만 가우스 형태의 꼴이 점점 넓게 퍼진다.

2.3 네모난 도파관에서 TE 모드의 파장 λ 와 각진동수 w 가 다음의 관계로 주어졌다.

$$\frac{1}{\lambda} = \frac{1}{2\pi c}\sqrt{w^2-w_0^2}$$

여기서 w_0 는 상수이다. 이 전자기 파동의 군속도는 얼마인가?

풀이: 파수 k 는 $k = 2\pi/\lambda$ 로 주어지므로, 주어진 식은 다음과 같이 다시 쓸 수 있다.

$$ck = \sqrt{w^2 - w_0^2}, \quad \text{즉} \quad w = \sqrt{(ck)^2 + w_0^2} \ \text{이다.}$$

따라서 군속도는 다음과 같이 주어진다.

$$v_{gp} = \frac{dw}{dk} = \frac{2c^2k}{2\sqrt{(ck)^2 + w_0^2}} = \frac{c\sqrt{w^2 - w_0^2}}{w} = c\sqrt{1 - (\frac{w_0}{w})^2}$$

2.4 파이 중간자 pi-meson 는 유가와에 의해 양성자나 중성자와 같은 핵자 nucleon 들을 결합시키는 매개 입자로 제안되었다. 파이 중간자가 하나의 핵자에서 나와서 다른 핵자로 흡수되는 과정을 불확정성에 의한 입자의 생성과 소멸로 보고 불확정성 원리를 적용하여 대략의 파이 중간자 에너지(질량)을 구할 수 있을 것이다. 핵자의 핵심 알갱이 core 크기는 대략 0.7 페르미(1fm $=10^{-15}$m)로 알려져 있으므로 두 핵자 사이의 거리를 1.4 페르미로 놓고, 파이 중간자의 속력이 빛의 속력에 가깝다고 가정하여 파이 중간자의 에너지를 MeV 단위로 구하라.

<u>도움말</u>: 파이 중간자의 에너지 $\triangle E \sim mc^2$ 와 두 핵자 사이의 거리 d 를 통과하는 시간 $\triangle t = \frac{d}{c}$ 사이에 불확정성 관계 $\triangle E \triangle t \sim \hbar$ 를 적용하라.

풀이:

$$\triangle E \sim \frac{\hbar}{\triangle t} = \frac{c\hbar}{d} = \frac{3 \times 10^8 \mathrm{m/s} \times 6.58 \times 10^{-22} \mathrm{MeV \cdot s}}{1.4 \times 10^{-15} \mathrm{m}} \sim 141 \mathrm{MeV}$$

이 결과는 파이 중간자의 정지 질량 $m \sim 140\mathrm{MeV/c^2}$ 과 놀랍도록 일치한다. 하지만 여기서 생각해야 할 점들이 조금 있다. 첫째, 파이 중간자는 질량이 있는 입자이므로 그 속력은 빛의 속력보다 작아야 한다. 둘째, 움직이는 입자의 에너지는 정지 질량을 m 이라고 할 때 $E \sim \gamma mc^2$ 으로 표시되고, $\gamma (= 1/\sqrt{1-(v/c)^2})$ 값은 1 보다 더 크다. 실제 정지 질량의 에너지는 위에서 얻은 값을 γ 로 나누어야 한다.

2.5 수반 연산자의 정의식 (2.44)를 써서 임의의 브라 $\langle\psi|$ 와 켓 $|\phi\rangle$ 에 대하여 다음 관계가 성립함을 보여라.

$$< A\psi \,|\, \phi > = < \psi \,|\, A^{\dagger}\, \phi >$$

풀이: $<\psi\,|\,\phi> = <\phi\,|\,\psi>^*$ 와 정의식 (2.44)를 쓰면 다음과 같이 보일 수 있다.

$$<A\psi\,|\,\phi> = <\phi\,|\,A\,\psi>^* = <A^\dagger\phi\,|\,\psi>^* = <\psi\,|\,A^\dagger\phi>$$

2.6 수반 연산자에 대한 다음 관계식이 성립함을 보여라. a 와 b 는 상수이다.

$$(aA+bB)^\dagger = a^*A^\dagger + b^*B^\dagger$$

풀이: 식 (2.44)에 따라 임의의 벡터 $|\phi>$ 와 $|\psi>$ 에 대해서 아래와 같이 쓸 수 있다.

$$<\phi|aA+bB|\psi> = <(aA+bB)^\dagger\phi|\psi>$$

문제 2.5의 결과와 $<c\phi|\psi> = <\phi|c^*\psi>$ 및 $<\phi|\psi>^* = <\psi|\phi>$ 의 관계를 쓰면,

$$\begin{aligned}<\phi|aA+bB|\psi> &= <(aA+bB)\psi|\phi>^* = <\psi|a^*A^\dagger|\phi>^* + <\psi|b^*B^\dagger|\phi>^* \\ &= <a^*A^\dagger\phi|\psi> + <b^*B^\dagger\phi|\psi> = <(a^*A^\dagger + b^*B^\dagger)\phi|\psi>,\end{aligned}$$

위 두 식으로부터 $(aA+bB)^\dagger = a^*A^\dagger + b^*B^\dagger$ 의 관계를 얻는다.

2.7 물리적 관측가능량 A 의 고유상태와 고유값이 다음과 같이 주어지고,

$$A\,|\,\psi_n> = a_n|\,\psi_n>,$$

주어진 상태 $|\,\Phi>$ 가 A 의 고유상태들로 다음과 같이 표현될 때,

$$|\,\Phi> = \sum_n c_n\,|\,\psi_n>, \quad c_n \in \mathbb{C},$$

상태 $|\,\Phi>$ 에 대한 A 의 기대값은 다음과 같이 주어짐을 보여라.

$$<\Phi\,|A|\,\Phi> = \sum_n |\,c_n|^2\,a_n$$

풀이:

$$\begin{aligned}<\Phi\,|A|\,\Phi> &= \sum_{n,n'} <c_n\psi_n|A|c_{n'}\psi_{n'}> = \sum_{n,n'} c_n^*c_{n'} <\psi_n|A|\psi_{n'}> \\ &= \sum_{n,n'} c_n^*c_{n'}a_{n'} <\psi_n|\psi_{n'}> = \sum_{n,n'} c_n^*c_{n'}a_{n'}\delta_{nn'} = \sum_n |c_n|^2 a_n\end{aligned}$$

2.8 힐베르트 공간의 두 벡터가 서로 직교할 때, 합성한 벡터의 크기는 다음과 같이 피타고라스 정리를 만족함을 보여라.

$$\|\psi + \phi\|^2 = \|\psi\|^2 + \|\ \phi\|^2$$

풀이:

$$\|\psi + \phi\|^2 = <\psi + \phi|\psi + \phi> = <\psi|\psi> + <\psi|\phi> + <\phi|\psi> + <\phi|\phi>$$

두 벡터가 직교하므로 $<\psi|\phi> = <\phi|\psi> = 0$, 따라서 다음 관계가 성립한다.

$$\|\psi + \phi\|^2 = <\psi|\psi> + <\phi|\phi> = \|\psi\|^2 + \|\ \phi\|^2$$

2.9 다음에서 a 가 상수일 때 디락 델타함수가 다음 관계식을 만족함을 보여라.

$$\delta(ax) = \frac{1}{|a|}\delta(x)$$

다시 다음 관계식이 만족됨을 보이고,

$$\delta(x^2 - a^2) = \frac{1}{2|a|}\{\delta(x-a) + \delta(x+a)\},$$

일반적으로 $f(x) = 0$ 이 중근을 갖지 않을 때, 즉 $f(x)$ 가 다음과 같이 표현될 때,

$$f(x) = \prod_i g(x)(x - x_i), \quad g(x) \neq 0,$$

다음 관계식이 만족됨을 보여라.

$$\delta[f(x)] = \sum_{x_i} \frac{\delta(x - x_i)}{|f'(x)|_{x=x_i}}$$

풀이: 다음 적분에서 $a > 0$ 인 경우, $ax = y$ 로 변수 변환을 하면 다음과 같이 된다.

$$\int_{-\infty}^{\infty} dx\ f(x)\ \delta(ax) = \frac{1}{a}\int_{-\infty}^{\infty} dy\ f(y/a)\ \delta(y) = \frac{1}{a}f(0) = \frac{1}{|a|}f(0)$$

한편, $a < 0$ 인 경우는 다음과 같다.

$$\int_{-\infty}^{\infty} dx\ f(x)\ \delta(ax) = \frac{1}{a}\int_{\infty}^{-\infty} dy\ f(y/a)\ \delta(y) = -\frac{1}{a}f(0) = \frac{1}{|a|}f(0)$$

따라서 두 경우 모두 다음 관계가 성립한다.

$$\int_{-\infty}^{\infty} dx\ f(x)\ \delta(ax) = \frac{1}{|a|} f(0) = \frac{1}{|a|} \int_{-\infty}^{\infty} dx\ f(x)\ \delta(x)$$

즉, $\delta(ax) = \frac{1}{|a|}\delta(x)$ 의 관계가 성립한다.

다음으로 $\delta(x^2 - a^2) = \delta((x-a)(x+a))$ 이므로, 다음의 관계가 성립한다.

$$\begin{aligned} \delta(x^2 - a^2) &= \delta(2a(x-a)) = \frac{1}{2|a|}\delta(x-a), \quad x = a \text{ 일때} \\ \delta(x^2 - a^2) &= \delta(-2a(x+a)) = \frac{1}{2|a|}\delta(x+a), \quad x = -a \text{ 일때} \end{aligned}$$

따라서 $\delta(x^2 - a^2)$ 는 $x = a$ 와 $x = -a$ 의 두 경우에 다 델타함수 역할을 한다. 즉,

$$\delta(x^2 - a^2) = \frac{1}{2|a|}\{\delta(x-a) + \delta(x+a)\}$$

마지막으로 주어진 $f(x)$ 를 다음과 같이 쓸 수 있으므로,

$$f(x) = \prod_i g(x)(x - x_i) = (x - x_i)\prod_{j \neq i} g(x)(x - x_j), \quad g(x) \neq 0,$$

$x = x_i$ 일 때 만족하는 $\prod_{j\neq i} g(x)(x - x_j)|_{x=x_i} = f'(x)|_{x=x_i}$ 의 관계를 쓰면, $x = x_i$ 에서 다음 관계식이 성립한다.

$$\delta[f(x)] = \delta[f'(x)|_{x=x_i}(x - x_i)] = \frac{1}{|f'(x)|_{x=x_i}}\delta(x - x_i)$$

$f(x_i) = 0$ 이 되는 모든 x_i 에 대해 동일한 관계가 성립하므로 다음 결과를 얻는다.

$$\delta[f(x)] = \sum_{x_i} \frac{\delta(x - x_i)}{|f'(x)|_{x=x_i}}$$

2.10 디락 델타함수가 $x\delta(x) = 0$ 의 관계를 만족함을 보이고, 이를 써서 다음 관계가 성립함을 보여라.

$$x\delta'(x) = -\delta(x)$$

풀이: $\delta(x)$ 는 $x \neq 0$ 인 모든 영역에서 0 이므로, $x\delta(x) = 0$ 이고, 다음 관계가 성립한다.

$$\begin{aligned}\int_{-\infty}^{\infty} dx\ f(x)\ x\ \delta'(x) &= [f(x)x\delta(x)]\,|_{-\infty}^{\infty} - \int_{-\infty}^{\infty} dx\ \delta(x)\frac{d}{dx}[f(x)x] \\ &= -\int_{-\infty}^{\infty} dx\ \delta(x)f(x) - \int_{-\infty}^{\infty} dx\ \delta(x)x\frac{df(x)}{dx} \\ &= -\int_{-\infty}^{\infty} dx\ \delta(x)f(x)\end{aligned}$$

임의의 함수 $f(x)$에 대해 위 관계가 성립하므로, $x\delta'(x) = -\delta(x)$ 가 항상 성립한다.

2.11 계단함수 step function $\theta(x)$ 는 다음과 같이 정의된다.

$$\theta(x) \equiv \begin{cases} 1, & x > 0 \text{ 일 때} \\ 0, & x < 0 \text{ 일 때} \end{cases}$$

이 계단함수는 다음과 같이 디락 델타함수로 표현할 수 있고,

$$\theta(x) = \int_{-\infty}^{x} dy\ \delta(y),$$

그 미분은 디락 델타함수가 되어,

$$\frac{d}{dx}\theta(x) = \delta(x),$$

델타함수 정의식 $\int_{-\infty}^{\infty} f(x)\frac{d\theta(x)}{dx}dx = f(0) = \int_{-\infty}^{\infty} f(x)\delta(x)dx$ 을 만족함을 보여라.

풀이: $\delta(x)$ 는 $x = 0$ 이 아닌 모든 영역에서 0 이고, 정의에 의해서 다음이 성립한다.

$$\begin{aligned}\int_{-\infty}^{x} \delta(y)\ dy &= 0 \qquad x < 0 \text{ 일 때} \\ &= 1 \qquad x > 0 \text{ 일 때}\end{aligned}$$

따라서 이 적분은 계단함수 $\theta(x)$와 같다. 그리고 임의의 함수 $f(x)$에 대하여 다음 관계가 성립하여 $\frac{d\theta(x)}{dx} = \delta(x)$ 임을 알 수 있다.

$$\begin{aligned}\int_{-\infty}^{\infty} f(x)\frac{d\theta(x)}{dx}dx &= f\theta|_{-\infty}^{\infty} - \int_{-\infty}^{\infty}\frac{df}{dx}\theta dx \\ &= f(\infty) - \int_{0}^{\infty}\frac{df}{dx}dx \ = \ f(\infty) - f(\infty) + f(0) \\ &= f(0) \ = \ \int_{-\infty}^{\infty} f(x)\delta(x)dx\end{aligned}$$

2.12 앞에서 주어진 식 (2.88)의 관계 $< x\,|\,\hat{p}\,|\,\phi > \; = \; \frac{\hbar}{i}\frac{\partial}{\partial x} < x\,|\,\phi >$ 를 써서 다음 관계가 성립함을 보여라.

$$< x\,|\,\hat{p}^2\,|\,\phi > \; = \; -\hbar^2 \frac{\partial^2}{\partial x^2} < x\,|\,\phi >$$

풀이:

$$\begin{aligned}
< x\,|\,\hat{p}^2\,|\,\phi > \; &= \; \int_{-\infty}^{\infty} dp' < x\,|\,\hat{p}\,|\,p' >< p'\,|\,\hat{p}\,|\,\phi > \\
&= \; \int_{-\infty}^{\infty} dp' \; \frac{\hbar}{i}\frac{\partial}{\partial x} < x\,|\,p' > \int_{-\infty}^{\infty} dx' \; < p'\,|\,x' > \;\; < x'\,|\,\hat{p}\,|\,\phi > \\
&= \; \int_{-\infty}^{\infty} dx' \; \frac{\hbar}{i}\frac{\partial}{\partial x} \; \int_{-\infty}^{\infty} dp' \; < x\,|\,p' >< p'\,|\,x' > \; \frac{\hbar}{i}\frac{\partial}{\partial x'} < x'\,|\,\phi > \\
&= \; \int_{-\infty}^{\infty} dx' \; \frac{\hbar}{i}\frac{\partial}{\partial x} \; \delta(x - x') \; \frac{\hbar}{i}\frac{\partial}{\partial x'} < x'\,|\,\phi > \\
&= \; \frac{\hbar}{i}\frac{\partial}{\partial x} \int_{-\infty}^{\infty} dx' \; \delta(x - x') \; \frac{\hbar}{i}\frac{\partial}{\partial x'} < x'\,|\,\phi > \\
&= \; \left(\frac{\hbar}{i}\frac{\partial}{\partial x}\right)^2 < x\,|\,\phi > \;\; = \; -\,\hbar^2 \frac{\partial^2}{\partial x^2} < x\,|\,\phi >
\end{aligned}$$

2.13 분포 distribution 로서 디락 델타함수:

먼저 $\int_{-\infty}^{\infty} dx \; \frac{\sin x}{x} = \pi$ 임을 보이고, 이를 써서 다음 관계가 성립함을 보여라.

$$\delta_n(x) \equiv \frac{\sin nx}{\pi x} = \frac{1}{2\pi}\int_{-n}^{n} dt\, e^{ixt} \;\; \text{이면}, \;\; \int_{-\infty}^{\infty} dx\, \delta_n(x) = 1, \quad n = 1, 2, 3, \cdots .$$

$n \to \infty$ 일 때 $\delta_n(x)$의 극한값은 존재하지 않는다. 하지만 다음은 성립함을 보여라.

$$\lim_{n\to\infty} \int_{-\infty}^{\infty} dx \; \delta_n(x) f(x) = \lim_{n\to\infty} \int_{-\infty}^{\infty} dx \; \frac{\sin nx}{\pi x} \, f(x) = f(0)$$

이는 디락 델타함수가 만족해야 하는 두 가지 조건 중에서, $\int_{-\infty}^{\infty} dx\, \delta(x) f(x) = f(0)$, 즉 식 (2.98)과 같음을 보여준다. 따라서 아래와 같이 수열 sequences $\delta_n(x)$의 극한으로 정의된 분포 distribution $\delta(x)$를 우리는 디락 델타함수라고 할 수 있다.

$$\int_{-\infty}^{\infty} dx\, \delta(x) f(x) \equiv \lim_{n\to\infty} \int_{-\infty}^{\infty} dx \; \delta_n(x) f(x)$$

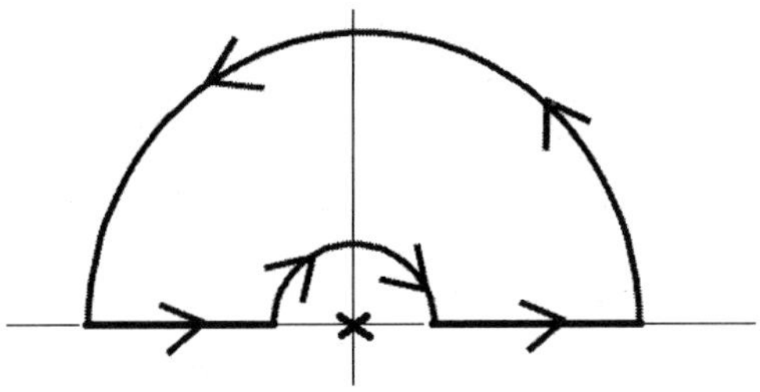

그림 1: 적분 경로(contour)

이로부터 우리는 통상 다음과 같이 디락 델타함수를 표현한다.

$$\delta(x) = \lim_{n\to\infty} \delta_n(x) = \frac{1}{2\pi}\int_{-\infty}^{\infty} dt\, e^{ixt}$$

도움말: 맨 처음 적분 계산에 아래의 Jordan's lemma를 사용하라.

Jordan's lemma: 복소평면에서 크기가 R 로 주어지는 원호들 circular arcs 에 속하는 경로 $\gamma_R : |z| = R$ 을 생각하자. 이러한 모든 경로 γ_R 위에 정의된 연속함수 $f(z)$가 다음 조건을 만족하면,

$$\lim_{R\to\infty} \max_{z\in\gamma_R}|f(z)| = 0,$$

모든 양수 λ 에 대해 다음 관계가 성립한다.

$$\lim_{R\to\infty}\int_{\gamma_R} f(z)e^{i\lambda z}dz = 0$$

풀이: 첫 번째 적분 $\int_{-\infty}^{\infty} dx\ \frac{\sin x}{x}$ 은 복소평면에서의 $\oint dz\frac{e^{iz}}{z}$ 에 대한 경로적분으로 바꾸어 생각해 보자. 그림 1과 같은 $\oint dz\frac{e^{iz}}{z}$ 에 대한 경로적분에서 실수축 상의 적분인 주요값 Cauchy principal value 은 구하고자 하는 적분을 포함한다.

$$\lim_{R\to\infty, r\to 0}\left(\int_{-R}^{-r} dx\,\frac{e^{ix}}{x} + \int_{r}^{R} dx\,\frac{e^{ix}}{x}\right) = P\int_{-\infty}^{\infty} dx\,\frac{e^{ix}}{x} = P\int_{-\infty}^{\infty} dx\,\frac{\cos x + i\sin x}{x}$$

그림 1의 적분 경로에서 나머지 두 구간, 즉 $z = 0$ 에서 $r \to 0$ 인 시계 방향 반원과 $z = \infty$ 에서 $R \to \infty$ 인 시계 반대 방향 반원에서의 적분은 다음과 같이 된다. 먼저 $z = 0$ 를 둘러싼 반원 구간에서의 적분은 $z = re^{i\theta}$ 로 놓으면 다음과 같이 된다.

$$\int_{r\to 0} dz\frac{e^{iz}}{z} = \lim_{r\to 0}\int_{\pi}^{0}\frac{re^{i\theta}e^{ire^{i\theta}}id\theta}{re^{i\theta}} = -i\pi$$

다음으로 $R \to \infty$ 인 시계 반대 방향 반원 경로에 대한 적분은 참고로 주어진 Jordan's lemma에서 $\lim_{R\to\infty}|f(z)| = \lim_{R\to\infty}\frac{1}{R} = 0$ 이 되므로 적분값은 0 이 된다. 한편, 위의 경로 적분 영역 안에는 특이점이 없으므로, 실수축에서의 적분을 포함한 전체 경로 적분값은 0 이 되어야 한다. 따라서 우리가 구하고자 하는 실수축에서의 적분인 주요값 Cauchy principal value 은 $z = 0$ 특이점에서의 반원 경로에 대한 적분값과 상쇄되어야 하므로 다음 관계가 성립한다.

$$P\int_{-\infty}^{\infty} dx\,\frac{\cos x + i\sin x}{x} = i\pi$$

등식의 실수부와 허수부는 각각 같아야 하므로, 이로부터 첫 번째 적분 결과를 얻는다.

$$\int_{-\infty}^{\infty} dx\,\frac{\sin x}{x} = \pi$$

두 번째 적분 결과식은 아래의 적분에서 $nx = t$ 로 변수를 변환하여 다음과 같이 위에서 얻은 결과를 써서 보일 수 있다. 먼저 적분하면 다음 관계를 얻을 수 있고,

$$\delta_n(x) = \frac{1}{2\pi}\int_{-n}^{n} dt\,e^{ixt} = \frac{1}{2\pi}\left.\frac{e^{ixt}}{ix}\right|_{-n}^{n} = \frac{1}{2\pi}\left(\frac{e^{ixn} - e^{-ixn}}{ix}\right) = \frac{\sin nx}{\pi x},$$

이로부터 앞에 얻은 첫 번째 적분 결과를 적용하면 다음 결과를 얻는다.

$$\int_{-\infty}^{\infty} dx\ \delta_n(x) = \int_{-\infty}^{\infty} dx\ \frac{\sin nx}{\pi x} = \frac{1}{\pi}\int_{-\infty}^{\infty} dt\ \frac{\sin t}{t} = 1$$

마지막 적분 결과식은 다시 $nx = t$ 로 변수 변환을 하여 다음과 같이 보일 수 있다.

$$\begin{aligned}
\lim_{n\to\infty}\int_{-\infty}^{\infty} dx\ \delta_n(x)f(x) &= \lim_{n\to\infty}\int_{-\infty}^{\infty} dx\ \frac{\sin nx}{\pi x}\,f(x) \\
&= \lim_{n\to\infty}\int_{-\infty}^{\infty} dt\ \frac{\sin t}{\pi t}\,f(\frac{t}{n}) \ = \ \frac{f(0)}{\pi}\int_{-\infty}^{\infty} dt\ \frac{\sin t}{t} \\
&= f(0) \ = \ \int_{-\infty}^{\infty} dx\ \delta(x)f(x)
\end{aligned}$$

위 관계는 임의의 $f(x)$에 대해 성립하므로, $\lim_{n\to\infty}\delta_n(x) = \delta(x)$ 의 관계가 성립한다. 즉, 다음의 결과를 얻는다.

$$\delta(x) = \lim_{n\to\infty}\delta_n(x) = \frac{1}{2\pi}\int_{-\infty}^{\infty} dt\,e^{ixt}$$

2.14 해밀토니안 고유상태의 경우 비리얼 정리 virial theorem 라 불리는 다음 관계가 성립함을 식 (2.124)를 써서 보여라.

$$2 < T > = < x\,\frac{dV}{dx} >, \quad \text{여기서} \quad T = \frac{p^2}{2m} : \text{ 운동에너지}$$

<u>도움말</u>: 먼저 다음 관계가 성립함을 보이고 이로부터 위의 결과를 보이면 된다.

$$\frac{d}{dt} < x\,p > = \; 2 < T > - < x\frac{dV}{dx} >$$

참고로 비리얼 정리의 3차원으로의 확장은 다음과 같으며,

$$2 < T > = < \vec{r} \cdot \nabla V >,$$

이로부터 중력이나 전자기력 같이 $V \sim r^{-1}$ 인 경우 잘 알려진 다음 관계를 얻는다.

$$< T > = -\frac{1}{2} < V >$$

이는 고전역학에서 나오는 중력, 전자기력 경우(역제곱 법칙 힘 inverse square law force)에서의 비리얼 정리와 일치한다.

$$\overline{T} = -\frac{1}{2}\overline{V}$$

위에서 $\overline{T}$ 와 $\overline{V}$ 는 각각 운동에너지와 위치에너지의 시간에 대한 평균값 time average 을 표시한다.

풀이: 식 (2.124)와 $[x, p] = i\hbar$, 그리고 문제 1.11에서 얻은 $[p, V(x)] = -i\hbar\frac{dV}{dx}$ 의 관계를 사용하면, $\frac{\partial(x\,p)}{\partial t} = 0$ 이므로 다음과 같이 된다.

$$\begin{aligned}
\frac{d}{dt} < x\,p > &= \frac{i}{\hbar} < [H, x\,p] > + < \frac{\partial(x\,p)}{\partial t} > \\
&= \frac{i}{\hbar} < \left[\frac{p^2}{2m} + V(x), x\,p\right] > \\
&= \frac{i}{\hbar}\left\{ < \left[\frac{p^2}{2m}, x\right] p > + < x\,[V(x), p] > \right\} \\
&= \frac{i}{\hbar}\left\{ < -2i\hbar\frac{p^2}{2m} > + < x(i\hbar\frac{dV}{dx}) > \right\} \\
&= 2 < \frac{p^2}{2m} > - < x\frac{dV}{dx} > \;\; = \; 2 < T > - < x\frac{dV}{dx} >
\end{aligned}$$

한편, 시간에 직접적으로 의존하지 않는 임의의 연산자 A (즉, $\frac{\partial A}{\partial t} = 0$)의 해밀토니안 고유상태($H|\psi> = E|\psi>$)에 대한 기대값은 다음과 같다.

$$\begin{aligned} \frac{d}{dt} <A> &= \frac{i}{\hbar} <[H, A]> = \frac{i}{\hbar}\{<\psi|HA|\psi> - <\psi|AH|\psi>\} \\ &= \frac{i}{\hbar}\{E <\psi|A|\psi> - E <\psi|A|\psi>\} = 0 \end{aligned}$$

따라서 임의의 해밀토니안 고유상태에 대해 $\frac{d}{dt} <xp> = 0$ 이 되어야 한다. 따라서 앞에서 얻은 결과로부터 다음 관계식을 얻는다.

$$2 <T> - <x\frac{dV}{dx}> = 0$$

즉, 비리얼 정리가 성립한다.

$$2 <T> = <x\frac{dV}{dx}>$$

제3장 시간에 무관한 슈뢰딩거 방정식 - 1차원 문제

3.1 에렌페스트 정리를 준 기대값의 시간 변화에 대한 2.4.5절에서 얻은 다음 결과를 써서 해밀토니안의 고유상태는 정상상태임을 보여라.

$$\frac{d<A>}{dt} = \frac{i}{\hbar} <[H,A]> + <\frac{\partial A}{\partial t}>$$

도움말: 연산자 A 가 시간에 직접적으로 의존하지 않을 때, 우변의 두 번째 항은 0 이다. 따라서 해밀토니안 고유상태 관계식, $H\,|\psi> = E\,|\psi>$ 를 써서 우변의 첫 번째 항도 0 이 됨을 보여라.

풀이: 첫 번째 항은 다음과 같이 된다.

$$<[H,A]> = <\psi|HA - AH|\psi>$$

해밀토니안은 에르미트 연산자이므로, 고유상태 관계식을 쓰면 위의 각 항들은 다음과 같이 된다.

$$<\psi|HA|\psi> = <H\psi|A|\psi> = E<\psi|A|\psi>, \quad <\psi|AH|\psi> = E<\psi|A|\psi>$$

따라서 $<[H,A]> = 0$ 이 되어 첫 번째 항도 0 이 된다. 이는 시간에 무관한 임의의 연산자 A 의 해밀토니안 고유상태에 대한 기대값의 시간 변화는 없음을, 즉 해밀토니안의 고유상태는 정상상태 stationary state 임을 보여준다.

3.2 파수가 k 인 자유입자 해밀토니안 $H = \frac{p^2}{2m}$ 의 고유상태 평면파 해는 본문에서 시간 의존도까지 포함하여 다음과 같이 주어졌다.

$$\psi_k(x,t) = \frac{1}{\sqrt{2\pi}}\exp(ikx - iwt), \quad w \equiv \frac{E}{\hbar}, \quad E = \frac{\hbar^2 k^2}{2m}$$

1). 이 평면파의 위상속도와 군속도를 구하고, 고전적인 자유입자의 속도와 비교하라.

2). 위치의 기대값 $<x>$ 를 구하고, 그것의 시간 변화를 구하라.

3). 운동량의 기대값 $<p>$ 를 계산하여, 이를 문제 3.1에서 주어진 에렌페스트 정리로 주어진 위치 기대값의 시간 변화 관계식에 적용하고 $\frac{d<x>}{dt}$ 를 구하여, 2)에서 얻은 결과와 배치됨을 보이고 그 이유에 대해 논하라.

도움말: 무한대로 펼쳐진 평면파 해, 즉 유한한 에너지를 같는 (정상상태의) 자유입자는 실제로는 존재할 수 없음에 유의하라.

풀이: 1). 위상속도 $v_{ph} = w/k = \frac{\hbar k}{2m}$ 이다. 군속도 $v_{gp} = \frac{dw}{dk} = \frac{\hbar k}{m}$ 이다.

고전적인 자유입자의 속도는 $\frac{1}{2}mv_{\rm cl}^2 = \frac{\hbar^2 k^2}{2m}$ 에서 $v_{\rm cl} = \frac{\hbar k}{m}$ 가 된다. 즉, 군속도와 같다.

2). 파수 k 인 평면파 해에 대한 위치의 기대값은 다음과 같다.

$$< x > = < \psi_k|x|\psi_k > = \int_{-\infty}^{\infty} dx \ \frac{1}{2\pi} \ e^{-ikx+iwt} \ x \ e^{ikx-iwt} = \frac{1}{2\pi}\int_{-\infty}^{\infty} dx \ x = 0$$

3). 위의 2)번 결과를 쓰면 $\frac{d<x>}{dt} = 0$ 이 되어 위치 기대값의 시간 변화는 없다. 이는 문제 3.1의 결과에 부합하다. 반면, 문제 3.1에서 주어진 기대값의 시간 변화 관계식을 적용하면 다음과 같이 된다.

$$\frac{d<x>}{dt} = \frac{i}{\hbar} < [H,x] > = \frac{i}{\hbar} < [\frac{p^2}{2m}, x] > = \frac{i}{\hbar}\frac{1}{2m} < p[p,x] + [p,x]p > = \frac{<p>}{m}$$

여기서 본문의 식 (3.27), $p|\psi_k> = \hbar k|\psi_k>$ 의 관계를 쓰면 $<p>$ 는 다음과 같다.

$$\begin{aligned} <p> &= <\psi_k|p|\psi_k> = \hbar k <\psi_k|\psi_k> \\ &= \hbar k \int_{-\infty}^{\infty} dx \ \frac{1}{2\pi} \ e^{-ikx+iwt} \ e^{ikx-iwt} = \frac{\hbar k}{2\pi} \int_{-\infty}^{\infty} dx = \infty \end{aligned}$$

따라서 위치의 기대값에 대한 시간 변화는 $\frac{d<x>}{dt} = \frac{<p>}{m} = \infty$ 가 된다.

이는 먼저 얻은 결과와 배치된다. 무엇이 문제인가?

이렇게 서로 배치되는 결과가 나온 것은 사실 유한한 에너지를 갖는 정상상태 stationary state 의 자유입자는 존재하지 않기 때문이다. 위에서 운동량의 기대값 $<p>$ 가 무한대로 나온 것은 평면파의 경우 파동함수를 유한한 값으로 규격화하는 것이 가능하지 않기 때문이다. 즉, 연속적인 파수를 갖는 평면파 파동함수는 디락 델타함수로 규격화해야 했기 때문에, $<\psi_{k'}|\psi_k> = \delta(k-k')$, 특정한 파수의 파동함수 크기 norm 는 무한대가 되어야 한다: $<\psi_k|\psi_k> = \infty$. 이는 엄밀하게는 실제 존재할 수

없음을 뜻한다. 그럼에도 우리는 2.1절에서 보았듯이 다양한 파수를 갖는 평면파들을 중첩하여 실제 존재하는 입자의 상태를 기술할 수 있다.

3.3 1차원 상자의 해밀토니안이 다음과 같이 주어졌다.

$$H = \frac{p^2}{2m} + V(x), \quad V(x) = \begin{cases} 0 & (-a < x < a) \\ \infty & (|x| \geq a) \end{cases}$$

이 해밀토니안의 고유값과 고유상태를 구하라.

풀이: 영역 $-a < x < a$ 에서만 입자가 존재하므로, 슈뢰딩거 방정식은 다음과 같다.

$$-\frac{\hbar^2}{2m}\frac{d^2}{dx^2}\psi = E\psi \ \rightarrow \ \frac{d^2\psi}{dx^2} + k^2\psi = 0, \quad k^2 \equiv \frac{2mE}{\hbar^2}$$

이 방정식의 해는 다음과 같다: $\psi(x) = A\sin kx + B\cos kx$, A 와 B 는 상수.

여기에 $x = \pm a$ 에서의 경계조건을 적용하면 다음과 같다.

$$\psi(x = a) = 0 \ \rightarrow \ A\sin ka + B\cos ka = 0$$

$$\psi(x = -a) = 0 \ \rightarrow \ -A\sin ka + B\cos ka = 0$$

1) $A = 0, \ B \neq 0$ 인 경우, $\cos ka = 0$ 이 되어 $ka = (l + \frac{1}{2})\pi, \ l = 0, 1, 2, \cdots,$

2) $A \neq 0, \ B = 0$ 인 경우, $\sin ka = 0$ 이 되어 $ka = n\pi, \quad n = 1, 2, \cdots$ 이 만족되어야 한다. 따라서 두 가지 해가 존재하게 된다.

1) $\psi_{ev.}(x) = B\cos(kx), \quad k = (l + \frac{1}{2})\pi/a, \quad l = 0, 1, 2, \cdots \rightarrow E_l = \frac{\hbar^2 k^2}{2m} = \frac{(l+\frac{1}{2})^2\hbar^2\pi^2}{2ma^2}$

2) $\psi_{od.}(x) = A\sin(kx), \quad k = n\pi/a, \quad n = 1, 2, \cdots \rightarrow E_n = \frac{\hbar^2 k^2}{2m} = \frac{n^2\hbar^2\pi^2}{2ma^2}$

규격화 조건 $<\psi|\psi> = 1$ 에서 상수 A, B 는 다음과 같이 주어진다: $A = B = 1/\sqrt{a}$.

이상을 정리하면 이 두 가지 해는 각각 다음과 같이 쓸 수 있다.

1) $\psi_{ev.}(x) = \frac{1}{\sqrt{a}}\cos(\frac{n\pi x}{2a}), \quad E_n = \frac{n^2\hbar^2\pi^2}{8ma^2}, \quad n = 1, 3, 5, \cdots$

2) $\psi_{od.}(x) = \frac{1}{\sqrt{a}}\sin(\frac{n\pi x}{2a}), \quad E_n = \frac{n^2\hbar^2\pi^2}{8ma^2}, \quad n = 2, 4, 6, \cdots$

3.4 양 벽이 $x = 0$ 과 $x = a$ 에 위치한 1차원 상자에서 $x = 0$ 의 벽이 $x = -a$ 로 갑자기 넓혀졌다. 처음에 입자가 바닥상태에 존재하였다면 상자가 넓혀진 후에 입자가 바닥상태로 계속 존재할 확률을 구하라. 넓혀진 후 입자가 첫 번째 들뜬 상태에 있게

될 확률은 얼마인가?

풀이: 벽이 $x=0$ 과 $x=a$ 인 경우의 바닥상태는 $\psi_1^{(i)}(x)=\sqrt{\frac{2}{a}}\sin(\frac{\pi x}{a}),\ 0<x<a$, 벽이 $x=-a$ 와 $x=a$ 인 경우의 바닥상태는 $\psi_1^{(f)}(x)=\sqrt{\frac{1}{a}}\cos(\frac{\pi x}{2a}),\ -a<x<a$ 이다. 따라서 계속 바닥상태로 있을 확률은 다음과 같다.

$$P_{1\to 1}=|<\psi_1^{(f)}|\psi_1^{(i)}>|^2=\frac{2}{a^2}\left|\int_0^a dx\cos(\frac{\pi x}{2a})\sin(\frac{\pi x}{a})\right|^2=\frac{32}{9\pi^2}$$

벽이 넓어진 후의 첫 번째 들뜬 상태는 $\psi_2^{(f)}(x)=\sqrt{\frac{1}{a}}\sin(\frac{\pi x}{a})$이므로, 첫 번째 들뜬 상태에 있을 확률은 다음과 같다.

$$P_{1\to 2}=|<\psi_2^{(f)}|\psi_1^{(i)}>|^2=\frac{2}{a^2}\left|\int_0^a dx\sin^2(\frac{\pi x}{a})\right|^2=\frac{1}{2}$$

3.5 양 벽이 $x=0$ 과 $x=a$ 에 위치한 1차원 상자 안에 있는 질량 m 인 입자의 파동함수가 $\Psi(x)=Ax(a-x)$로 주어졌다. 여기서 A 는 양의 상수이다. 이 주어진 상태에서 입자가 갖는 에너지의 평균값(해밀토니안의 기대값)을 구하라. 그리고 입자가 n 번째 고유상태에 존재할 확률을 구하라.

도움말: 에너지 평균값: $<\Psi|H|\Psi>$, n 번째 고유상태 존재 확률: $P_n=|<\psi_n|\Psi>|^2$

풀이: 규격화 조건, $<\Psi|\Psi>=|A|^2\int_0^a dx x^2(a-x)^2=1$ 에서 $A=\sqrt{30/a^5}$ 이다. 에너지 평균값은 $<\Psi|H|\Psi>=<\Psi|\frac{p^2}{2m}|\Psi>$ 에서 $p=\frac{\hbar}{i}\frac{d}{dx}$ 를 대입하여 계산하면 다음과 같다.

$$<H>=-\frac{\hbar^2}{2m}<\Psi|\frac{d^2}{dx^2}|\Psi>=-\frac{\hbar^2A^2}{2m}\int_0^a dx\ (2x^2-2ax)=\frac{5\hbar^2}{ma^2}$$

n 번째 고유상태에 존재할 확률, $P_n=|<\psi_n|\Psi>|^2$ 에 $\psi_n(x)=\sqrt{\frac{2}{a}}\sin(\frac{n\pi x}{a})$ 와 적분관계식, $\int dx\ x\sin x=\sin x-x\cos x,\ \int dx\ x^2\sin x=2x\sin x-(x^2-2)\cos x$ 을 쓰면 다음과 같이 된다.

$$P_n=|<\psi_n|\Psi>|^2=\frac{2}{a}|A|^2\left|\int_0^a dx\ \sin(\frac{n\pi x}{a})x(a-x)\right|^2=\frac{240}{(n\pi)^6}(1-(-1)^n)^2$$

3.6 양 벽이 $x=-a$ 와 $x=a$ 에 위치한 1차원 상자 안의 입자가 처음에 오른쪽 절반

부분에만 존재하는 다음의 파동함수로 기술됐다.

$$\Psi(x,t=0)=\begin{cases}1/\sqrt{a} \quad (0<x<a)\\ 0 \quad (-a<x<0)\end{cases}$$

처음 주어진 상태는 그대로 계속 유지될 수 있는지 답하고, 시간 $t(>0)$에 입자가 바닥상태와 첫 번째 들뜬 상태에서 발견될 확률을 각각 구하라.

풀이: 식 (3.16)에서 보듯이 해밀토니안의 고유상태가 아닌 경우, 시간이 지나면 각 고유상태의 위상이 서로 달라져 전체 상태가 달라지게 된다. 주어진 상태는 고유상태가 아니므로, 그 상태 그대로 계속 유지될 수 없다. 문제 3.3에서 얻은 고유상태를 사용하여 주어진 상태를 고유상태로 분해하면 그 전개계수는 다음과 같다.

$$c_n=<\psi_n|\Psi>=\begin{cases}\frac{1}{a}\int_0^a dx\ \sin(\frac{n\pi x}{2a})=\frac{2}{n\pi}(1-(-1)^{n/2}), \quad n=2,4,6,\cdots\\ \frac{1}{a}\int_0^a dx\ \cos(\frac{n\pi x}{2a})=\frac{2}{n\pi}(-1)^{(n-1)/2}, \quad n=1,3,5,\cdots\end{cases}$$

한편, 각 고유상태가 발견될 확률은 다음과 같다.

$$P_n=|<\psi_n|\Psi(x,t)>|^2=|<\psi_n|\sum_m c_m\psi_m e^{-\frac{i}{\hbar}E_m t}>|^2=|c_n|^2$$

따라서 시간이 지난 후 바닥상태와 첫 번째 들뜬 상태에서 발견될 확률은 다음과 같다.
바닥상태: $P_1=|c_1|^2=\frac{4}{\pi^2}$, 첫 번째 들뜬 상태: $P_2=|c_2|^2=\frac{4}{\pi^2}$.

3.7 양 벽이 $x=0$ 과 $x=a$ 에 위치한 1차원 상자에서 처음에 입자가 다음의 함수 형태로 주어졌다.

$$\Psi(x,0)=N\sin^2\left(\frac{\pi x}{a}\right)$$

1). 규격화 상수 N을 구하고, 주어진 함수를 고유상태들로 전개하여 시간 $t(>0)$에서의 파동함수 $\Psi(x,t)$를 구하라. 입자가 두 번째 들뜬 상태에 있을 확률은 얼마인가?

2). 슈뢰딩거 방정식을 만족하는 임의의 파동함수 해는 식 (3.16)으로 표현될 수 있음을 써서, 양 벽이 $x=0$ 과 $x=a$ 에 위치한 1차원 상자 안의 입자는 주기 $T=\frac{4ma^2}{\pi\hbar}$ 가 지나면 원래 상태로 돌아옴을 보여라. 즉, $\Psi(x,t+T)=\Psi(x,t)$임을 보여라.

풀이: 1). 먼저 규격화 조건식, $<\Psi|\Psi>=|N|^2\int_0^a dx\ \sin^4(\frac{\pi x}{a})=1$ 에서 N을 구하자.

여기서 적분은 다음과 같다.

$$\int_0^a dx\ \sin^4(\frac{\pi x}{a}) = \frac{a}{\pi}\left[\frac{3\pi x}{8a} - \frac{1}{4}\sin(\frac{2\pi x}{a}) + \frac{1}{32}\sin(\frac{4\pi x}{a})\right]|_0^a = \frac{3a}{8}$$

따라서 $N = \sqrt{\frac{8}{3a}}$ 이다. 그리고 전개계수는 다음과 같이 주어지는데,

$$c_n = <\psi_n|\Psi> = \sqrt{\frac{2}{a}}\sqrt{\frac{8}{3a}}\int_0^a dx\ \sin(\frac{n\pi x}{a})\sin^2\left(\frac{\pi x}{a}\right),$$

$\sin^2 x = \frac{1}{2}(1-\cos 2x)$와 $\sin Ax\cos Bx = \frac{1}{2}[\sin(A+B)x + \sin(A-B)x]$의 관계를 사용하면, 다음의 결과를 얻는다.

$$\int_0^a dx\ \sin(\frac{n\pi x}{a})\sin^2\left(\frac{\pi x}{a}\right) = \int_0^a dx\left[-\frac{1}{4}\sin\frac{(n+2)\pi x}{a} + \frac{1}{2}\sin\frac{n\pi x}{a} - \frac{1}{4}\sin\frac{(n-2)\pi x}{a}\right]$$

따라서 $n=2$ 인 첫 번째 들뜬 상태의 경우는 $c_2 = 0$ 이 되고, 다른 경우는 다음과 같이 주어진다.

$$c_n = \sqrt{\frac{16}{3}}\frac{1}{\pi}\{\frac{1}{4(n+2)} - \frac{1}{2n} + \frac{1}{4(n-2)}\}\{(-1)^n - 1\},\ (n\neq 2)$$

이는 n 이 짝수인 경우, 그 전개계수가 모두 0 임을 보여준다($c_n = 0,\ n = 2,4,6,\cdots$). 그러므로 시간 t 에서의 파동함수 $\Psi(x,t)$를 고유상태들 $\psi_n(x) = \sqrt{\frac{2}{a}}\sin(\frac{n\pi x}{a})$로 전개하면 그 전개계수가 다음과 같이 주어진다.

$$\Psi(x,t) = \sum_{n=1}^{\infty} c_n\psi_n(x)e^{-\frac{i}{\hbar}E_n t},\ \ c_n = \frac{4}{\sqrt{3}}\frac{1}{\pi}\{-\frac{1}{2(n+2)} + \frac{1}{n} - \frac{1}{2(n-2)}\},\ \ n = 1,3,5,\cdots$$

두 번째 들뜬 상태($n=3$)의 경우는 $c_3 = -\sqrt{\frac{16}{3}}\frac{1}{\pi}\frac{4}{15}$ 가 되어, 두 번째 들뜬 상태에 있을 확률은 $P_3 = |<\psi_3|\Psi>|^2 = |c_3|^2 = \frac{256}{675\pi^2}$ 이다.

2). $\Psi(x,t) = \sum_{n=1}^{\infty} c_n\psi_n(x)e^{-\frac{i}{\hbar}E_n t},\ \ n = 1,3,5,\cdots$ 에서 $E_n = \frac{n^2\pi^2\hbar^2}{2ma^2}$ 이므로 모든 고유상태 항의 위상은 시간이 t 에서 $t+T$ 가 되었을 때, $T = \frac{4ma^2}{\pi\hbar}$ 이면 다음과 같이 위상이 2π 의 정수배만큼 바뀌게 되어 원래 상태와 위상의 변화가 없게 된다.

$$\frac{1}{\hbar}E_n T = \frac{1}{\hbar}\frac{n^2\pi^2\hbar^2}{2ma^2}\frac{4ma^2}{\pi\hbar} = n^2 2\pi,\quad n = 1,3,5,\cdots$$

따라서, 전체 상태는 원래와 동일한 상태가 된다. 즉, $\Psi(x,t+T) = \Psi(x,t)$ 이다.

3.8 1차원 조화 떨개의 운동에너지와 위치에너지를 올림과 내림 연산자들로 표현하고, n 번째 고유상태 $|n>$ 에 대한 각각의 기대값을 구하라. 운동에너지와 위치에너지 기대값의 합이 본문에서 구한 n 번째 에너지 값과 일치하는가?

풀이: 본문에서 x^2 과 p^2 이 다음과 같이 주어졌다.

$$\begin{aligned} x^2 &= \frac{\hbar}{2mw}[a^2 + a^\dagger a + aa^\dagger + (a^\dagger)^2] \\ p^2 &= -\frac{mw\hbar}{2}[a^2 - a^\dagger a - aa^\dagger + (a^\dagger)^2] \end{aligned}$$

따라서 운동에너지와 위치에너지의 고유상태 $|n>$ 에 대한 기대값은 각각 다음과 같다.

$$\begin{aligned} <V> &= <n|\frac{1}{2}mw^2x^2|n> = \frac{mw^2}{2}\frac{\hbar}{2mw} <n|a^2 + a^\dagger a + aa^\dagger + (a^\dagger)^2|n> \\ &= \frac{\hbar w}{4} <n|2a^\dagger a + 1|n> = \frac{\hbar w}{4}(2n+1), \\ <T> &= <n|\frac{1}{2m}p^2|n> = -\frac{1}{2m}\frac{mw\hbar}{2} <n|a^2 - a^\dagger a - aa^\dagger + (a^\dagger)^2|n> \\ &= -\frac{\hbar w}{4} <n| - a^\dagger a - aa^\dagger|n> = \frac{\hbar w}{4}(2n+1) \end{aligned}$$

위에서 우리는 $aa^\dagger = a^\dagger a + 1$ 과 $<n|a^2|n> = <n|(a^\dagger)^2|n> = 0$ 의 관계를 사용하였다. 따라서, 운동에너지와 위치에너지를 합한 전체에너지의 기대값은 다음과 같이 되어 본문에서 구한 n 번째 에너지 값 E_n 과 일치한다.

$$<T> + <V> = \hbar w(n + \frac{1}{2})$$

3.9 불확정성의 관계를 써서 1차원 조화 떨개의 바닥상태 에너지를 구하고, 본문에서 구한 바닥상태 에너지와 비교하라.

<u>도움말</u>: $E = \frac{p^2}{2m} + \frac{1}{2}mw^2x^2$ 의 관계에서 $\triangle x \sim x, \triangle p \sim p$ 로 생각하고, 불확정성 관계 $(\triangle x \triangle p \sim \hbar/2)$를 써서 E 를 x 로 표현하여, 그 최소 에너지를 구하라.

풀이: 불확정성 관계를 써서 $p \sim \triangle p \sim \frac{\hbar}{2\triangle x} \sim \frac{\hbar}{2x}$ 로 놓으면, $E = \frac{(\frac{\hbar}{2x})^2}{2m} + \frac{1}{2}mw^2x^2$ 이 된다. E 가 최소가 되는 x^2 의 값은 $\frac{dE}{d(x^2)} = 0$ 에서 $0 = -\frac{\hbar^2}{8m(x^2)^2} + \frac{1}{2}mw^2$ 이

되어야 하므로, $x^2 = \sqrt{\frac{\hbar^2}{4m^2w^2}} = \frac{\hbar}{2mw}$이 된다. 따라서 $p^2 \sim \frac{\hbar^2}{4x^2} = \frac{mw\hbar}{2}$ 이 되어, 최소 에너지는 다음과 같다.

$$E_{\min} = \frac{p^2}{2m} + \frac{1}{2}mw^2x^2 = \frac{1}{2m}\cdot\frac{mw\hbar}{2} + \frac{mw^2}{2}\cdot\frac{\hbar}{2mw} = \frac{1}{2}\hbar w$$

이는 본문에서 구한 바닥상태 에너지 E_0 와 값이 같다.

3.10 1차원 조화 떨개의 바닥상태에 대한 기대값들 $< x >, < p >, < x^2 >, < p^2 >$ 을 구하고, 이로부터 위치의 불확정성 $\triangle x$ 와 운동량의 불확정성 $\triangle p$ 를 구하여 앞 문제에서 사용한 $\triangle x$, $\triangle p$ 값과 비교하라.

풀이: 본문에서 x, p, x^2, p^2 은 올림과 내림 연산자로 다음과 같이 주어졌다.

$$\begin{aligned}
x &= \sqrt{\frac{\hbar}{2mw}}(a + a^\dagger) \\
p &= -i\sqrt{\frac{mw\hbar}{2}}(a - a^\dagger) \\
x^2 &= \frac{\hbar}{2mw}[a^2 + a^\dagger a + aa^\dagger + (a^\dagger)^2] \\
p^2 &= -\frac{mw\hbar}{2}[a^2 - a^\dagger a - aa^\dagger + (a^\dagger)^2]
\end{aligned}$$

따라서 바닥상태에 대한 기대값은 $a|0> = 0$ 과 $< 0|a^\dagger|0> = 0$ 을 쓰면 다음과 같다.

$$\begin{aligned}
< x > &= \sqrt{\frac{\hbar}{2mw}} < 0|a + a^\dagger|0 > = 0 \\
< p > &= -i\sqrt{\frac{mw\hbar}{2}} < 0|a - a^\dagger|0 > = 0 \\
< x^2 > &= \frac{\hbar}{2mw} < 0|a^2 + a^\dagger a + aa^\dagger + (a^\dagger)^2|0 > = \frac{\hbar}{2mw} \\
< p^2 > &= -\frac{mw\hbar}{2} < 0|a^2 - a^\dagger a - aa^\dagger + (a^\dagger)^2|0 > = \frac{mw\hbar}{2}
\end{aligned}$$

따라서 $(\triangle x)^2 = < x^2 > - < x >^2 = \frac{\hbar}{2mw}$, $(\triangle p)^2 = < p^2 > - < p >^2 = \frac{mw\hbar}{2}$ 이다. 이는 앞 문제에서 구한 $\triangle x \sim x = \sqrt{\frac{\hbar}{2mw}}$, $\triangle p \sim p = \sqrt{\frac{mw\hbar}{2}}$ 와 일치한다.

3.11 1차원에서 움직이는 위치에너지가 $V(x) = \frac{1}{2}mw^2x^2$ 로 주어지는 입자가 있다. 이 입자가 바닥상태에 있을 때, 바닥상태가 고전적으로 가질 수 있는 위치 한계의 밖에

존재할 확률은 얼마인가?

도움말: 수치 계산이나 정규 확률 적분표 사용: $\frac{2}{\sqrt{\pi}}\int_0^1 dy\ e^{-y^2} \simeq 0.84$

풀이: 고전적으로 가질 수 있는 위치의 한계는 계의 에너지가 위치에너지와 같을 때이다. 여기서 그 위치를 x_0 라 하면, 바닥상태의 경우는 $V(x_0) = E_0$ 로 주어진다.

$$\frac{1}{2}mw^2x_0^2 = \frac{1}{2}\hbar w \ \rightarrow \ x_0 = \sqrt{\frac{\hbar}{mw}}$$

따라서 입자가 고전적인 위치 한계의 밖에 존재할 확률은 다음과 같다.

$$P_{\text{outside}} = \int_{-\infty}^{-x_0} dx\ |\psi_0(x)|^2 + \int_{x_0}^{\infty} dx\ |\psi_0(x)|^2$$

한편, 본문에서 얻은 바닥상태의 파동함수는 다음과 같다.

$$\phi_0(x) = C_N \exp(-\frac{\alpha^2x^2}{2}), \quad \alpha = \sqrt{\frac{mw}{\hbar}}, \quad C_N = \left(\frac{mw}{\hbar\pi}\right)^{\frac{1}{4}}$$

그러므로 가능한 위치 한계의 밖에($|x| > x_0$) 입자가 존재할 확률은 다음과 같다.

$$P_{\text{outside}} = 2\frac{1}{\sqrt{\pi}x_0}\int_{x_0}^{\infty} dx\ e^{-\frac{x^2}{x_0^2}} = \frac{2}{\sqrt{\pi}}\int_1^{\infty} dy\ e^{-y^2} \simeq 1 - 0.84 = 0.16$$

3.12 1). 식 (3.117)을 써서 조화 떨개의 고유함수들이 다음 관계를 만족함을 보여라.

$$\phi_n(-x) = (-1)^n\phi_n(x)$$

2). 위의 관계를 활용하여, 다음의 위치에너지를 가지는 계에 존재하는 질량이 m 인 입자의 가능한 에너지 준위를 구하라.

$$V(x) = \begin{cases} \infty \ \ (x < 0) \\ mw^2x^2/2 \ \ (0 < x) \end{cases}$$

풀이: 1). $\phi_0(y) \sim \exp(-\frac{y^2}{2})$ 에서 $\phi_0(-y) = \phi_0(y)$ 이므로 식 (3.117)에서 다음 관계가 성립한다. $\phi_n(-y) = \frac{1}{\sqrt{n!}}\frac{1}{\sqrt{2^n}}(-1)^n(y - \frac{d}{dy})^n\phi_0(y) = (-1)^n\phi_n(y)$ 여기서 $y = \sqrt{\frac{mw}{\hbar}}x$ 이므로 $\phi_n(-x) = (-1)^n\phi_n(x)$ 가 성립한다.

2). $x < 0$ 인 영역에서 입자가 존재할 수 없으므로, $x = 0$ 에서 파동함수가 0 이

되어야 한다. 즉, $\psi(x=0)=0$ 의 조건이 만족되어야 한다. $x>0$ 인 영역에서는 조화 떨개와 모든 조건이 같으므로 주어진 위치에너지 계의 고유상태 함수는 조화 떨개 고유함수와 같되, $x=0$ 에서 파동함수가 0 이 되는 조건을 만족해야 한다. 즉, 주어진 조화 떨개 고유함수 중에서 기함수만 그 해가 될 수 있다. 따라서 1)의 결과에서 n 이 홀수일 때 그 조건이 만족됨을 알 수 있다. 즉, 가능한 에너지 준위는 $E_n=\hbar w(n+\frac{1}{2}),\quad n=1,3,5,\cdots$ 이다.

3.13 식 (3.129)에서 조화 떨개 고유함수 $\phi_n(y)$를 $H(y)\exp(-\frac{y^2}{2})$ 으로 표시했을 때, 함수 $H(y)$가 에르미트 방정식 (3.127)을 만족함을 보여라.

풀이: $\phi_n(y)=H(y)e^{-y^2/2}$ 으로 놓으면, 그 미분은 다음과 같다.

$$\frac{d\phi_n}{dy}=e^{-y^2/2}(\frac{dH}{dy}-yH) \tag{1}$$

$$\frac{d^2\phi_n}{dy^2}=e^{-y^2/2}\left(-y\frac{dH}{dy}+y^2H+\frac{d^2H}{dy^2}-y\frac{dH}{dy}-H\right) \tag{2}$$

이를 식 (3.129)에 대입하면 다음과 같이 된다.

$$\frac{d^2\phi_n}{dy^2}-y^2\phi_n+(2n+1)\phi_n=e^{-\frac{y^2}{2}}\left\{\frac{d^2H}{dy^2}-2y\frac{dH}{dy}+2nH\right\}=0$$

따라서 $H=H_n$ 으로 놓으면 위 식은 에르미트 방정식 (3.127)을 준다.

3.14 함수 $f(x)$ 는 x 의 다항식이다: $f(x)=\sum_{(n\geq 0)}c_nx^n,\quad c_n\in\mathbb{C}$.

1). 내림과 올림 연산자 사이의 관계식 $[a,a^\dagger]=1$ 을 써서 다음 식이 성립함을 보여라.

$$[a,f(a^\dagger)]=\frac{df(a^\dagger)}{da^\dagger}$$

이 결과는 $[p,x]=\frac{\hbar}{i}$ 의 관계를 써서 얻은 문제 1.11의 결과와 거의 같음에 유의하라.

2). 조화 떨개의 바닥상태 $|0>$ 에 대해서 다음 관계가 성립함을 보여라.

$$af(a^\dagger)\;|0>=\frac{df(a^\dagger)}{da^\dagger}\;|0>$$

풀이: 1). $[a,a^\dagger]=1$ 의 관계를 쓰면, $[a,(a^\dagger)^2]=a^\dagger[a,a^\dagger]+[a,a^\dagger]a^\dagger=2a^\dagger$

$[a,(a^\dagger)^3]=[a,(a^\dagger)^2a^\dagger]=[a,(a^\dagger)^2]a^\dagger+(a^\dagger)^2[a,a^\dagger]=2(a^\dagger)^2+(a^\dagger)^2=3(a^\dagger)^2$

$[a,(a^\dagger)^4] = a^\dagger[a,(a^\dagger)^3] + [a,a^\dagger](a^\dagger)^3 = 3(a^\dagger)^3 + (a^\dagger)^3 = 4(a^\dagger)^3$

즉, $[a,(a^\dagger)^n] = n(a^\dagger)^{n-1}, \quad n = 1,2,3,\cdots$ 의 관계가 성립한다. 따라서 $f(a^\dagger)$가 $a^\dagger$의 다항식, 즉 $f(a^\dagger) = \sum_{n=0}^{N} c_n (a^\dagger)^n$ 일 경우, 다음의 관계가 성립한다.

$$[a, f(a^\dagger)] = \sum_{n=0}^{N} c_n [a,(a^\dagger)^n] = \sum_{n=0}^{N} n c_n (a^\dagger)^{n-1} = \frac{df(a^\dagger)}{da^\dagger}$$

2). 위의 결과와 $a|0> = 0$ 의 관계를 쓰면 다음이 성립함을 알 수 있다.

$af(a^\dagger)|0> = ([a, f(a^\dagger)] + f(a^\dagger)a)|0> = [a, f(a^\dagger)]|0> = \frac{df(a^\dagger)}{da^\dagger}|0>$

3.15 내림 연산자의 고유상태인 결맞는 상태 $|\phi_\gamma>$에 대한 다음 물음에 답하라.

1). 규격화 조건을 써서 $|\phi_\gamma> = C_\gamma \, e^{\gamma a^\dagger} \, |0>$ 에서 규격화 상수 C_γ를 구하라.

도움말: 규격화 조건의 계산에서 문제 3.14의 결과를 써서 다음이 성립함을 보이고,

$$(e^{\gamma a^\dagger})^\dagger e^{\gamma a^\dagger}|0> = e^{\gamma^* a} e^{\gamma a^\dagger}|0> = \sum_{n=0}^{\infty} \frac{(\gamma^*)^n}{n!} a^n e^{\gamma a^\dagger}|0> = e^{|\gamma|^2} e^{\gamma a^\dagger}|0>,$$

다시 $<0|e^{\gamma a^\dagger}|0> = 1$ 임을 보인 후 이 관계들을 활용하라.

2). 결맞는 상태들은 직교하지 않는다. $|\phi_\gamma>$ 와 $|\phi_\alpha>$ 가 다음 관계를 만족함을 보여라.

$$|<\phi_\alpha|\phi_\gamma>|^2 = e^{-|\gamma-\alpha|^2}$$

도움말: 식 (3.138), $|\phi_\gamma> = e^{-|\gamma|^2/2} e^{\gamma a^\dagger} \, |0>$ 을 쓰고, 1)번의 풀이 방식을 활용하라.

3). 결맞는 상태 $|\phi_\gamma>$ 에 대한 $<x>$와 $<x^2>$, $<p>$와 $<p^2>$을 구하여 아래의 최소 불확정성 곱이 만족됨을 보여라.

$$\triangle x \, \triangle p = \hbar/2$$

도움말: x 와 p 등을 a 와 $a^\dagger$ 로 표현하고, $a|\phi_\gamma> = \gamma|\phi_\gamma>$ 의 관계를 사용하라. 따라서 $<\phi_\gamma|a^\dagger = <a\,\phi_\gamma| - \gamma^* <\phi_\gamma|$ 의 관계도 성립한다.

4). 결맞는 상태 $|\phi_\gamma>$에 대한 조화 떨개 해밀토니안의 기대값이 다음과 같음을 보여라.

$$<H> = (|\gamma|^2 + \frac{1}{2})\hbar w$$

5). 결맞는 상태 $|\phi_\gamma>$ 의 시간에 따라 변화된 상태는 식 (3.146)으로 주어진다.

$$|\phi_\gamma(t)> = \sum_{n=0}^{\infty} c_n\,|n(t)>,\quad c_n = \frac{\gamma^n}{\sqrt{n!}}\,e^{-|\gamma|^2/2},\quad |n(t)> = |n> e^{-iE_nt/\hbar}$$

시간에 따라 변화된 이 상태 역시 아래와 같이 내림 연산자 a 의 고유상태임을 보여라.

$$a|\phi_\gamma(t)> = \gamma(t)\,|\phi_\gamma(t)>,\quad \gamma(t) \equiv e^{-iwt}\gamma$$

<u>도움말</u>: $E_n = E_{n-1} + \hbar w$ 의 관계를 사용하라.

6). 시간에 의존하는 결맞는 상태 $|\phi_\gamma(t)>$ 에 대한 위치의 기대값 $<x>$ 를 구하여, 이 위치의 기대값이 γ 가 실수일 때 조화 떨개의 고전적인 주기와 같은 주기로 진동하는 것을 보이고, 이 상태가 최소 불확정성 곱을 만족함을 보여라.

$$\triangle x\,\triangle p = \hbar/2$$

<u>도움말</u>: 3)번의 풀이 방식을 활용하라.

풀이: 1). $<\phi_\gamma|\phi_\gamma> = 1$ 을 다시 쓰면, $|C_\gamma|^2 <0|(e^{\gamma a^\dagger})^\dagger e^{\gamma a^\dagger}\,|0> = 1$ 이 된다. 문제 3.14의 결과를 쓰면 $a^n e^{\gamma a^\dagger}|0> = (\frac{d}{da^\dagger})^n e^{\gamma a^\dagger}|0> = (\gamma)^n e^{\gamma a^\dagger}|0>$ 이 되어 도움말에서 주어진 다음의 결과를 얻는다.

$$\begin{aligned}(e^{\gamma a^\dagger})^\dagger e^{\gamma a^\dagger}|0> &= e^{\gamma^* a} e^{\gamma a^\dagger}|0> = \sum_{n=0}^{\infty}\frac{(\gamma^* a)^n}{n!}e^{\gamma a^\dagger}|0> = \sum_{n=0}^{\infty}\frac{\gamma^{*n}\gamma^n}{n!}e^{\gamma a^\dagger}|0> \\ &= \sum_{n=0}^{\infty}\frac{|\gamma|^{2n}}{n!}e^{\gamma a^\dagger}|0> = e^{|\gamma|^2}e^{\gamma a^\dagger}|0>\end{aligned}$$

즉, $|C_\gamma|^2 <0|e^{|\gamma|^2}e^{\gamma a^\dagger}|0> = 1$ 이 된다. 그런데 $<0|e^{\gamma a^\dagger}|0>$ 은 다음과 같이 되므로,

$$<0|e^{\gamma a^\dagger}|0> = \sum_{n=0}^{\infty}\frac{(\gamma)^n}{n!} <0|(a^\dagger)^n|0> = <0|0> = 1,$$

$|C_\gamma|^2 e^{|\gamma|^2} = 1$ 이 되어야 한다. 즉, $C_\gamma = e^{-|\gamma|^2/2}$ 이다.

2). 이제 $|\phi_\alpha> = e^{-|\alpha|^2/2}e^{\alpha a^\dagger}|0>$ 로 쓸 수 있으므로, 다음의 관계가 성립한다.

$$<\phi_\alpha|\phi_\gamma> = <0|(e^{-|\alpha|^2/2}e^{\alpha a^\dagger})^\dagger e^{-|\gamma|^2/2}e^{\gamma a^\dagger}\,|0> = e^{-|\alpha|^2/2}e^{-|\gamma|^2/2} <0|e^{\alpha^* a}e^{\gamma a^\dagger}|0>$$

그리고 1)번에서 한 것과 같은 방식으로 다음과 같이 기대값이 주어진다.

$$< 0|e^{\alpha^* a} e^{\gamma a^\dagger}|0> = \sum_{n=0}^{\infty} \frac{(\alpha^*)^n}{n!} < 0|a^n e^{\gamma a^\dagger}|0> = \sum_{n=0}^{\infty} \frac{(\alpha^*)^n}{n!} \gamma^n < 0|e^{\gamma a^\dagger}|0> = e^{\alpha^* \gamma}$$

따라서 $< \phi_\alpha|\phi_\gamma > = e^{-|\alpha|^2/2} e^{-|\gamma|^2/2} e^{\alpha^* \gamma}$ 가 되어 다음 결과를 얻는다.

$$\begin{aligned} | < \phi_\alpha|\phi_\gamma > |^2 &= < \phi_\alpha|\phi_\gamma > < \phi_\alpha|\phi_\gamma >^* = e^{-|\alpha|^2} e^{-|\gamma|^2} e^{\alpha^* \gamma} e^{\alpha \gamma^*} \\ &= e^{-(\gamma-\alpha)(\gamma-\alpha)^*} = e^{-|\gamma-\alpha|^2} \end{aligned}$$

3). 도움말에 주어진 $a|\phi_\gamma > = \gamma|\phi_\gamma >$ 및 $< \phi_\gamma|a^\dagger = \gamma^* < \phi_\gamma|$ 와 다음 관계들을 쓰자.

$$\begin{aligned} x &= \sqrt{\frac{\hbar}{2mw}}(a + a^\dagger), \quad p = -i\sqrt{\frac{mw\hbar}{2}}(a - a^\dagger) \\ x^2 &= \frac{\hbar}{2mw}[a^2 + a^\dagger a + a a^\dagger + (a^\dagger)^2] = \frac{\hbar}{2mw}[a^2 + 2a^\dagger a + 1 + (a^\dagger)^2] \\ p^2 &= -\frac{mw\hbar}{2}[a^2 - a^\dagger a - a a^\dagger + (a^\dagger)^2] = -\frac{mw\hbar}{2}[a^2 - 2a^\dagger a - 1 + (a^\dagger)^2] \end{aligned}$$

이를 사용하여 우리는 다음의 결과들을 얻는다.

$$\begin{aligned} < x > &= < \phi_\gamma|x|\phi_\gamma > = \sqrt{\frac{\hbar}{2mw}} < \phi_\gamma|a + a^\dagger|\phi_\gamma > = \sqrt{\frac{\hbar}{2mw}}(\gamma + \gamma^*) \\ < p > &= < \phi_\gamma|p|\phi_\gamma > = -i\sqrt{\frac{mw\hbar}{2}} < \phi_\gamma|a - a^\dagger|\phi_\gamma > = -i\sqrt{\frac{mw\hbar}{2}}(\gamma - \gamma^*) \\ < x^2 > &= \frac{\hbar}{2mw} < \phi_\gamma|a^2 + 2a^\dagger a + 1 + (a^\dagger)^2|\phi_\gamma > = \frac{\hbar}{2mw}(\gamma^2 + 2\gamma^*\gamma + 1 + (\gamma^*)^2) \\ &= \frac{\hbar}{2mw}[1 + (\gamma + \gamma^*)^2] \\ < p^2 > &= -\frac{mw\hbar}{2} < \phi_\gamma|a^2 - 2a^\dagger a - 1 + (a^\dagger)^2|\phi_\gamma > = -\frac{mw\hbar}{2}(\gamma^2 - 2\gamma^*\gamma - 1 + (\gamma^*)^2) \\ &= -\frac{mw\hbar}{2}[-1 + (\gamma - \gamma^*)^2] \end{aligned}$$

이로부터 다음의 관계식들을 얻는다.

$$\begin{aligned} (\triangle x)^2 &= < x^2 > - < x >^2 = \frac{\hbar}{2mw}[1 + (\gamma + \gamma^*)^2] - (\sqrt{\frac{\hbar}{2mw}}(\gamma + \gamma^*))^2 = \frac{\hbar}{2mw} \\ (\triangle p)^2 &= < p^2 > - < p >^2 = -\frac{mw\hbar}{2}[-1 + (\gamma - \gamma^*)^2] - (-i\sqrt{\frac{mw\hbar}{2}}(\gamma - \gamma^*))^2 = \frac{mw\hbar}{2} \end{aligned}$$

이상에서 다음의 결과를 얻는다.

$$\triangle x \, \triangle p = \sqrt{\frac{\hbar}{2mw}}\sqrt{\frac{mw\hbar}{2}} = \frac{\hbar}{2}$$

4). 조화 떨개 해밀토니안 $H = \hbar w(a^\dagger a + \frac{1}{2})$과 3)의 도움말에서 다음 결과를 얻는다.

$< H > = < \phi_\gamma|H|\phi_\gamma > = \hbar w < \phi_\gamma|a^\dagger a + \frac{1}{2}|\phi_\gamma > = \hbar w(\gamma^*\gamma + \frac{1}{2}) = \hbar w(|\gamma|^2 + \frac{1}{2})$.

5). $E_n = (n + \frac{1}{2})\hbar w$ 에서 $E_n = E_{n-1} + \hbar w$ 이 성립하므로 다음의 결과를 얻는다.

$$a|\phi_\gamma(t) > = a\sum_{n=0}^{\infty} c_n|n > e^{-iE_nt/\hbar} \; = \sum_{n=1}^{\infty} c_n\sqrt{n}|n-1 > e^{-iE_nt/\hbar}$$
$$= \sum_{n=1}^{\infty} c_n\sqrt{n}|n-1 > e^{-iE_{n-1}t/\hbar}e^{-iwt}$$

여기서 $c_n\sqrt{n} = \frac{\gamma^n}{\sqrt{n!}}\ e^{-|\gamma|^2/2}\sqrt{n} = \gamma\frac{\gamma^{n-1}}{\sqrt{(n-1)!}}\ e^{-|\gamma|^2/2} = \gamma c_{n-1}$ 의 관계를 쓰면, 보이고자 하는 다음의 관계식이 나온다.

$$a|\phi_\gamma(t) > = \gamma e^{-iwt}\sum_{n=1}^{\infty} c_{n-1}|n-1 > e^{-iE_{n-1}t/\hbar} = \gamma e^{-iwt}\sum_{n=0}^{\infty} c_n|n > e^{-iE_nt/\hbar}$$
$$= \gamma e^{-iwt}|\phi_\gamma(t) > \equiv \ \gamma(t)|\phi_\gamma(t) >, \quad \gamma(t) \ \equiv \ \gamma e^{-iwt}$$

6). 5)번에서 주어진 $|\phi_\gamma(t) >$ 의 표현을 쓰면, $< \phi_\gamma(t)|\phi_\gamma(t) > = 1$ 임은 아래와 같이 보일 수 있다.

$$< \phi_\gamma(t)|\phi_\gamma(t) > = \sum_{n,m=0}^{\infty} c_m^* c_n e^{iE_mt/\hbar} < m|n > e^{-iE_nt/\hbar} \; = \sum_{n,m=0}^{\infty} c_m^* c_n e^{iE_mt/\hbar}\delta_{mn}e^{-iE_nt/\hbar}$$

이는 다시 아래와 같이 되어 1이 된다.

$$< \phi_\gamma(t)|\phi_\gamma(t) > = \sum_{n=0}^{\infty}|c_n|^2 \; = \; \sum_{n=0}^{\infty}\frac{|\gamma|^{2n}}{n!}\ e^{-|\gamma|^2} \; = \; e^{|\gamma|^2}e^{-|\gamma|^2} \; = \; 1$$

이 관계와 위에서 얻은 $a|\phi_\gamma(t) > = \gamma(t)|\phi_\gamma(t) >$ 의 관계를 써서 다음 결과를 얻는다.

$$< x > = < \phi_\gamma(t)|x|\phi_\gamma(t) > = \sqrt{\frac{\hbar}{2mw}} < \phi_\gamma(t)|a + a^\dagger|\phi_\gamma(t) > = \sqrt{\frac{\hbar}{2mw}}[\gamma(t) + \gamma^*(t)]$$

여기에 $\gamma(t) = \gamma e^{-iwt}$ 를 대입하면 $< x > = \sqrt{\frac{\hbar}{2mw}}(\gamma e^{-iwt} + \gamma^* e^{iwt})$ 가 된다. 여기서 γ 가 실수이면 위치의 기대값은 $< x > = \sqrt{\frac{2\hbar}{mw}}\gamma\cos(wt)$ 가 되어, 고전적인 조화 떨개와 같은 주기로 진동함을 보여 준다.

불확정성 곱은 3)번에서처럼 다음과 같이 계산된다.

$$
\begin{aligned}
< p > &= < \phi_\gamma(t)|p|\phi_\gamma(t) > = -i\sqrt{\frac{mw\hbar}{2}} < \phi_\gamma(t)|a - a^\dagger|\phi_\gamma(t) > = -i\sqrt{\frac{mw\hbar}{2}}[\gamma(t) - \gamma^*(t)] \\
< x^2 > &= \frac{\hbar}{2mw} < \phi_\gamma(t)|a^2 + 2a^\dagger a + 1 + (a^\dagger)^2|\phi_\gamma(t) > \\
&= \frac{\hbar}{2mw}[\gamma^2(t) + 2\gamma^*(t)\gamma(t) + 1 + (\gamma^*(t))^2] = \frac{\hbar}{2mw}[1 + \{\gamma(t) + \gamma(t)^*\}^2] \\
< p^2 > &= -\frac{mw\hbar}{2} < \phi_\gamma(t)|a^2 - 2a^\dagger a - 1 + (a^\dagger)^2|\phi_\gamma(t) > \\
&= -\frac{mw\hbar}{2}[\gamma^2(t) - 2\gamma^*(t)\gamma(t) - 1 + (\gamma^*(t))^2] = -\frac{mw\hbar}{2}[-1 + \{\gamma(t) - \gamma^*(t)\}^2]
\end{aligned}
$$

따라서 위치와 운동량의 불확정성의 제곱은 각각 다음과 같다.

$$
\begin{aligned}
(\triangle x)^2 &= < x^2 > - < x >^2 \\
&= \frac{\hbar}{2mw}[1 + \{\gamma(t) + \gamma^*(t)\}^2] - [\sqrt{\frac{\hbar}{2mw}}\{\gamma(t) + \gamma^*(t)\}]^2 = \frac{\hbar}{2mw} \\
(\triangle p)^2 &= < p^2 > - < p >^2 \\
&= -\frac{mw\hbar}{2}[-1 + \{\gamma(t) - \gamma^*(t)\}^2] - [-i\sqrt{\frac{mw\hbar}{2}}\{\gamma(t) - \gamma^*(t)\}]^2 = \frac{mw\hbar}{2}
\end{aligned}
$$

그러므로 불확정성의 곱은 다음과 같다.

$$
\triangle x \, \triangle p = \sqrt{\frac{\hbar}{2mw}}\sqrt{\frac{mw\hbar}{2}} = \frac{\hbar}{2}
$$

제4장 양자역학의 체계 II

4.1 A 와 B 가 자기수반 연산자들일 때, 다음 연산자가 자기수반임을 보여라.

$$(AB + BA)/2$$

풀이: $A = A^\dagger$, $B = B^\dagger$ 이고, $(AB)^\dagger = B^\dagger A^\dagger$ 이므로 다음과 같이 성립한다.

$$\left(\frac{AB+BA}{2}\right)^\dagger = \frac{B^\dagger A^\dagger + A^\dagger B^\dagger}{2} = \frac{AB+BA}{2}$$

4.2 임의의 연산자는 다음과 같이 에르미트 연산자와 반-에르미트 anti-Hermitian ($O^\dagger = -O$) 연산자의 선형 결합으로 쓸 수 있음을 보여라.

$$A = (A + A^\dagger)/2 + (A - A^\dagger)/2$$

풀이: $(A^\dagger)^\dagger = A$ 에서 다음 관계가 성립한다.

$$\left(\frac{A+A^\dagger}{2}\right)^\dagger = \frac{A^\dagger + A}{2}, \quad \left(\frac{A-A^\dagger}{2}\right)^\dagger = \frac{A^\dagger - A}{2} = -\frac{A-A^\dagger}{2}$$

즉, $\frac{A+A^\dagger}{2}$ 는 에르미트 연산자이고, $\frac{A-A^\dagger}{2}$ 는 반-에르미트 연산자임을 알 수 있다.

4.3 1). 연산자 A 와 B 에 대하여 다음 관계가 성립함을 보여라.

$$e^A B e^{-A} = B + [A, B] + \frac{1}{2!}[A, [A, B]] + \frac{1}{3!}[A, [A, [A, B]]] + \cdots$$

2). 위 결과를 써서 $[A, B] = \alpha B$ (α 는 상수)일 때, $e^A B e^{-A} = e^\alpha B$ 임을 보여라.

풀이: 1). $b(s) \equiv e^{sA} B e^{-sA}$ 라 하면 다음이 성립한다.

$$\begin{aligned}
\frac{db(s)}{ds} &= Ae^{sA}Be^{-sA} - e^{sA}Be^{-sA}A = [A, b(s)] \\
\frac{d^2b(s)}{ds^2} &= [A, \frac{db(s)}{ds}] = [A, [A, b(s)]] \\
\frac{d^3b(s)}{ds^3} &= [A, [A, \frac{db(s)}{ds}]] = [A, [A, [A, b(s)]]] \\
&\vdots
\end{aligned}$$

여기서 $b(s)$ 를 $s = 0$ 에 대하여 테일러 전개를 하면 다음과 같이 쓸 수 있다.

$$b(s) = b(0) + \frac{db(s)}{ds}|_{s=0}\frac{s}{1!} + \frac{d^2b(s)}{ds^2}|_{s=0}\frac{s^2}{2!} + \frac{d^3b(s)}{ds^3}|_{s=0}\frac{s^3}{3!} + \cdots$$

따라서 $s = 1$ 인 경우는 다음이 성립한다.

$$b(1) = b(0) + \frac{db(s)}{ds}|_{s=0} + \frac{1}{2!}\frac{d^2b(s)}{ds^2}|_{s=0} + \frac{1}{3!}\frac{d^3b(s)}{ds^3}|_{s=0} + \cdots$$

위에서 $b(1) = e^A Be^{-A}$, $b(0) = B$ 이고, $\frac{db(s)}{ds}|_{s=0} = [A, B]$, $\frac{d^2b(s)}{ds^2}|_{s=0} = [A, [A, B]]$, $\frac{d^3b(s)}{ds^3}|_{s=0} = [A, [A, [A, B]]]$ 등이므로 위 식은 증명하려는 식과 같아진다.

$$e^A Be^{-A} = B + [A, B] + \frac{1}{2!}[A, [A, B]] + \frac{1}{3!}[A, [A, [A, B]]] + \cdots$$

2). $[A, B] = \alpha B$ 의 관계를 쓰면, $[A, [A, B]] = \alpha^2 B$, $[A, [A, [A, B]]] = \alpha^3 B$ 등이 되어 주어진 관계가 성립한다.

$$e^A Be^{-A} = B + \alpha B + \frac{1}{2!}\alpha^2 B + \frac{1}{3!}\alpha^3 B + \cdots = (1 + \alpha + \frac{\alpha^2}{2!} + \frac{\alpha^3}{3!} + \cdots)B = e^\alpha B$$

4.4 베이커-하우스도르프 정리 Baker-Hausdorff lemma: 연산자 A 와 B 가 둘 다 $[A, B]$ 와 가환일 때, 다음 관계가 성립함을 보여라.

$$e^A e^B = e^{A+B} e^{\frac{1}{2}[A,B]}$$

풀이: $F(s) \equiv e^{sA}e^{sB}$ 로 놓으면, 그 도함수는 다음과 같이 쓸 수 있다.

$$\frac{dF(s)}{ds} = Ae^{sA}e^{sB} + e^{sA}Be^{sB} = (A + B)e^{sA}e^{sB} + [e^{sA}, B]e^{sB}$$

한편, $[A, B] \equiv K$ 로 놓으면, $[A, K] = [B, K] = 0$ 이므로, 다음 관계가 성립한다.

$$[e^{sA}, B] = [\sum_{n=0}^{\infty}\frac{s^n}{n!}A^n, B] = \sum_{n=1}^{\infty}\frac{s^n}{n!}nA^{n-1}K = s\left(\sum_{n=0}^{\infty}\frac{s^n}{n!}A^n\right)K = sKe^{sA}$$

따라서 다음 관계가 성립한다.

$$\frac{dF(s)}{ds} = (A + B + sK)e^{sA}e^{sB} = (A + B + sK)F(s)$$

이를 적분하면 다음 관계식을 얻는다.

$$\int dF(s)/F(s) = \int (A+B+sK)ds \;\rightarrow\; F(s) = Ce^{sA+sB+\frac{1}{2}s^2K}$$

위에서 C 는 적분상수인데 $F(0) = 1$ 이므로, $C = 1$ 이 되어야 한다. 따라서 다음 관계가 성립한다.

$$F(s) \equiv e^{sA}e^{sB} = e^{sA+sB+\frac{1}{2}s^2K}$$

$s = 1$ 일 때, $[A,K] = [B,K] = 0$ 이고 $K = [A,B]$ 이므로 증명하려는 관계식이 된다.

$$e^Ae^B = e^{A+B+\frac{1}{2}K} = e^{A+B}e^{\frac{1}{2}[A,B]}$$

4.5 다음 연산자 관계들을 보여라.

1). $[A,B] = 0$ 이면, $[B^{-1},A^{-1}] = 0$ 이다.

2). $[A^{-1},B] = 0$ 이면, $[A,B] = 0$ 이다.

풀이: 1). $AA^{-1} = A^{-1}A = 1,\ BB^{-1} = B^{-1}B = 1$ 이고, $[A,B] = 0$ 에서 $AB = BA$ 이므로 이 식 양변의 좌우측에 모두 A^{-1}를 작용시키면 다음 관계를 얻는다.

$$A^{-1}(AB = BA)A^{-1} \;\rightarrow\; BA^{-1} = A^{-1}B$$

다시 마지막 식의 양변 좌우측에 모두 B^{-1}를 작용시키면 다음 관계를 얻는다.

$$B^{-1}(BA^{-1} = A^{-1}B)B^{-1} \;\rightarrow\; A^{-1}B^{-1} = B^{-1}A^{-1}$$

즉, $[B^{-1},A^{-1}] = 0$ 이다.

2). $[A^{-1},B] = 0$ 에서 $A^{-1}B = BA^{-1}$ 이므로 이 식 양변의 좌우측에 A 를 작용시키면 다음 관계를 얻는다.

$$A(A^{-1}B = BA^{-1})A \;\rightarrow\; BA = AB \;\Rightarrow\; [A,B] = 0$$

4.6 반전성 연산자 parity operator P 는 다음과 같이 정의된다.

$$P\psi(x) = \psi(-x)$$

1). 이 연산자는 에르미트 연산자임을 보여라.

2). 이 연산자의 고유값은 +1 과 −1 이고, 각각의 고유상태는 서로 직교함을 보여라.

3). 3장에서 구한 1차원 조화 떨개의 고유상태 ϕ_n 은 이 반전성 연산자의 고유상태임을 보이고, 그 고유값을 구하라.

풀이: 1). 에르미트 연산자는 자기 수반 연산자이므로 $A^\dagger = A$ 의 조건을 만족한다. 그러므로 반전성 연산자가 에르미트 연산자이려면 다음 조건을 만족해야 한다.

$$< \psi \mid P \; |\phi > = < P^\dagger \psi \mid \phi > = < P\psi \mid \phi >$$

여기서 ψ 와 ϕ 는 임의의 함수이며 내적을 적분으로 표현하면 다음과 같다.

$$< P\psi \mid \phi > = \int_{-\infty}^{\infty} dx \; \psi^*(-x)\phi(x)$$

한편, 원래 내적은 다음과 같이 쓸 수 있다.

$$< \psi \mid P \; |\phi > = < P\phi \mid \psi >^* = \int_{-\infty}^{\infty} dx \; \phi(-x)\psi^*(x)$$

이제 위 식에서 $x \to -y$ 로 변수 변환을 하면 위 적분은 다음과 같이 된다.

$$-\int_{\infty}^{-\infty} dy \; \phi(y)\psi^*(-y) = \int_{-\infty}^{\infty} dy \; \psi^*(-y)\phi(y) = < P\psi|\phi >$$

따라서 $< \psi \mid P \; |\phi > = < P\psi|\phi >$ 가 되어 $P = P^\dagger$ 가 성립한다.

2). P 의 고유상태와 고유값을 각각 $|\psi_\eta >$ 와 η 라고 하면, 다음 관계가 성립한다.

$$P|\psi_\eta > = \eta|\psi_\eta > \quad \to \quad P^2|\psi_\eta > = \eta P|\psi_\eta > = \eta^2|\psi_\eta >$$

한편, $P^2\psi_\eta(x) = P\psi_\eta(-x) = \psi_\eta(x)$ 이므로 $\eta^2 = 1$ 이 되어야 한다. 즉, 고유값 η 는 ±1 이다. 이제 $+1$ 의 고유값을 가진 상태를 ψ_+, 그리고 -1 의 고유값을 가진 상태를 ψ_- 라고 하면 다음 관계가 성립한다.

$$< \psi_-|P^2|\psi_+ > = < P\psi_-|P\psi_+ > = - < \psi_-|\psi_+ >$$

하지만, $<\psi_-|P^2|\psi_+> = <\psi_-|\psi_+>$ 이므로, $<\psi_-|\psi_+> = 0$ 이 되어 두 고유상태는 서로 직교한다.

3). 문제 3.12에서 조화 떨개의 고유상태 ϕ_n 이 다음 관계를 만족함을 보였다.

$$\phi_n(-x) = (-1)^n\phi_n(x)$$

따라서 반전성 연산자 P 를 ϕ_n 에 작용하면 다음의 결과를 얻는다.

$$P\phi_n(x) = \phi_n(-x) = (-1)^n\phi_n(x)$$

즉, 조화 떨개의 고유상태 ϕ_n 은 반전성 연산자의 고유상태이며 그 고유값은 n 이 짝수일 때 $+1$, n 이 홀수일 때 -1 이다.

4.7 위치 연산자 x 와 평행이동 연산자 $\mathcal{T}(l) \equiv e^{-\frac{i}{\hbar}l\,p_x}$ 사이의 교환관계식 $[x, \mathcal{T}(l)]$ 을 구하고, 이를 써서 $\mathcal{T}(l)\,|\,x'> = |\,x'+l>$ 임을 보여라.

도움말: 교환관계식 $[x, p_x] = i\hbar$ 와 $e^x = \sum_{n=0}^{\infty}\frac{x^n}{n!}$ 의 관계, 그리고 위치 연산자의 고유상태 방정식 $x|x'> = x'|x'>$ 을 활용하라.

풀이: 평행이동 연산자는 $\mathcal{T}(l) = \sum_{n=0}^{\infty}(\frac{-i}{\hbar})^n\frac{l^n}{n!}{p_x}^n$ 으로 쓸 수 있고, $[x, {p_x}^n] = i\hbar n{p_x}^{n-1}$ 의 관계에 있으므로, 다음의 관계가 성립한다.

$$[x, \mathcal{T}(l)] = \sum_{n=0}^{\infty}(\frac{-i}{\hbar})^n\frac{l^n}{n!}[x, {p_x}^n] = l\sum_{n=1}^{\infty}(\frac{-i}{\hbar})^{n-1}\frac{l^{n-1}}{(n-1)!}{p_x}^{n-1} = l\,\mathcal{T}(l)$$

즉, $x\mathcal{T}(l) = \mathcal{T}(l)x + l\,\mathcal{T}(l)$ 의 관계가 성립한다. 여기에 $x|x'> = x'|x'>$ 의 관계를 적용하면, 다음 관계가 성립한다.

$$x\mathcal{T}(l)|x'> = \mathcal{T}(l)x|x'> + l\,\mathcal{T}(l)|x'> = (x'+l)\mathcal{T}(l)|x'>$$

따라서 $\mathcal{T}(l)|x'> = |\,x'+l>$ 의 관계가 성립한다.

4.8 에르미트 연산자인 해밀토니안의 고유상태는 위치 표현에서 실함수로 표현할 수 있음을 보여라.

도움말: 임의의 위치에너지에 대한 슈뢰딩거 방정식을 쓰고, 그 방정식의 복소공액을

취하여 해밀토니안이 에르미트 연산자라는 사실로부터 주어진 고유함수와 그 복소공액 함수가 같은 고유값을 가짐을 보여라. 이로부터 원래 고유함수의 실수부와 허수부가 모두 같은 고유값을 갈는 고유함수가 됨을 보여라.

풀이: 임의의 위치에너지를 가진 해밀토니안을 H 라고 하자. 이 해밀토니안의 고유상태 방정식을 $H|\psi> = E|\psi>$ 로 쓰면, 이는 위치 표현에서 다음과 같이 된다.

$$< x|H|\psi> = E < x|\psi> = E\psi(x)$$

위 식에서 $< x|H|\psi> = H\psi(x)$ 로 쓰면, 이 마지막 식 우변의 H 는 위치 표현에서의 해밀토니안 연산자를 나타낸다. 한편 $< \psi|H|\psi> = E$ 에서 H 는 에르미트 연산자 $(H = H^\dagger)$ 이기 때문에 $< \psi|H|\psi>^* = < \psi|H|\psi>$, 즉 $E = E^*$ 가 되어 고유값은 실수이다. 따라서 첫 번째 식의 복소공액 표현은 다음과 같이 된다.

$$< x|H|\psi>^* = E < x|\psi>^* = E\psi^*(x)$$

여기서도 에르미트 연산자의 특성에 의해 $< x|H|\psi>^* = H\psi^*(x)$ 로 쓸 수 있다. 따라서 첫 번째 식, $H\psi(x) = E\psi(x)$ 와 마지막 식, $H\psi^*(x) = E\psi^*(x)$ 을 합하고, 빼면 각각 다음의 두 관계식이 나온다.

$$H(\psi(x) + \psi^*(x)) = E(\psi(x) + \psi^*(x)), \quad H(\psi(x) - \psi^*(x)) = E(\psi(x) - \psi^*(x))$$

이는 원래 해밀토니안의 고유함수인 $\psi(x)$의 실수부, $\mathrm{Re}(\psi(x)) = (\psi(x) + \psi^*(x))/2$ 와 허수부, $\mathrm{Im}(\psi(x)) = (\psi(x) - \psi^*(x))/(2i)$ 가 각각 해밀토니안 H 의 고유함수이며 그 고유값은 동일한 E 임을 보여 준다. 이는 위치 표현에서 각각이 실함수인 원래 복소 고유함수의 실수부와 허수부가 각기 동일한 고유값을 갖는 해밀토니안의 고유함수가 됨을 뜻한다. 즉, 위치 표현에서 해밀토니안 고유함수는 실함수로 표현할 수 있다.

4.9 조화 떨개에서 올림 연산자 $a^\dagger$ 에 대한 관계식 (3.90)과 내림 연산자 a 에 대한 관계식 (3.87)을 써서, 고유벡터 $|n>$ 들을 기저로 하는 이 두 연산자의 행렬 표현을 구하라.

풀이: $a^\dagger|n> = \sqrt{n+1}|n+1>$ 와 $a|n> = \sqrt{n}|n-1>$ 의 관계를 쓰면, $a^\dagger$ 와 a 의

행렬 표현에서의 원소들은 각각 다음과 같이 주어진다.

$$\begin{aligned} {a^\dagger}_{mn} &= < m|a^\dagger|n > = \sqrt{n+1} < m|n+1 > = \delta_{m,n+1}\sqrt{n+1} \\ a_{mn} &= < m|a|n > = \sqrt{n} < m|n-1 > = \delta_{m,n-1}\sqrt{n} \end{aligned}$$

이들을 행렬로 표현하면 각각 다음과 같다.

$$a^\dagger = \begin{pmatrix} 0 & 0 & 0 & \cdots \\ 1 & 0 & 0 & \cdots \\ 0 & \sqrt{2} & 0 & \cdots \\ 0 & 0 & \sqrt{3} & \cdots \\ \vdots & \vdots & \vdots & \ddots \end{pmatrix}, \quad a = \begin{pmatrix} 0 & 1 & 0 & 0 & \cdots \\ 0 & 0 & \sqrt{2} & 0 & \cdots \\ 0 & 0 & 0 & \sqrt{3} & \cdots \\ \vdots & \vdots & \vdots & \vdots & \ddots \end{pmatrix}$$

4.10 조화 떨개에서 위치 연산자 x 와 운동량 연산자 p 에 대해 고유벡터 $|n>$ 들을 기저로 하는 행렬 표현을 구하라.

풀이: 3장에서 주어진 아래 관계와 문제 4.9에서 얻은 결과를 활용하자.

$$x = \sqrt{\frac{\hbar}{2mw}}(a + a^\dagger)$$

$$p = -i\sqrt{\frac{mw\hbar}{2}}(a - a^\dagger)$$

따라서 x 와 p 의 행렬 표현은 각각 다음과 같이 주어진다.

$$x = \sqrt{\frac{\hbar}{2mw}} \begin{pmatrix} 0 & 1 & 0 & 0 & \cdots \\ 1 & 0 & \sqrt{2} & 0 & \cdots \\ 0 & \sqrt{2} & 0 & \sqrt{3} & \cdots \\ 0 & 0 & \sqrt{3} & 0 & \cdots \\ \vdots & \vdots & \vdots & \vdots & \ddots \end{pmatrix}, \quad p = -i\sqrt{\frac{mw\hbar}{2}} \begin{pmatrix} 0 & 1 & 0 & 0 & \cdots \\ -1 & 0 & \sqrt{2} & 0 & \cdots \\ 0 & -\sqrt{2} & 0 & \sqrt{3} & \cdots \\ 0 & 0 & -\sqrt{3} & 0 & \cdots \\ \vdots & \vdots & \vdots & \vdots & \ddots \end{pmatrix}$$

4.11 $(0, a)$의 구간을 갖는 1차원 상자에서 해밀토니안 고유상태들을 기저로 하여 위치 연산자 x 의 행렬 표현을 구하라.

풀이: $(0, a)$의 구간을 갖는 1차원 상자의 고유 함수들은 다음과 같이 주어지므로,

$$\phi_n(x) = \sqrt{\frac{2}{a}} \sin\frac{n\pi x}{a}, \quad n = 1, 2, 3, \cdots$$

x 의 행렬 요소는 다음과 같이 주어진다.

$$x_{nm} = < \phi_n|x|\phi_m > = \frac{2}{a}\int_0^a dx\ \sin\left(\frac{n\pi x}{a}\right)\ x\ \sin\left(\frac{m\pi x}{a}\right)$$

여기서 다음 관계를 사용하면,

$$\sin\left(\frac{n\pi x}{a}\right)\ \sin\left(\frac{m\pi x}{a}\right) = \frac{1}{2}\left(\cos\frac{(n-m)\pi x}{a} - \cos\frac{(n+m)\pi x}{a}\right),$$

행렬 요소는 다음과 같이 된다.

$$x_{nm} = \frac{1}{a}\int_0^a dx\ \left(x\ \cos\frac{(n-m)\pi x}{a} - x\ \cos\frac{(n+m)\pi x}{a}\right)$$

여기서 n, m 은 모두 양수이므로, $n = m$ 일 때는 $\int dx\ x\ \cos x = \cos x + x\sin x$ 의 관계를 사용하여 적분은 다음과 같이 된다.

$$\begin{aligned} x_{nn} &= \frac{1}{a}\int_0^a dx\ \left(x - x\ \cos\frac{2n\pi x}{a}\right) \\ &= \frac{1}{a}\left[\frac{x^2}{2} - \left(\frac{a}{2n\pi}\right)^2\left(\cos\frac{2n\pi x}{a} + \frac{2n\pi x}{a}\sin\frac{2n\pi x}{a}\right)\right]\Bigg|_0^a \\ &= \frac{a}{2},\quad n = 1, 2, 3, \cdots \end{aligned}$$

$n \neq m$ 일 때는 다음과 같이 된다.

$$\begin{aligned} \int_0^a dx\ x\ \cos\frac{(n\pm m)\pi x}{a} &= \left(\frac{a}{(n\pm m)\pi}\right)^2\left(\cos\frac{(n\pm m)\pi x}{a} + \frac{(n\pm m)\pi x}{a}\sin\frac{(n\pm m)\pi x}{a}\right)\Bigg|_0^a \\ &= \left(\frac{a}{(n\pm m)\pi}\right)^2\left((-1)^{n\pm m} - 1\right) \end{aligned}$$

따라서 이때의 행렬 요소는 다음과 같이 주어진다.

$$\begin{aligned} x_{nm} &= \frac{a}{\pi^2}\left[\frac{1}{(n-m)^2}\left((-1)^{n-m} - 1\right) - \frac{1}{(n+m)^2}\left((-1)^{n+m} - 1\right)\right] \\ &= \begin{cases} \frac{a}{\pi^2}\left[-\frac{2}{(n-m)^2} + \frac{2}{(n+m)^2}\right];\ \ n, m \text{ 이 홀수와 짝수 또는 짝수와 홀수일 때} \\ 0;\ \ n, m \text{ 이 모두 홀수이거나, 모두 짝수일 때} \end{cases} \end{aligned}$$

따라서 $(0,a)$의 구간을 갖는 1차원 상자에서 위치 연산자 x 에 대한 에너지 고유상태들을 기저로 한 행렬 표현은 다음과 같다.

$$x = \begin{pmatrix} \frac{a}{2} & -\frac{16a}{9\pi^2} & 0 & -\frac{32a}{225\pi^2} & 0 & \cdots \\ -\frac{16a}{9\pi^2} & \frac{a}{2} & -\frac{48a}{25\pi^2} & 0 & -\frac{80a}{441\pi^2} & \cdots \\ 0 & -\frac{48a}{25\pi^2} & \frac{a}{2} & -\frac{96a}{49\pi^2} & 0 & \cdots \\ -\frac{32a}{225\pi^2} & 0 & -\frac{96a}{49\pi^2} & \frac{a}{2} & -\frac{160a}{81\pi^2} & \cdots \\ 0 & -\frac{80a}{441\pi^2} & 0 & -\frac{160a}{81\pi^2} & \frac{a}{2} & \cdots \\ \vdots & \vdots & \vdots & \vdots & \vdots & \ddots \end{pmatrix}$$

제5장 1차원 산란과 속박상태

5.1 파동함수에 대한 다음의 특성을 보여라.

1). 파동함수가 실함수 real function 일 때, 확률흐름밀도는 0 이 됨을 보여라.

2). 위치에너지가 복소함수 complex function 로 주어질 때, 식 (5.13) 또는 (5.14)로 주어지는 확률흐름밀도는 연속방정식을 만족하지 않음을 보여라.

풀이: 1). 파동함수가 실함수이면 식 (5.13)에서 확률흐름밀도는 아래와 같이 되어 0 이 된다.

$$J_x = \frac{i\hbar}{2m}\left(\frac{\partial\psi}{\partial x}\psi - \psi\frac{\partial\psi}{\partial x}\right) = 0$$

2). 위치에너지가 복소함수이면, 식 (5.9)는 다음과 같이 되고,

$$\frac{\partial}{\partial t}(\psi^*\psi) = \frac{i}{\hbar}(H^\dagger\psi^*)\psi - \frac{i}{\hbar}\psi^*(H\psi),$$

식 (5.11)은 다음과 같이 된다.

$$\begin{aligned}(H^\dagger\psi^*)\psi &= -\frac{\hbar^2}{2m}\frac{\partial^2\psi^*}{\partial x^2}\psi + V^*(x)\psi^*\psi, \\ \psi^*(H\psi) &= -\psi^*\frac{\hbar^2}{2m}\frac{\partial^2\psi}{\partial x^2} + V(x)\psi^*\psi\end{aligned}$$

따라서 식 (5.12)는 다음과 같이 된다.

$$\begin{aligned}\frac{\partial}{\partial t}(\psi^*\psi) &= -\frac{i\hbar}{2m}\left(\frac{\partial^2\psi^*}{\partial x^2}\psi - \psi^*\frac{\partial^2\psi}{\partial x^2}\right) + \frac{i}{\hbar}(V^* - V)\psi^*\psi \\ &= -\frac{i\hbar}{2m}\frac{\partial}{\partial x}\left(\frac{\partial\psi^*}{\partial x}\psi - \psi^*\frac{\partial\psi}{\partial x}\right) + \frac{i}{\hbar}(V^* - V)\psi^*\psi\end{aligned}$$

그러므로 식 (5.5)는 다음과 같이 바뀌어 연속방정식이 성립하지 않는다.

$$\frac{\partial\rho}{\partial t} + \frac{\partial J_x}{\partial x} = \frac{i}{\hbar}(V^* - V)\rho \neq 0$$

5.2 그림 2에서와 같이 어떤 유한한 영역에서만 0 이 아닌 임의의 위치에너지 $V(x)$ 를 가진 1차원 계가 있다. 이때 이 위치에너지 장벽의 좌우에서 슈뢰딩거 방정식을

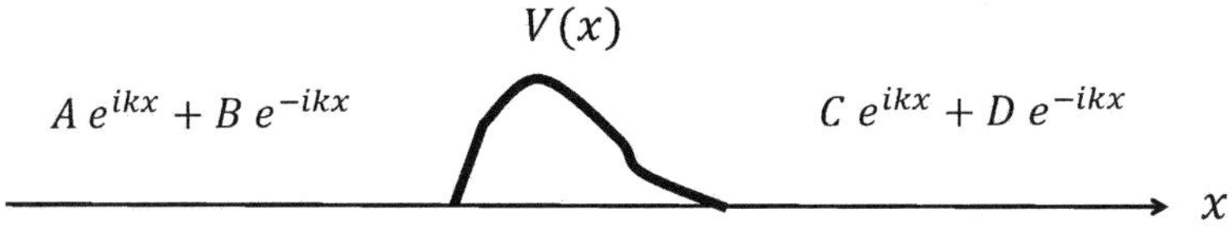

그림 2: 위치에너지 장벽 좌우에서의 파동함수

만족하는 파동함수가 각각 그림 2에서와 같이 주어졌다고 하자.

1). 위치에너지 장벽 좌우에서 확률흐름밀도 J_x 가 보존되는 것으로부터 다음 관계가 성립함을 보여라.

$$|A|^2 + |D|^2 = |B|^2 + |C|^2$$

2). 우리는 이 관계를 위치에너지 장벽의 좌우에서 각각 입사하는 파의 존재 확률의 합이 산란되어 나오는 파의 존재 확률의 합과 같음을 나타낸다고 해석할 수 있다. 따라서 우리는 다음과 같이 복소 계수를 써서 B 와 C 를 A 와 D 의 1차 결합으로 표시할 수 있다.

$$\begin{aligned} B &= S_{11}A + S_{12}D \\ C &= S_{21}A + S_{22}D \end{aligned}$$

이 관계는 행렬식으로 표현하면 다음과 같다.

$$\begin{pmatrix} B \\ C \end{pmatrix} = \begin{pmatrix} S_{11} & S_{12} \\ S_{21} & S_{22} \end{pmatrix} \begin{pmatrix} A \\ D \end{pmatrix}$$

여기서 나타난 변환 행렬 S 는 산란하기 이전의 파동과 산란한 이후의 파동 사이의 관계를 결정지으므로, 우리는 이를 산란행렬 scattering matrix 이라고 부를 수 있다. 이 산란행렬 S 는 유니타리 행렬 unitary matrix ($S^\dagger = S^{-1}$)임을 보여라.

풀이: 1). 위치에너지 장벽 좌우에서의 파동함수를 각각 ψ_-와 ψ_+라고 하자.

$$\begin{aligned} \text{좌:} \quad \psi_-(x) &= Ae^{ikx} + Be^{-ikx} \\ \text{우:} \quad \psi_+(x) &= Ce^{ikx} + De^{-ikx} \end{aligned}$$

그러면 좌우 각 영역에서의 확률흐름밀도는 다음과 같이 주어진다.

$$\begin{aligned}
\text{좌:}\quad J_x &= \frac{i\hbar}{2m}\left(\frac{\partial\psi_-^*}{\partial x}\psi_- - \psi_-^*\frac{\partial\psi_-}{\partial x}\right) \\
&= \frac{i\hbar}{2m}\Big[(-ikA^*e^{-ikx} + ikB^*e^{ikx})(Ae^{ikx} + Be^{-ikx}) \\
&\qquad - (A^*e^{-ikx} + B^*e^{ikx})(ikAe^{ikx} - ikBe^{-ikx})\Big] \\
&= \frac{i\hbar}{2m}\left(-2ik|A|^2 + 2ik|B|^2\right) = \frac{\hbar k}{m}(|A|^2 - |B|^2) \\
\text{우:}\quad J_x &= \frac{i\hbar}{2m}\left(\frac{\partial\psi_+^*}{\partial x}\psi_+ - \psi_+^*\frac{\partial\psi_+}{\partial x}\right) \\
&= \frac{i\hbar}{2m}\Big[(-ikC^*e^{-ikx} + ikD^*e^{ikx})(Ce^{ikx} + De^{-ikx}) \\
&\qquad - (C^*e^{-ikx} + D^*e^{ikx})(ikCe^{ikx} - ikDe^{-ikx})\Big] \\
&= \frac{i\hbar}{2m}\left(-2ik|C|^2 + 2ik|D|^2\right) = \frac{\hbar k}{m}(|C|^2 - |D|^2)
\end{aligned}$$

확률흐름밀도가 보존되려면 장벽 좌우에서의 확률흐름밀도가 같아야 된다.

$$\frac{\hbar k}{m}(|A|^2 - |B|^2) = \frac{\hbar k}{m}(|C|^2 - |D|^2)$$

따라서 다음 관계가 성립한다.

$$|A|^2 + |D|^2 = |B|^2 + |C|^2$$

2). 주어진 변환 행렬 S 를 사용하면, 그 복소전치(complex conjugate and transposed) 행렬은 $S^\dagger$ 이므로 다음과 같이 표시할 수 있다.

$$\begin{pmatrix} B \\ C \end{pmatrix} = S \begin{pmatrix} A \\ D \end{pmatrix} \quad \Rightarrow \quad (B^*\ C^*) = (A^*\ D^*)S^\dagger$$

따라서 다음의 관계가 성립한다.

$$|B|^2 + |C|^2 = (B^*\ C^*)\begin{pmatrix} B \\ C \end{pmatrix} = (A^*\ D^*)S^\dagger S\begin{pmatrix} A \\ D \end{pmatrix}$$

그런데 1)의 결과에서 이는 $|A|^2 + |D|^2$ 과 같아야 하므로, $S^\dagger S = 1$ 이어야 한다. 즉, 산란행렬 S 는 유니타리 행렬이다.

5.3 계단 위치에너지를 갖는 계에 입자가 왼쪽에서 입사한다. 식 (5.19)와 같이 계단 위치에너지의 오른쪽이 높을 경우의 반사계수나 아래와 같이 계단 위치에너지의 왼쪽이 높을 경우의 반사계수는 동일함을 보여라. 두 경우 공히 입자의 에너지(E)가 계단 위치에너지 장벽(V_0)보다 높고($E > V_0$), 모두 왼쪽에서 입사한다.

$$V(x) = \begin{cases} V_0, & x < 0 \\ 0, & x > 0 \end{cases}$$

풀이: 두 경우 모두 입자의 운동에너지가 양이므로 식 (5.35)로 반사계수가 주어진다.

$$R = \left|\frac{J_{반사}}{J_{입사}}\right| = \left|\frac{B}{A}\right|^2 = \frac{(k_1 - k_2)^2}{(k_1 + k_2)^2}$$

다만 파수 k_1과 k_2의 값이 서로 바뀌게 된다. 위치에너지 오른쪽이 높은 경우,

$$k_1^2 = \frac{2mE}{\hbar^2}, \quad k_2^2 = \frac{2m}{\hbar^2}(E - V_0)$$

이지만, 왼쪽이 높은 경우는 다음과 같이 뒤바뀐다.

$$k_1^2 = \frac{2m}{\hbar^2}(E - V_0), \quad k_2^2 = \frac{2mE}{\hbar^2}$$

이처럼 k_1과 k_2의 값이 서로 뒤바뀌는 경우, $k_1 + k_2$ 의 값은 변화가 없고, $k_1 - k_2$ 의 값은 그 부호가 바뀌지만, $(k_1 - k_2)^2$ 의 값은 변화가 없어 두 경우 모두 같은 R 값을 갖는다. 즉 반사계수가 동일하다.

5.4 위치에너지가 식 (5.19)로 주어지는 계의 산란에서 입자가 $-x$ 방향에서 입사한다. 계단 위치에너지의 높이가 입자 에너지의 4 배라고 하면, $V_0 = 4E$, 경계 $x = 0$ 을 지나 얼마쯤 더 가서 입자의 존재 확률이 입사할 때의 반으로 줄겠는가?

풀이: 이 경우 장벽 내에서의 파동함수는 본문에서 식 (5.40)으로 주어졌다.

$$\psi_{II}(x) = Ce^{-\kappa x}, \quad 0 \le x$$

여기서 C 는 규격화 상수이다. 입자의 존재 확률이 입사하는 지점($x=0$)에서의 존재 확률의 반으로 줄어드는 지점을 $x_{\frac{1}{2}}$ 이라고 하면, 다음 관계가 성립해야 한다.

$$|\psi_{II}(0)|^2 = 2|\psi_{II}(x_{\frac{1}{2}})|^2$$

따라서 $1 = 2e^{-2\kappa x_{\frac{1}{2}}}$ 이 성립되어야 한다. 즉, $x_{\frac{1}{2}} = \frac{\ln 2}{2\kappa}$ 이다. 한편 $\kappa^2 \equiv \frac{2m}{\hbar^2}(V_0 - E)$ 인데 $V_0 = 4E$ 이므로, $\kappa = \sqrt{\frac{3mV_0}{2\hbar^2}}$ 이다. 그러므로 존재 확률이 반으로 떨어지는 지점은 다음과 같다.

$$x_{\frac{1}{2}} = \frac{\hbar \ln 2}{\sqrt{6mV_0}}$$

5.5 문제 2.11에서 얻은 계단함수의 특성, $\frac{d\theta}{dx} = \delta(x)$ 을 써서 식 (5.73)으로 주어진 델타함수 우물에서의 속박상태 해가 불확정성 관계 $\triangle x \triangle p \geq \hbar/2$ 를 만족함을 보여라.

풀이: 속박상태 해, $\psi(x) = \sqrt{\kappa}e^{-\kappa|x|}$, $\kappa = \frac{m\lambda}{\hbar^2}$ 에 대한 기대값들은 다음과 같다.

$$\begin{aligned}
< x > &= < \psi|x|\psi > = \int_{-\infty}^{0} dx\ \kappa e^{2\kappa x} x + \int_{0}^{\infty} dx\ \kappa e^{-2\kappa x} x \\
&= 0 \quad (\text{기함수이므로 서로 상쇄}) \\
< x^2 > &= < \psi|x^2|\psi > = \int_{-\infty}^{0} dx\ \kappa e^{2\kappa x} x^2 + \int_{0}^{\infty} dx\ \kappa e^{-2\kappa x} x^2 \\
&= 2\kappa e^{-2\kappa x}[\frac{x^2}{-2\kappa} - \frac{2x}{(-2\kappa)^2} + \frac{2}{(-2\kappa)^3}]|_0^\infty = \frac{1}{2\kappa^2} \\
\frac{d\psi}{dx} &= \kappa^{3/2} \begin{cases} -e^{-\kappa x}, & x > 0 \\ e^{\kappa x}, & x < 0 \end{cases} = \kappa^{3/2} e^{-\kappa|x|}[-\theta(x) + \theta(-x)] \\
< p > &= < \psi|\frac{\hbar}{i}\frac{d}{dx}|\psi > = \frac{\hbar}{i}\kappa^2 \int_{-\infty}^{0} dx\ e^{2\kappa x} - \frac{\hbar}{i}\kappa^2 \int_{0}^{\infty} dx\ e^{-2\kappa x} = 0 \\
\frac{d^2\psi}{dx^2} &= \kappa^{3/2} e^{-\kappa|x|}[\kappa(-\theta(x) + \theta(-x))^2 - 2\delta(x)] \\
&= \kappa^{3/2} e^{-\kappa|x|}[\kappa(\theta(x) + \theta(-x)) - 2\delta(x)]
\end{aligned}$$

$$\begin{aligned}
< p^2 > &= < \psi|(\frac{\hbar}{i}\frac{d}{dx})^2|\psi > = (\frac{\hbar}{i})^2 \kappa^3 \left(\int_{-\infty}^{0} dx e^{2\kappa x} + \int_{0}^{\infty} dx\ e^{-2\kappa x} \right) + 2\hbar^2\kappa^2 \\
&= 2(\frac{\hbar}{i})^2 \kappa^3 \frac{e^{-2\kappa x}}{-2\kappa}|_0^\infty + 2\hbar^2\kappa^2 = \hbar^2\kappa^2
\end{aligned}$$

따라서 x 와 p 의 불확정성의 제곱은 각각 다음과 같다.

$$(\triangle x)^2 = <x^2> - <x>^2 = \frac{1}{2\kappa^2}, \quad (\triangle p)^2 = <p^2> - <p>^2 = \hbar^2\kappa^2.$$

즉, 델타함수 우물에서의 속박상태 해는 불확정성 관계를 만족한다.

$$\triangle x \triangle p = \frac{\hbar}{\sqrt{2}} > \frac{\hbar}{2}$$

5.6 다음과 같이 식 (5.62)로 슈뢰딩거 방정식이 주어지는 델타함수 우물에서,

$$-\frac{\hbar^2}{2m}\frac{d^2\psi}{dx^2} - \lambda\delta(x)\psi = E\psi, \qquad \lambda > 0,$$

입자의 존재 확률이 1/2 이 되는 속박상태의 영역($|x| < x_0$)을 주는 위치 x_0 를 구하라.

풀이: 주어진 델타함수 우물에서의 속박상태는 식 (5.73)으로 주어졌다.

$$\psi(x) = \sqrt{\kappa}e^{-\kappa|x|}, \qquad \kappa = \frac{m\lambda}{\hbar^2}$$

따라서 주어진 영역 내에서 입자가 발견된 확률이 1/2 이 되는 그러한 영역의 경계점 x_0 는 다음 조건을 만족해야 한다.

$$2\int_0^{x_0} dx\ |\psi(x)|^2 = \frac{1}{2}$$

즉, 다음의 조건을 만족해야 한다.

$$\kappa\int_0^{x_0} dx\ e^{-2\kappa x} = \frac{1}{4} \quad \Rightarrow \quad -\frac{1}{2}(e^{-2\kappa x_0} - 1) = \frac{1}{4}$$

따라서 x_0 는 다음과 같다.

$$x_0 = \frac{\ln 2}{2\kappa} = \frac{\hbar^2 \ln 2}{2m\lambda}$$

5.7 식 (5.74)로 주어진 두 델타함수 우물에 의한 산란($E > 0$)에서 투과계수를 구하라.

$$V(x) = -\lambda\delta(x+a) - \lambda\delta(x-a), \quad \lambda > 0$$

풀이: 입자가 $-\infty$ 의 방향에서 입사한다고 하면, 파동함수는 다음과 같이 쓸 수 있다.

$$\psi_I = Ae^{ikx} + Be^{-ikx}, \quad x \leq -a, \quad k^2 \equiv \frac{2mE}{\hbar^2}$$

$$\psi_{II} = Ce^{ikx} + De^{-ikx}, \quad -a \le x \le a$$
$$\psi_{III} = Fe^{ikx}, \qquad a \le x$$

경계에서 파동함수가 연속일 조건과 델타함수에 의한 경계조건은 다음과 같다.

$$\begin{aligned}
\psi_I(-a) &= \psi_{II}(-a) \\
\psi_{II}(a) &= \psi_{III}(a) \\
\psi'_{II}(-a) - \psi'_I(-a) &= -\frac{2m\lambda}{\hbar^2}\psi_I(-a) \\
\psi'_{III}(a) - \psi'_{II}(a) &= -\frac{2m\lambda}{\hbar^2}\psi_{III}(a)
\end{aligned}$$

이를 다시 쓰면 다음과 같다.

$$\begin{aligned}
Ae^{-ika} + Be^{ika} &= Ce^{-ika} + De^{ika} \\
Ce^{ika} + De^{-ika} &= Fe^{ika} \\
ik(Ce^{-ika} - De^{ika}) - ik(Ae^{-ika} - Be^{ika}) &= -\frac{2m\lambda}{\hbar^2}(Ae^{-ika} + Be^{ika}) \\
ikFe^{ika} - ik(Ce^{ika} - De^{-ika}) &= -\frac{2m\lambda}{\hbar^2}Fe^{ika}
\end{aligned}$$

여기서 $e^{ika} \equiv \alpha$, $\frac{2im\lambda}{k\hbar^2} \equiv \gamma$ 로 놓고 양변에 α 를 곱하면 위 식은 다음과 같이 된다.

$$\begin{aligned}
A + \alpha^2 B &= C + \alpha^2 D \\
\alpha^2 C + D &= \alpha^2 F \\
C - \alpha^2 D - A + \alpha^2 B &= \gamma A + \gamma\alpha^2 B \\
\alpha^2 F - \alpha^2 C + D &= \gamma\alpha^2 F
\end{aligned}$$

이 연립 방정식을 풀면 F 는 A 로 다음과 같이 주어진다.

$$F = \frac{4A}{4 + \gamma^2 - 4\gamma - \gamma^2\alpha^4}$$

그러므로 투과계수는 다음과 같이 주어진다.

$$T = \left|\frac{F}{A}\right|^2 = \left|\frac{4}{4 + \gamma^2 - 4\gamma - \gamma^2\alpha^4}\right|^2$$

여기서 $\gamma = 2i\rho$ 로 놓으면, 위 식은 다음과 같이 간단히 쓸 수 있다.

$$T = \frac{1}{|1-\rho^2-2i\rho+\rho^2\alpha^4|^2}, \quad \rho \equiv \frac{m\lambda}{k\hbar^2}$$

앞에서 $\alpha = e^{ika}$ 이므로 분모는 다시 다음과 같이 계산된다.

$$\begin{aligned}
|1-\rho^2-2i\rho+\rho^2\alpha^4|^2 &= (1-\rho^2-2i\rho+\rho^2e^{4ika})(1-\rho^2+2i\rho+\rho^2e^{-4ika}) \\
&= (1-\rho^2)^2+4\rho^2+(1-\rho^2-2i\rho)\rho^2e^{-4ika} \\
&\quad +(1-\rho^2+2i\rho)\rho^2e^{4ika}+\rho^4 \\
&= 1+2\rho^4(1-\cos 4ka)+2\rho^2(1+\cos 4ka)-4\rho^3\sin 4ka \\
&= 1+4\rho^4\sin^2 2ka+4\rho^2\cos^2 2ka-8\rho^3\sin 2ka\cos 2ka \\
&= 1+4\rho^2(\rho\sin 2ka-\cos 2ka)^2
\end{aligned}$$

그러므로 투과계수는 다음과 같이 쓸 수 있다.

$$T = \frac{1}{1+4\rho^2(\rho\sin 2ka-\cos 2ka)^2}, \quad \rho \equiv \frac{m\lambda}{k\hbar^2}, \quad k^2 \equiv \frac{2mE}{\hbar^2}$$

5.8 위치에너지가 다음과 같이 주어진 계에 입자가 왼쪽($-x$ 방향)에서 입사하였다.

$$V(x) = \begin{cases} 0, & x < -a \\ -V_0 < 0, & -a < x < 0 \\ \infty, & 0 < x \end{cases}$$

1). $x < -a$ 인 영역에서 산란($E > 0$)에 의한 반사계수를 구하라.

2). 속박상태($E < 0$) 해를 구하라. 해가 존재하지 않을 수 있다면, 해가 존재할 조건은 무엇인가?

풀이: 1). 산란의 경우 $E > 0$ 이므로, 각 영역에서 파동함수는 다음과 같이 쓸 수 있다.

$$\psi_I = Ae^{ikx}+Be^{-ikx}, \quad x < -a, \quad k^2 \equiv \frac{2mE}{\hbar^2}$$
$$\psi_{II} = Ce^{ik_1x}+De^{-ik_1x}, \quad -a < x < 0, \quad {k_1}^2 \equiv \frac{2m(E+V_0)}{\hbar^2}$$

$x = 0$ 에서 파동함수가 0 이 되어야 하므로 $C = -D$ 가 되어야 한다. 따라서 영역 II 에서의 파동함수는 $\psi_{II} = C' \sin k_1 x$ 가 되어야 한다. 여기에 $x = -a$ 에서 파동함수와 그 도함수가 연속이어야 한다는 다음의 경계조건을 적용하면,

$$\psi_I(x = -a) = \psi_{II}(x = -a),$$
$$\left.\frac{d\psi_I}{dx}\right|_{x=-a} = \left.\frac{d\psi_{II}}{dx}\right|_{x=-a},$$

다음 조건식을 얻는다.

$$\begin{aligned} Ae^{-ika} + Be^{ika} &= -C' \sin k_1 a \\ ik(Ae^{-ika} - Be^{ika}) &= C' k_1 \cos k_1 a \end{aligned}$$

위 식에 $k_1 \cos k_1 a$, 아래 식에 $\sin k_1 a$ 를 곱하여 두 식을 더하면 다음 식을 얻는다

$$Ae^{-ika}(k_1 \cos k_1 a + ik \sin k_1 a) + Be^{ika}(k_1 \cos k_1 a - ik \sin k_1 a) = 0$$

$$\text{즉,} \quad B = e^{-2ika}\left(\frac{k - ik_1 \cot k_1 a}{k + ik_1 \cot k_1 a}\right) A$$

따라서 반사계수는 다음과 같다.

$$R = \left|\frac{B}{A}\right|^2 = \left|\frac{k - ik_1 \cot k_1 a}{k + ik_1 \cot k_1 a}\right|^2 = 1$$

2). 속박상태의 경우 $E < 0$ 이므로, 각 영역에서의 파동함수가 다음과 같이 주어진다.

$$\psi_I = Ae^{\kappa x}, \quad x < -a, \quad \kappa^2 \equiv -\frac{2mE}{\hbar^2}$$
$$\psi_{II} = Ce^{ik_1 x} + De^{-ik_1 x}, \quad -a < x < 0, \quad {k_1}^2 \equiv \frac{2m(E + V_0)}{\hbar^2}$$

산란의 경우에서와 마찬가지로 $x = 0$ 에서 파동함수가 0 이 되어야 하므로, 영역 II에서의 파동함수는 $C' \sin k_1 x$ 의 형태가 되어 본문에서 얻은 구간이 $(-a, a)$인 네모난 우물의 기함수 해와 같아진다. 그러므로 속박상태 해가 존재할 수도 있고 하지 않을 수도 있다. 따라서 속박상태 해가 존재할 조건은 본문에서 설명된 바와 같이 $\rho_0 = \frac{\sqrt{2mV_0}}{\hbar} a \geq \pi/2$ 이다.

5.9 유한한 깊이의 네모난 우물에서 속박상태의 입자를 생각하자. 네모난 우물의 폭이 a 라고 하면 입자가 갖는 위치의 불확정성은 a 보다 작고, 따라서 운동량의 불확정성은 $\hbar/a$ 보다 크다고 할 수 있을 것이다. 즉, 운동에너지가 $\frac{\hbar^2}{2ma^2}$ 보다 커질 것이다. 그러므로 우물의 깊이(V_0)가 아주 얕다면, 입자의 전체 에너지는 양의 값을 가져야 할 것이다 ($E \geq \frac{\hbar^2}{2ma^2} - V_0 > 0$). 이는 5.4.3절에서 얻은 네모난 우물에서는 속박상태($E < 0$)가 적어도 하나 이상 존재한다는 결과와 위배된다. 이러한 모순이 생긴 이유는 무엇인가?

풀이: 식 (5.155)로 주어진 네모난 우물에서의 속박상태 파동함수를 보면, 우물의 바깥 영역(I, III)에서도 비록 지수함수적으로 감소하기는 하지만 파동함수가 존재하는 것을 알 수 있다. 따라서 문제에서 입자의 존재 위치가 우물 내로 국한된다고 하는 가정이 잘못되었다. 즉, 입자가 우물 안은 물론 우물 밖까지 파동함수로 침투하여 존재 가능하기 때문에 문제에서의 가정보다 위치의 불확정성이 더 크게 된다. 이는 곧 운동량의 불확정성을 더 작게 하고 따라서 운동에너지는 문제에서 주어진 결과보다 더 작게 주어진다.

실제로 입자가 존재하는 영역은 식 (5.155)에서 대략 $|x| \sim 1/\kappa = \hbar/\sqrt{2mE_b}$ 보다 크므로, 이로 인한 위치 불확정성에 의한 운동에너지 $\frac{\hbar^2}{2m|2x|^2}$는 실제 속박상태 에너지 크기 $|E_b|$ 보다 작다. 그리고 $|E_b| < V_0$ 이므로 전체 에너지는 음이 된다.

5.10 존재 영역이 $0 < x < a$ 로 주어진 1차원 상자의 중심에 델타함수 장벽이 존재할 때, 슈뢰딩거 방정식은 다음과 같이 쓸 수 있다.

$$-\frac{\hbar^2}{2m}\frac{d^2\psi}{dx^2} + \lambda\delta(x - \frac{a}{2})\psi = E\psi, \quad 0 < x < a, \quad \lambda > 0$$

에너지 고유값 E 를 주는 관계식을 입자의 질량 m 과 λ, a 를 써서 구하라.

풀이: 구간 $0 < x < a/2$ 를 영역 I, 구간 $a/2 < x < a$ 를 영역 II 라고 하면, $x = a/2$ 에서는 본문에서 주어진 것과 같은 다음의 델타함수 장벽에서의 경계조건을 갖는다.

$$\psi_I(a/2) = \psi_{II}(a/2), \qquad \left.\frac{d\psi_{II}}{dx}\right|_{x=a/2} - \left.\frac{d\psi_I}{dx}\right|_{x=a/2} = \frac{2m\lambda}{\hbar^2}\psi(a/2)$$

한편, 델타함수 장벽을 제외한 상자 내의 영역에서는 위치에너지가 모두 0 이고, 상자의 양 벽 $x = 0$ 과 $x = a$ 에서는 파동함수가 0 이 되어야 하므로, 우리는 영역 I 과 영역 II 에서의 파동함수를 다음과 같이 쓸 수 있다.

$$\psi_I = A\sin kx, \quad \psi_{II} = B\sin k(x-a)$$

여기서 A, B 는 상수이고, $k^2 = 2mE/\hbar^2$ 이다. 이를 쓰면 델타함수 장벽에서의 경계 조건은 다음과 같이 된다.

$$A\sin\frac{ka}{2} = -B\sin\frac{ka}{2}, \quad kB\cos\frac{ka}{2} - kA\cos\frac{ka}{2} = \frac{2m\lambda}{\hbar^2}A\sin\frac{ka}{2}$$

따라서 E 는 다음 관계식으로 주어진다.

$$\tan\frac{ka}{2} = -\frac{k\hbar^2}{m\lambda}, \quad k^2 \equiv \frac{2mE}{\hbar^2}$$

5.11 1차원에서는 겹친 속박상태들이 존재하지 않음을 보여라.

도움말: 같은 해밀토니안 고유값을 갖는 두 상태가 있다고 가정하고, 각 상태에 대한 슈뢰딩거 방정식을 다른 상태와 곱하여 두 방정식의 차이가 0 이 됨을 보여라. 이 관계에 속박상태는 무한대에서 0 이 되는 조건을 써서 두 상태가 서로 상수 배로 표현되는 같은 상태임을 보여라. 여기서 $H = -\frac{\hbar^2}{2m}\frac{d^2}{dx^2} + V(x)$ 로 놓고 풀어라.

풀이: 다음과 같이 같은 해밀토니안 고유값을 갖는 두 상태를 가정하자.

$$H\psi_I = E\psi_I, \quad H\psi_{II} = E\psi_{II}$$

여기서 H 는 각각 ψ_I 과 ψ_{II} 에 작용하는 미분 연산자로 생각하면 된다. 위 식들의 양변의 왼쪽에서 각각 ψ_{II} 와 ψ_I 를 곱해주면 다음 식들이 된다.

$$\psi_{II}H\psi_I = E\psi_{II}\psi_I, \quad \psi_I H\psi_{II} = E\psi_I\psi_{II}$$

여기서 $E\psi_{II}\psi_I = E\psi_I\psi_{II}$ 이므로, $\psi_{II}H\psi_I = \psi_I H\psi_{II}$ 가 성립한다. 도움말에 주어진 해밀토니안을 쓰면, $\psi_{II}V\psi_I = \psi_I V\psi_{II}$ 의 관계로부터 다음의 관계를 얻는다.

$$\psi_{II}\frac{d^2\psi_I}{dx^2} = \psi_I\frac{d^2\psi_{II}}{dx^2} \;\Rightarrow\; \frac{d}{dx}\left(\psi_{II}\frac{d\psi_I}{dx} - \psi_I\frac{d\psi_{II}}{dx}\right) = 0$$

따라서 $\psi_{II}\frac{d\psi_I}{dx} - \psi_I\frac{d\psi_{II}}{dx} = C$ 의 관계가 성립하는데 $x\to\infty$ 에서 파동함수들은 0 이 되어야 하므로, 적분 상수 C 는 0 이 되어야 한다. 즉, $\psi_{II}\frac{d\psi_I}{dx} - \psi_I\frac{d\psi_{II}}{dx} = 0$ 이다. 이는

$\frac{d\psi_I}{dx}/\psi_I = \frac{d\psi_{II}}{dx}/\psi_{II}$ 로 쓸 수 있으므로, $\ln\psi_{II} = \ln\psi_I + C'$ 가 된다. 따라서 새로운 상수 $\tilde{C}$ 를 써서 $\psi_{II} = \tilde{C}\psi_I$ 로 쓸 수 있다. 즉, 두 상태는 서로 같은 상태이다.

5.12 위치에너지가 다음과 같이 주어지는 계가 있다.

$$V(x) = \begin{cases} \lambda\delta(x), & x < a, \quad \lambda > 0, \quad a > 0 \\ \infty, & a < x \end{cases}$$

초기에 입자가 $(0, a)$ 구간에만 존재하여 파동함수가 다음과 같이 주어졌다.

$$\psi(x, t = 0) = \begin{cases} A\sin\left(\frac{\pi x}{a}\right), & 0 \le x \le a \\ 0, & x \le 0, \quad a \le x \end{cases}$$

1). 규격화 상수 A 를 구하고, 시간 $t > 0$ 에서의 파동함수 $\psi(x, t)$를 구하라.

도움말: 경계조건을 만족하는 해를 sin 함수들로 표현하고, 초기 파동함수를 이 해들로 전개하여 임의 시간에서의 파동함수를 구한다. 고유함수에 대해서는 델타함수 규격화 조건을 적용하라.

2). 입자가 왼쪽($-x$ 방향)에서 입사하였을 때의 반사계수를 구하라.

풀이: 1). 규격화 조건식은 다음과 같다.

$$1 = \int_0^a dx\ |\psi(t = 0)|^2 = |A|^2 \int_0^a dx\ \sin^2\left(\frac{\pi x}{a}\right) = |A|^2\ \frac{a}{2}$$

따라서 $A = \sqrt{\frac{2}{a}}$ 이다. 이제 3.1절에서 보인 것처럼 시간 $t = 0$ 에서의 파동함수 $\psi(x, t = 0)$를 계의 에너지 고유함수들 $\psi_k(x)$로 전개하여 그 전개계수를 $g(k)$라고 하면,

$$g(k) = \int_{-\infty}^a dx\ \psi(x, t = 0)\ \psi_k(x), \quad k^2 \equiv \frac{2mE}{\hbar^2},$$

시간 $t > 0$ 에서의 파동함수 $\psi(x, t)$는 식 (3.16)에 따라 다음과 같이 주어진다.

$$\psi(x, t) = \int_{-\infty}^{\infty} dk\ g(k)\ \psi_k(x)\ e^{-\frac{iE(k)t}{\hbar}}$$

그러므로 계의 에너지 고유함수 $\psi_k(x)$와 전개계수 $g(k)$를 구하면, $t > 0$ 에서의 파동함수 $\psi(x, t)$를 알 수 있다.

이를 위하여 먼저 $x < 0$인 구간을 영역 I, $0 < x < a$인 구간을 영역 II 라고 하고, 각 영역에서의 파동함수 $\psi_k(x)$를 각각 ψ_I 과 ψ_{II} 라고 하면, 이들은 델타함수 장벽이 있는 $x = 0$ 에서 다음의 경계조건을 만족해야 한다.

$$\psi_I(0) = \psi_{II}(0), \qquad \left.\frac{d\psi_{II}}{dx}\right|_{x=0} - \left.\frac{d\psi_I}{dx}\right|_{x=0} = \frac{2m\lambda}{\hbar^2}\psi_k(0)$$

위에서 $a < x$ 인 구간에서는 위치에너지가 무한대이므로 $x = a$ 에서 파동함수는 0 이 되어야 한다. 그리고 $x = 0$ 을 제외한 나머지 영역에서는 위치에너지가 0 이므로 우리는 영역 I 과 영역 II 에서의 파동함수 $\psi_k(x)$를 각각 다음과 같이 쓸 수 있다.

$$\psi_I = B_k \sin(kx + \delta), \qquad \psi_{II} = C_k \sin k(x - a)$$

여기에 $x = 0$ 에서의 델타함수 경계 조건을 적용하면 다음 조건식들을 얻는다.

$$B_k \sin\delta = -C_k \sin ka, \qquad kC_k \cos ka - kB_k \cos\delta = -\frac{2m\lambda}{\hbar^2} C_k \sin ka$$

간편함을 위해 $\frac{C_k}{B_k} \equiv \alpha$, $\frac{2m\lambda}{\hbar^2 k} \equiv \beta$ 로 놓으면, 위 식들은 다시 다음과 같이 쓸 수 있다.

$$\sin\delta = -\alpha \sin ka, \qquad \cos\delta = \alpha\cos ka + \alpha\beta \sin ka$$

이로부터 α 를 구하면 다음과 같다.

$$\frac{C_k}{B_k} \equiv \alpha = \left[1 + \beta \sin 2ka + \beta^2 \sin^2 ka\right]^{-\frac{1}{2}}$$

다음으로 전개계수 $g(k)$는 다음과 같이 계산된다.

$$\begin{aligned} g(k) &= \int_{-\infty}^{a} dx\ \psi(x, t=0)\ \psi_k(x) = \sqrt{\frac{2}{a}} \int_0^a dx\ \sin\left(\frac{\pi x}{a}\right) \psi_{II}(x) \\ &= \sqrt{\frac{2}{a}}\, C_k \int_0^a dx\ \sin\left(\frac{\pi x}{a}\right) \sin k(x - a) = \sqrt{\frac{2}{a}}\ \frac{\pi}{a}\ \frac{\sin ka}{k^2 - (\frac{\pi}{a})^2}\ C_k \end{aligned}$$

위에서 우리는 α 를 구했는데, 고유함수 $\psi_k(x)$는 C_k와 B_k 자체를 알아야 한다. 이는 규격화 조건을 써서 얻을 수 있는데, 상세한 계산은 기술의 편의를 위하여 2)번에서 반사계수를 구할 때 하고 여기서는 그 결과만 쓰면, $B_k = \sqrt{2/\pi}$ 이다. 이로부터 C_k는 다음과 같이 주어진다.

$$C_k = B_k\alpha = \sqrt{\frac{2}{\pi}}\left[1 + \beta\sin 2ka + \beta^2\sin^2 ka\right]^{-\frac{1}{2}}, \quad \beta \equiv \frac{2m\lambda}{\hbar^2 k}$$

2). 반사계수를 구하기 위해서는 영역 I 에서의 파동함수를 입사파와 반사파로 나누어야 한다. 따라서 1)번에서 주어진 ψ_I 을 다음과 같이 고쳐 쓰겠다. ψ_{II} 는 그대로.

$$\psi_I = A_k e^{ikx} + D_k e^{-ikx}, \quad \psi_{II} = C_k \sin k(x-a)$$

한편, 1)번에서 쓴 ψ_I 은 다음과 같이 쓸 수 있으므로,

$$\psi_I = B_k\sin(kx+\delta) = \frac{B_k}{2i}[e^{i(kx+\delta)} - e^{-i(kx+\delta)}] = \frac{B_k}{2i}e^{i\delta}e^{ikx} - \frac{B_k}{2i}e^{-i\delta}e^{-ikx},$$

계수들 사이에 다음의 관계가 성립한다.

$$A_k = \frac{e^{i\delta}}{2i}B_k, \quad D_k = -\frac{e^{-i\delta}}{2i}B_k \quad \Rightarrow \quad D_k = -e^{-2i\delta}A_k$$

이제 A_k 와 D_k 를 얻기 위하여, $x=0$ 에서 델타함수 경계 조건을 적용하자.

$$A_k + D_k = -C_k\sin ka, \quad kC_k\cos ka - ikA_k + ikD_k = -\frac{2m\lambda}{\hbar^2}C_k\sin ka$$

두 번째 식을 다시 쓰면 다음과 같다.

$$A_k - D_k = -i\left(\cos ka + \frac{2m\lambda}{\hbar^2 k}\sin ka\right)C_k$$

이 식을 첫 번째 식으로 나누면 다음과 같이 된다.

$$\frac{A_k - D_k}{A_k + D_k} = i\left(\cot ka + \frac{2m\lambda}{\hbar^2 k}\right)$$

앞에서와 같이 $\frac{2m\lambda}{\hbar^2 k} = \beta$ 로 표시하면, 다음 결과를 얻는다.

$$\frac{D_k}{A_k} = \frac{1 - i(\beta + \cot ka)}{1 + i(\beta + \cot ka)}$$

여기서 β 와 $\cot ka$ 는 모두 실수이므로, 반사계수는 1 이다.

$$R = \left|\frac{D_k}{A_k}\right|^2 = 1$$

이제 1)번에서 필요로 한 각 계수들의 값을 구하기 위하여 전체 파동함수 $\psi_k(x)$에 대한 델타함수 규격화 조건을 적용하자.

$$\int_{-\infty}^{a} dx\ \psi_{k'}^*(x)\psi_k(x) = \delta(k-k') = \frac{1}{2\pi}\int_{-\infty}^{\infty} dx\ e^{i(k-k')x}$$

위 식의 좌변은 다음과 같이 주어진다.

$$\begin{aligned}\int_{-\infty}^{a} dx\ \psi_{k'}^*(x)\psi_k(x) &= \int_{-\infty}^{0} dx\ (A_{k'}^* e^{-ik'x} + D_{k'}^* e^{ik'x})(A_k e^{ikx} + D_k e^{-ikx}) \\ &+\ C_{k'}^* C_k \int_0^a dx\ \sin k'(x-a)\sin k(x-a)\end{aligned}$$

이중에서 $k = k'$ 일 때 무한대가 되어 우변의 델타함수로 기여하는 항들은 영역 I 의 적분에서 나오는 항들이다.

$$\begin{aligned}&\int_{-\infty}^{0} dx\ (A_{k'}^* e^{-ik'x} + D_{k'}^* e^{ik'x})(A_k e^{ikx} + D_k e^{-ikx}) \\ &= \int_{-\infty}^{0} dx\ [A_{k'}^* A_k e^{i(k-k')x} + D_{k'}^* D_k e^{-i(k-k')x} + A_{k'}^* D_k e^{-i(k+k')x} + D_{k'}^* A_k e^{i(k+k')x}]\end{aligned}$$

위에서 우변의 끝 두 항들은 무한대의 값을 가지지 않고 오직 첫 두 항만이 기여한다. 앞에서 얻은 $D_k = -e^{-2i\delta}A_k$ 의 관계를 쓰면 첫 두항은 다음과 같이 쓸 수 있다.

$$\int_{-\infty}^{0} dx\ [A_{k'}^* A_k e^{i(k-k')x} + A_{k'}^* A_k e^{-i(k-k')x}]$$

두 번째 항은 $x \to -x$ 로 변수 변환을 하면 다음과 같이 쓸 수 있다.

$$\int_{-\infty}^{0} dx\ A_{k'}^* A_k e^{-i(k-k')x} = \int_{0}^{\infty} dx\ A_{k'}^* A_k e^{i(k-k')x}$$

따라서 영역 I 의 적분에서 기여하는 두 항은 합하여 다음과 같이 쓸 수 있다.

$$A_{k'}^* A_k \int_{-\infty}^{\infty} dx\ e^{i(k-k')x} = 2\pi\delta(k-k')A_{k'}^* A_k$$

이 결과가 $\delta(k-k')$이 되어야 하므로, $|A_k| = 1/\sqrt{2\pi}$ 이 된다. 따라서 앞에서 얻은 관계식 $A_k = \frac{e^{i\delta}}{2i}B_k$ 에서 $|B_k| = \sqrt{\frac{2}{\pi}}$ 가 되어야 한다. 전체적인 위상은 무시할 수 있으므로, 우리가 1)번에서 사용한 $B_k = \sqrt{\frac{2}{\pi}}$ 의 결과를 얻는다.

5.13 1차원 상자($0 < x < a$)에 있는 입자가 각 벽에 가하는 평균힘은 얼마인가?

<u>도움말</u>: 벽이 입자에 작용하는 힘은 위치에너지에 의해 입자에 작용하는 힘 $< -\frac{dV}{dx} >$ 로 생각할 수 있으므로 입자가 벽에 작용하는 힘은 그에 대한 반작용인 $< \frac{dV}{dx} >$ 로 생각하여 구하라. 여기서 상자의 경우 벽에서의 위치에너지 미분값이 무한대가 되므로 일단 유한한 위치에너지 장벽이라 생각하여 문제 2.11에서 얻은 계단함수의 특성을 써서 구한 후 그 값을 무한으로 보내는 극한을 생각하라. 즉, 위치에너지를 다음과 같이 놓고 계산한 다음 V_0 를 무한대로 보내라.

$$V(x) = \begin{cases} V_0, & x \le 0, \quad x \ge a, \qquad V_0 > 0 \\ 0, & 0 < x < a \end{cases}$$

풀이: 문제 2.11에서 보인 계단함수의 미분은 델타함수라는 관계를 쓰면 다음과 같다.

$$\frac{dV}{dx} = \left\{ \begin{array}{ll} V_0\,\delta(x-a), & x = a \\ -V_0\,\delta(x), & x = 0 \\ 0, \text{ 그 외의 영역} & \end{array} \right\} = V_0(\delta(x-a) - \delta(x))$$

따라서 입자가 오른쪽 벽($x = a$)에 작용하는 힘은 다음과 같이 주어진다.

$$< \frac{dV}{dx} >_a = < \psi | V_0\,\delta(x-a) | \psi > = V_0 |\psi(a)|^2$$

마찬가지로 왼쪽 벽($x = 0$)에 작용하는 힘은 다음과 같다.

$$< \frac{dV}{dx} >_0 = < \psi | -V_0\,\delta(x) | \psi > = -V_0 |\psi(0)|^2$$

여기서 입자가 양 벽에 가하는 전체 힘은 $< \frac{dV}{dx} >_{\text{tot.}} = V_0(|\psi(a)|^2 - |\psi(0)|^2)$ 에서 주어진 계의 경우 $|\psi(a)| = |\psi(0)|$ 이어야 하므로 예상과 같이 0 이 된다.

이제 각 벽에 가해지는 힘을 구하기 위해서 벽에서의 파동함수 값을 구하자. 본문에 나온 네모난 우물 형태의 위치에너지를 가지므로, 이 경우($0 < E < V_0$) 각 영역에서의 파동함수는 다음과 같이 쓸 수 있다.

$$
\begin{aligned}
\psi_1(x) &= c_1 e^{\kappa x}, \quad x \le 0, \quad \kappa = \sqrt{\frac{2m}{\hbar^2}(V_0 - E)} \\
\psi_2(x) &= c_2 \sin(kx + \delta), \quad 0 \le x \le a, \quad k = \sqrt{\frac{2mE}{\hbar^2}} \\
\psi_3(x) &= c_3 e^{-\kappa x}, \quad a \le x
\end{aligned}
$$

다음으로 각 경계에서 파동함수와 그 도함수가 연속일 조건에서 다음 관계를 얻는다.

$$
\begin{aligned}
\frac{d\ln\psi_1}{dx}|_0 = \frac{d\ln\psi_2}{dx}|_0 &\quad\rightarrow\quad \kappa = k\cot\delta \\
\frac{d\ln\psi_2}{dx}|_a = \frac{d\ln\psi_3}{dx}|_a &\quad\rightarrow\quad k\cot(ka+\delta) = -\kappa
\end{aligned}
$$

그런데 k 와 κ 의 정의에서 다음 관계가 성립한다: $k^2 + \kappa^2 = 2mV_0/\hbar^2$. 이를 위의 첫 번째 경계조건 결과와 $1 + \cot^2\delta = 1/\sin^2\delta$ 의 관계에 적용하면 $\sin\delta = \frac{\hbar k}{\sqrt{2mV_0}} = \sqrt{E/V_0}$ 를, 동일하게 두 번째 경계조건 결과로부터 $\sin(ka+\delta) = -\frac{\hbar k}{\sqrt{2mV_0}} = -\sqrt{E/V_0}$ 를 얻는다. 따라서 벽에 가해지는 힘은 $x = a$ 에서 다음과 같아진다.

$$
< \frac{dV}{dx} >_a = V_0|\psi(a)|^2 = V_0|c_2|^2\sin^2(ka+\delta) = V_0|c_2|^2\frac{E}{V_0} = |c_2|^2 E
$$

위에서 V_0 가 서로 상쇄되어 사라졌다. 이제 c_2 만 구하면 벽에서의 파동함수 값을 구할 수 있다. 이를 위해서 $V_0 \to \infty$ 인 경우를 생각하자. 이 경우 δ 나 $ka + \delta$ 는 π 의 정수 배가 되어야 한다. 즉, $\psi_2(x) \to c_2 \sin kx$ 가 되어 $c_2 = \sqrt{\frac{2}{a}}$ 가 되어 1차원 상자와 같아지게 된다. 따라서 각 벽에 가해지는 힘은 $< \frac{dV}{dx} > = 2E/a$ 가 된다. 이는 고전적으로 작용하는 힘과 같음을 알 수 있다. 즉, 고전적으로 평균힘은 운동량 변화($2mv$)를 걸린 시간($2a/v$)으로 나눈 것에 해당하므로 위의 결과와 일치한다.

$$
2mv \div \frac{2a}{v} = \frac{mv^2}{a} = \frac{2E}{a}
$$

5.14 위치에너지가 식 (5.170)과 같이 주기적인 경우, $V(x+d) = V(x)$, 식 (5.173) 처럼 정의된 변위연산자 $\hat{D}$ 는 해밀토니안과 가환임을 보여라.

$$
\hat{D}f(x) \equiv f(x+d), \quad [\hat{D}, H] = 0
$$

풀이: 운동량 $\frac{\hbar}{i}\frac{d}{dx}$, 즉 미분연산자 $\frac{d}{dx}$ 는 변위연산자 $\hat{D}$ 에 의해 영향을 받지 않는다.

$$\left[\hat{D}, \frac{d}{dx}\right] f(x) = \hat{D}\frac{df}{dx} - \frac{d}{dx}\hat{D}f(x) = \left.\frac{df}{dx}\right|_{x+d} - \frac{d}{dx}f(x+d) = 0$$

그리고 주기적인 위치에너지, $V(x+d) = V(x)$, 역시 $\hat{D}$ 에 의해 영향을 받지 않는다.

$$\left[\hat{D}, V(x)\right] f(x) = \hat{D}V(x)f(x) - V(x)\hat{D}f(x) = V(x+d)f(x+d) - V(x)f(x+d) = 0$$

따라서 해밀토니안 $H = \frac{p^2}{2m} + V(x)$ 도 변위연산자 $\hat{D}$ 에 의해 영향을 받지 않는다.

$$[\hat{D}, H] = [\hat{D}, \frac{p^2}{2m} + V(x)] = 0$$

5.15 주기적인 위치에너지 $V(x+d) = V(x)$를 가진 계를 생각하자.

1). 이 계에 존재하는 입자의 블로흐 파동함수 $\phi(x) = e^{iKx}u(x)$ (K 는 상수)에 대한 운동량 기대값을 구하라. 여기서 $u(x+d) = u(x)$이다.

2). 위에서 주기함수 $u(x)$가 실함수일 때 운동량 기대값은?

풀이: 1). 블로흐 파동함수 $\phi(x) = e^{iKx}u(x)$ 에 대한 운동량 기대값은 다음과 같다.

$$\begin{aligned}
<\phi|p|\phi> &= \int_{-\infty}^{\infty} dx\; e^{-iKx}u^*(x)\frac{\hbar}{i}\frac{d}{dx}\left[e^{iKx}u(x)\right] \\
&= \int_{-\infty}^{\infty} dx\; e^{-iKx}u^*(x)\left[\frac{\hbar}{i}iKe^{iKx}u(x) + e^{iKx}\frac{\hbar}{i}\frac{du}{dx}\right] \\
&= \hbar K <\phi|\phi> + <u|p|u> \\
&= \hbar K + <u|p|u>
\end{aligned}$$

2). $u^*(x) = u(x)$ 이면 $<u|p|u>$ 는 다음과 같이 된다.

$$\begin{aligned}
<u|p|u> &= \int_{-\infty}^{\infty} dx\; u(x)\frac{\hbar}{i}\frac{du}{dx} \\
&= C\int_{0}^{d} dx\; u(x)\frac{\hbar}{i}\frac{du}{dx} \\
&= C\left[\left.\frac{\hbar}{i}u(x)u(x)\right|_0^d - \int_0^d dx\frac{\hbar}{i}\frac{du}{dx}u(x)\right] \\
&= 0 - <u|p|u>
\end{aligned}$$

여기서 C 는 어떤 상수이고, 마지막 줄은 $u(x+d)=u(x)$의 특성을 썼다. 따라서 $<u|p|u>=0$ 이다. 그러므로 주기함수 $u(x)$가 실함수일 때 $<p>=\hbar K$ 이다.

5.16 에너지 고유상태 $|1>$ 과 $|2>$ 로 이루어진 두 상태 계를 생각하자. 이 계의 S 와 Q 라는 다른 두 관측량에 대해 다음과 같은 결과를 얻었다고 하자.

$$<1|S|1>=\frac{1}{3},\quad <1|S^2|1>=\frac{1}{9}$$
$$<1|Q|1>=\frac{1}{2},\quad <1|Q^2|1>=\frac{1}{6}$$

여기서 상태 $|1>$ 과 $|2>$ 는 서로 직교 규격화되었다. 이로부터 얻을 수 있는 두 관측량의 고유값들을 최대한 구하라. 이 둘 중에 물리적 관측량이 아닌 것이 있는가?

풀이: 먼저 $<1|S|1>=\frac{1}{3}$ 에서 다음과 같이 쓸 수 있다.

$$S|1>=\frac{1}{3}|1>+\alpha|2>$$

여기서 α 는 전개 상수다. 그리고 물리적 관측량의 경우 에르미트 연산자이므로 $<n|S|m>^*=<m|S|n>$ 의 관계를 쓰면, 다음 결과를 얻는다.

$$<1|S|2>=<2|S|1>^*=\alpha^*$$

따라서 $S|2>$ 는 또 다른 상수 β 를 써서 다음과 같이 쓸 수 있다.

$$S|2>=\alpha^*|1>+\beta|2>$$

두 번째 결과 $<1|S^2|1>=\frac{1}{9}$ 에 이들을 적용하면 다음과 같이 된다.

$$\begin{aligned}
<1|S^2|1> &= <1|S\left(\frac{1}{3}|1>+\alpha|2>\right) \\
&= \frac{1}{3}<1|\left(\frac{1}{3}|1>+\alpha|2>\right)+\alpha<1|\left(\alpha^*|1>+\beta|2>\right) \\
&= \frac{1}{9}+\alpha\alpha^*=\frac{1}{9}
\end{aligned}$$

따라서 $\alpha=0$ 이다. 그러므로 $S|1>=\frac{1}{3}|1>$ 이 되어, S 는 상태 $|1>$ 에 대해 1/3 의 고유값을 갖는다.

Q 의 경우에도 같은 분석을 하면, $<1|Q|1> = \frac{1}{2}$ 에서 다음과 같이 쓸 수 있다.

$$Q|1> = \frac{1}{2}|1> + \delta|2>$$

여기서 δ 는 전개 상수다. 그리고 $<n|Q|m>^* = <m|Q|n>$ 으로부터 다음 결과를 얻는다.

$$<1|Q|2> = <2|Q|1>^* = \delta^*$$

따라서 $Q|2>$ 는 또 다른 상수 γ 를 써서 다음과 같이 쓸 수 있다.

$$Q|2> = \delta^*|1> + \gamma|2>$$

마지막 결과 $<1|Q^2|1> = \frac{1}{6}$ 에 이들을 적용하면 다음과 같이 된다.

$$\begin{aligned}
<1|Q^2|1> &= <1|Q\left(\frac{1}{2}|1> + \delta|2>\right) \\
&= \frac{1}{2}<1|\left(\frac{1}{2}|1> + \delta|2>\right) + \delta<1|(\delta^*|1> + \gamma|2>) \\
&= \frac{1}{4} + \delta\delta^* \neq \frac{1}{6}
\end{aligned}$$

위에서 $\delta\delta^* \geq 0$ 이므로 식이 성립할 수 없다. 즉, Q 는 물리적 관측량이 아니다.

5.17 중성 케이온들 neutral kaons 의 변환: 두 케이온 중간자 K^0 와 $\overline{K^0}$ 는 약작용에 의하여 서로 변환한다. 이는 본문의 두 상태로 이루어진 계에서 설명한 바와 같이 원래 독립적인 두 상태가 약작용에 의하여 서로 연관되는 경우와 같다고 생각할 수 있다. 즉, 전체 해밀토니안은 약작용이 없을 때의 해밀토니안 H_0 와 약작용에 의한 해밀토니안 H_w 의 합으로 생각할 수 있다.

$$H = H_0 + H_w$$

그리고 K^0 와 $\overline{K^0}$ 는 약작용이 없을 때의 해밀토니안 H_0 의 고유상태들로 생각할 수 있다. 따라서 전체 해밀토니안에 대한 고유상태는 K^0 와 $\overline{K^0}$ 의 1차 결합으로 주어질 것이다. 이제 두 상태 $|K^0>$ 와 $|\overline{K^0}>$ 를 기저로 하는 전체 해밀토니안의 행렬 표현이 다음과 같이 주어졌다고 하자.

$$H = \begin{pmatrix} mc^2 & c^2\delta m \\ c^2\delta m & mc^2 \end{pmatrix}$$

전체 해밀토니안의 고유값과 그에 따른 고유상태를 반대칭함수일 경우 $|K_1^0>$ 로, 대칭함수일 경우 $|K_2^0>$ 로 표시하여 구하라.

도움말: 여기에 덧붙이자면, 전체 해밀토니안의 고유상태인 $|K_1^0>$ 와 $|K_2^0>$ 는 실제 서로 다른 입자들이라고 할 수 있다. 반면 K^0 와 $\overline{K^0}$ 는 서로 반입자로서 질량과 수명이 같지만, 사실은 실제 입자들인 $|K_1^0>$ 와 $|K_2^0>$ 의 혼합이라고 할 수 있다. 실제 $|K_2^0>$ 는 $|K_1^0>$ 보다 훨씬 더 수명이 긴 것이 실험적으로 관측되었다.

풀이: 전체 해밀토니안의 고유값과 고유상태를 고유방정식의 해를 구해 알아보자.

$$\det(H - E\mathbf{1}) = 0, \quad \text{즉} \quad \begin{vmatrix} mc^2 - E & c^2\delta m \\ c^2\delta m & mc^2 - E \end{vmatrix} = 0$$

따라서 전체 해밀토니안의 고유값은 다음과 같이 주어진다.

$$E = mc^2 \pm c^2\delta m$$

$E = E_+ \equiv mc^2 + c^2\delta m$ 인 경우, 다음 식을 만족하여야 하므로

$$\begin{pmatrix} mc^2 & c^2\delta m \\ c^2\delta m & mc^2 \end{pmatrix}\begin{pmatrix} a \\ b \end{pmatrix} = (mc^2 + c^2\delta m)\begin{pmatrix} a \\ b \end{pmatrix},$$

$a = b$ 가 되어 그 고유상태는 다음과 같이 쓸 수 있다.

$$|\phi_+> = \frac{1}{\sqrt{2}}(|1> + |2>) \equiv |K_2^0>$$

다음으로 $E = E_- \equiv mc^2 - c^2\delta m$ 인 경우, 다음 식을 만족하여야 하므로

$$\begin{pmatrix} mc^2 & c^2\delta m \\ c^2\delta m & mc^2 \end{pmatrix}\begin{pmatrix} a \\ b \end{pmatrix} = (mc^2 - c^2\delta m)\begin{pmatrix} a \\ b \end{pmatrix},$$

$a = -b$ 가 되어 그 고유상태는 다음과 같이 쓸 수 있다.

$$|\phi_-> = \frac{1}{\sqrt{2}}(|1> - |2>) \equiv |K_1^0>$$

여기서 H_0 의 고유상태 $|1>$ 은 $|K^0>$ 에, 고유상태 $|2>$ 는 $|\overline{K^0}>$ 에 해당한다고 볼 수 있겠다.

$|K_2^0>$ 가 $|K_1^0>$ 보다 훨씬 더 수명이 긴 이유는 다음과 같이 이해할 수 있다. 먼저 $|K^0>$ 와 $|\overline{K^0}>$ 의 본원적인 반전값 intrinsic parity 은 -1 이고, 전하 반전 charge conjugation 연산자 C 를 작용시키면 $|K^0>$ 와 $|\overline{K^0}>$ 는 다음과 같이 된다.

$$C|K^0> = |\overline{K^0}>, \quad C|\overline{K^0}> = |K^0>$$

즉, CP 를 동시에 작용시키면 다음과 같이 된다.

$$CP|K^0> = -|\overline{K^0}>, \quad CP|\overline{K^0}> = -|K^0>$$

따라서 $CP|K_1^0> = |K_1^0>$ 이고, $CP|K_2^0> = -|K_2^0>$ 이다. 그런데 $|K_1^0>$ 와 $|K_2^0>$ 는 둘 다 에너지의 관점에서 $|\pi\pi>$ 또는 $|\pi\pi\pi>$ 상태로 붕괴 가능한데, $|\pi\pi>$ 로의 붕괴가 $|\pi\pi\pi>$ 붕괴보다 훨씬 쉽다. 그런데 $CP|\pi\pi> = |\pi\pi>$ 이므로, CP 가 보존되면 $|K_1^0>$ 만 이 채널로 붕괴할 수 있다. 즉, $|K_2^0>$ 는 훨씬 더 오래 살게 된다.

제6장 WKB 어림

6.1 본문 1절에서 다룬 장벽 투과 현상에서 알파 입자 대신 질량이 m인 중성 입자를 생각하자. 이 경우에 핵력은 $r < R_0$ 까지는 위치에너지 우물($V = -V_0$)로 동일하게 주어지고, 그 밖에서는 쿨롱 위치에너지 장벽 대신 아래와 같이 주어지는 각운동량 장벽이 존재한다고 생각할 수 있다(7.2.2절 식 (7.130) 참조).

$$V(r) = \frac{\hbar^2 l(l+1)}{2mr^2}, \quad r > R_0$$

이제 $l \gg 1$ 이고, $E = \frac{\hbar^2 k^2}{2m}$ 으로 주어졌을 때, 이 중성 입자가 각운동량 장벽을 통과하여 핵 밖으로 나갈 때까지의 기대 수명을 k, l, R_0 을 써서 구하라. 여기서 에너지가 아주 낮아서 $k^2 \ll \frac{l(l+1)}{{R_0}^2}$ 이 성립한다고 가정하고, 입자가 위치에너지 우물을 한번 지나가는데 걸리는 시간으로 고전적인 관점의 $\frac{2R_0}{v} = \frac{2mR_0}{\hbar k}$ 을 사용하라.

풀이: 이 경우 수명은 본문에서와 마찬가지로 $\tau = \frac{2R_0}{v}\gamma$ 로 쓸 수 있다. 그리고 투과 확률의 역수인 γ 에 대한 로그 값은 다음과 같이 쓸 수 있다.

$$\ln\gamma \;=\; 2\int_{R_0}^{r_1} dr\sqrt{\frac{2m}{\hbar^2}\left(\frac{\hbar^2 l(l+1)}{2mr^2} - \frac{\hbar^2 k^2}{2m}\right)}$$

여기서 r_1 과 k 는 다음의 관계에 있다.

$$\frac{\hbar^2 l(l+1)}{2m{r_1}^2} = \frac{\hbar^2 k^2}{2m}$$

따라서 $r_1 = \sqrt{l(l+1)}/k$ 이 되고, 위에 주어진 적분은 다음과 같이 쓸 수 있다.

$$\ln\gamma \;=\; 2\sqrt{l(l+1)}\int_{R_0}^{r_1} dr\sqrt{\frac{1}{r^2} - \frac{1}{{r_1}^2}}$$

여기서 $r = r_1\cos\theta$ 로 변수 변환을 하고, $\theta_0 = \cos^{-1}\left(\frac{R_0}{r_1}\right)$ 와 $\theta_1 = \cos^{-1}\left(\frac{r_1}{r_1}\right) = 0$ 로 놓으면 위의 적분은 다음과 같이 쓰여진다.

$$\begin{aligned}\int_{R_0}^{r_1} dr\sqrt{\frac{1}{r^2} - \frac{1}{{r_1}^2}} &= \int_0^{\theta_0}\frac{\sin^2\theta}{\cos\theta}\,d\theta = \int_0^{\theta_0}\frac{1}{\cos\theta}\,d\theta - \int_0^{\theta_0}\cos\theta\,d\theta \\ &= \frac{1}{2}\ln\frac{1+\sin\theta_0}{1-\sin\theta_0} - \sin\theta_0\end{aligned}$$

여기서 $\sin\theta = \sqrt{1-\cos^2\theta}$ 와 $\cos\theta_0 = \frac{R_0}{r_1}$ 의 관계를 쓰면 위 적분은 다음과 같이 된다.

$$\frac{1}{2}\ln\frac{1+\sin\theta_0}{1-\sin\theta_0} - \sin\theta_0 = \frac{1}{2}\ln\frac{1+\sqrt{1-\left(\frac{R_0}{r_1}\right)^2}}{1-\sqrt{1-\left(\frac{R_0}{r_1}\right)^2}} - \sqrt{1-\left(\frac{R_0}{r_1}\right)^2}$$

문제에 주어진 조건에서 $r_1 \gg R_0$ 이므로 $\sqrt{1-\left(\frac{R_0}{r_1}\right)^2} \simeq 1 - \frac{1}{2}\left(\frac{R_0}{r_1}\right)^2$ 이 되어 전체 적분은 다음과 같이 된다.

$$\frac{1}{2}\ln\left(1+\sqrt{1-\left(\frac{R_0}{r_1}\right)^2}\right) - \ln\left(\frac{R_0}{r_1}\right) + \frac{1}{2}\ln 2 - \sqrt{1-\left(\frac{R_0}{r_1}\right)^2}$$

따라서 $l \gg 1$ 인 조건에서 $r_1 \simeq \frac{l}{k}$ 이 되어 $\frac{R_0}{r_1} \simeq \frac{kR_0}{l}$ 이므로, 이를 간단히 $s \equiv \frac{kR_0}{l}$ 로 쓰면, 핵의 수명 τ 는 다음과 같이 쓸 수 있다.

$$\begin{aligned}\tau &= \frac{2R_0}{v}\gamma \\ &\simeq \frac{2mR_0}{\hbar k}\exp\left[2l\left\{\frac{1}{2}\ln\left(1+\sqrt{1-s^2}\right) - \ln s + \frac{1}{2}\ln 2 - \sqrt{1-s^2}\right\}\right] \\ &= \frac{2mR_0}{\hbar k}\left(\frac{2(1+\sqrt{1-s^2})}{s^2}\right)^l e^{-2l\sqrt{1-s^2}}\end{aligned}$$

6.2 금속 외부에 전기장을 걸어주었을 때, 상온에서 전자가 방출되는 현상을 저온 방출 cold emission 이라고 한다. 이제 주어진 금속의 표면이 평면이고, 그 표면에서 외부로의 수직 거리를 x 라고 하자. 금속 외부에는 균일한 전기장($-\mathcal{E}_0\,\hat{x}$)이 걸려 있다고 하자. 그러면 금속 외부에서 전자(전하 $-e$)에 작용하는 위치에너지는 다음과 같다.

$$V(x) = V_0 - e\mathcal{E}_0\,x, \quad x \geq 0, \quad V_0 > 0, \quad e > 0$$

여기서 V_0 는 전자가 금속 밖으로 탈출하는데 필요한 에너지인 일함수에 해당한다. 이제 금속 내의 전자가 가지는 가장 높은 에너지 준위인 페르미 에너지를 위치에너지의 기준으로 삼아 0 으로 놓고, 이 페르미 에너지 준위에 있는 전자가 위의 위치에너지 하에서 금속 밖으로 투과해 나갈 확률을 장벽 투과 공식 (6.5)를 써서 구하라.

풀이: 여기서 전자의 에너지는 $E = 0$ 이므로, 투과 확률의 역수에 로그를 취한 값(δ)은 다음과 같이 주어진다.

$$\delta = 2\int_0^{x_1} dx \sqrt{\frac{2m}{\hbar^2}(V_0 - e\mathcal{E}_0\, x)}$$

여기서 x_1 은 $V = 0$ 이 되는 x 값이므로, $x_1 = \frac{V_0}{e\mathcal{E}_0}$ 이다. 이의 적분은 다음과 같다.

$$\begin{aligned}\int_0^{x_1} dx \sqrt{\frac{2m}{\hbar^2}(V_0 - e\mathcal{E}_0\, x)} &= \frac{2}{3}\sqrt{\frac{2m}{\hbar^2}}\left(-\frac{1}{e\mathcal{E}_0}\right)(V_0 - e\mathcal{E}_0\, x)^{\frac{3}{2}}\Big|_0^{x_1} \\ &= \frac{2\sqrt{2m}}{3\hbar}\frac{{V_0}^{3/2}}{e\mathcal{E}_0}\end{aligned}$$

따라서 투과 확률은 다음과 같다.

$$T = e^{-\delta} = \exp\left[-\frac{4\sqrt{2m}}{3\hbar}\frac{{V_0}^{3/2}}{e\mathcal{E}_0}\right]$$

6.3 위치에너지가 다음과 같이 주어지는 장벽이 있다.

$$V(x) = \begin{cases} V_0(1 - \frac{x^2}{a^2}), & -a \le x \le a \\ 0, & a \le |x| \end{cases}$$

입자의 에너지가 $0 < E < V_0$ 일 때, 이 장벽에 대한 투과계수를 장벽 투과 공식 (6.5)를 써서 구하라.

풀이: 이 경우 $E = V$ 가 되는 고전적인 두 되돌이점 $\pm x_c$ 는 $E = V_0(1 - \frac{x_c^2}{a^2})$ 의 관계를 만족한다. 따라서 투과 확률의 역수에 로그를 취한 값(δ)은 다음과 같이 쓸 수 있다.

$$\begin{aligned}\delta &= 2\sqrt{\frac{2m}{\hbar^2}}\int_{-x_c}^{x_c} dx \sqrt{V_0\left(1 - \frac{x^2}{a^2}\right) - E} \\ &= \frac{2\sqrt{2mV_0}}{\hbar a}\int_{-x_c}^{x_c} dx \sqrt{x_c^2 - x^2}\end{aligned}$$

여기서 $t \equiv \frac{x}{x_c}$ 로 놓으면 위 적분은 다음과 같이 된다.

$$\int_{-x_c}^{x_c} dx \sqrt{x_c^2 - x^2} = x_c^2 \int_{-1}^{1} dt \sqrt{1 - t^2} = x_c^2 \cdot \frac{\pi}{2}$$

마지막 적분 결과는 $t = \sin\theta$ 로 변수 변환하여 얻었다. 여기에 $x_c^2 = a^2(1 - \frac{E}{V_0})$ 의 관계를 적용하면 투과 확률은 다음과 같다.

$$T = e^{-\delta} = \exp\left[-\frac{\pi a\sqrt{2mV_0}}{\hbar}\left(1 - \frac{E}{V_0}\right)\right]$$

6.4 위치에너지가 아래와 같고, 질량이 m, 에너지 E 는 $0 < E < V_0$ 인 입자가 있다.

$$V(x) = \begin{cases} V_0\left(1 + \frac{x}{a}\right), & -a \leq x \leq 0 \\ V_0\left(1 - \frac{x}{a}\right), & 0 \leq x \leq a \\ 0, \quad a < |x| \end{cases}$$

1). 영역 $-a \leq x \leq a$ 에서 슈뢰딩거 방정식의 해가 에어리 함수들로 주어짐을 보여라.
2). 입자가 왼쪽($x = -\infty$)에서 입사하였을 때, $x = -a$ 와 $x = 0$, 그리고 $x = a$ 에서의 경계조건을 써서 이 위치에너지 장벽에 대한 투과 확률을 에어리 함수값들로 표현하라.

풀이: 1). 먼저 $x \leq -a$ 인 영역을 영역 I, $-a \leq x \leq 0$ 인 영역을 영역 II, $0 \leq x \leq a$ 인 영역을 영역 III, $a \leq x$ 인 영역을 영역 IV 라고 하자. 그러면 슈뢰딩거 방정식은 영역 I 과 영역 IV 에서는 자유입자의 방정식이 된다.

$$\frac{d^2\psi_f}{dx^2} + k^2\psi_f = 0, \quad k^2 = \frac{2mE}{\hbar^2}, \quad \psi_f \sim e^{\pm ikx}$$

영역 II 에서 $E = V$ 가 되는 고전적인 되돌이점(이를 우리는 $-x_0$ 라고 하겠다)은 다음과 같이 주어진다.

$$V_0(\frac{-x_0}{a} + 1) = E \longrightarrow x_0 = a(1 - \frac{E}{V_0}) > 0$$

따라서 슈뢰딩거 방정식은 다음과 같이 되어,

$$\frac{d^2\psi_{II}}{dx^2} - \frac{2m}{\hbar^2}c(x + x_0)\psi_{II} = 0, \quad c = \frac{V_0}{a},$$

$y_1 \equiv (\frac{2m}{\hbar^2}c)^{\frac{1}{3}}(x + x_0)$ 로 변수 변환하면, 다음의 에어리 방정식이 된다.

$$\frac{d^2\psi_{II}}{dy_1^2} - y_1\psi_{II} = 0$$

마찬가지로 영역 III 에서 고전적인 되돌이점은 x_0 가 되며, 슈뢰딩거 방정식은 다음과 같이 되어,

$$\frac{d^2\psi_{III}}{dx^2} + \frac{2m}{\hbar^2}c(x - x_0)\psi_{III} = 0, \quad c = \frac{V_0}{a},$$

$y_2 \equiv -(\frac{2m}{\hbar^2}c)^{\frac{1}{3}}(x - x_0)$ 로 변수 변환하면, 다음의 에어리 방정식이 된다.

$$\frac{d^2\psi_{III}}{dy_2^2} - y_2\psi_{III} = 0$$

따라서 영역 II 에서의 해는 에어리 함수들로 다음과 같이 쓸 수 있고,

$$\psi_{II}(y_1) = CAi(y_1) + DBi(y_1)$$

영역 III 에서의 해는 에어리 함수들로 다음과 같이 쓸 수 있다.

$$\psi_{III}(y_2) = FAi(y_2) + GBi(y_2)$$

여기서 C, D, F, G 는 모두 상수이다.

2). 영역들을 나누는 각 경계에서 양 쪽 파동함수와 그 기울기는 서로 같아야 하므로 다음의 경계조건들을 만족해야 한다.

$$\begin{aligned}
\psi_I(-a) &= \psi_{II}(-a), & \left.\frac{d\psi_I}{dx}\right|_{-a} &= \left.\frac{d\psi_{II}}{dx}\right|_{-a} \\
\psi_{II}(0) &= \psi_{III}(0), & \left.\frac{d\psi_{II}}{dx}\right|_{0} &= \left.\frac{d\psi_{III}}{dx}\right|_{0} \\
\psi_{III}(a) &= \psi_{IV}(a), & \left.\frac{d\psi_{III}}{dx}\right|_{a} &= \left.\frac{d\psi_{IV}}{dx}\right|_{a}
\end{aligned}$$

영역 I 과 IV 에서의 파동함수는 입자가 왼쪽에서 입사하므로 다음과 같이 쓸 수 있다.

$$\psi_I(x) = Ae^{ikx} + Be^{-ikx}, \quad \psi_{IV}(x) = He^{ikx}$$

여기서 A, B, H 는 상수들이다. 따라서 이 파동함수 해들과 1)에서 얻은 영역 II 와 III 에서의 파동함수 해들을 사용하면 위의 경계조건들은 다음과 같이 쓰여진다.

$$Ae^{-ika} + Be^{ika} = CAi(y_t) + DBi(y_t)$$

$$\begin{aligned}
ikAe^{-ika} - ikBe^{ika} &= \rho[CAi'(y_t) + DBi'(y_t)] \\
CAi(y_0) + DBi(y_0) &= FAi(y_0) + GBi(y_0) \\
\rho[CAi'(y_0) + DBi'(y_0)] &= -\rho[FAi'(y_0) + GBi'(y_0)] \\
FAi(y_t) + GBi(y_t) &= He^{ika} \\
-\rho[FAi'(y_t) + GBi'(y_t)] &= ikHe^{ika}
\end{aligned}$$

여기서 Ai', Bi' 는 에어리 함수들의 미분이며, 상수들인 ρ, y_t, y_0 는 각각 다음과 같다.

$$\rho = \left(\frac{2mV_0}{\hbar^2 a}\right)^{1/3}, \quad y_t = \rho(x_0 - a) < 0, \quad y_0 = \rho x_0 > 0$$

투과 확률은 $\left|\frac{H}{A}\right|^2$ 으로 주어지므로, 계수 H 를 계수 A 로 나타내면 된다. 위의 6개 연립방정식을 풀고, 표현의 간편함을 위해 다음 상수들을 써서 표현하면,

$$Ai(y_0) \equiv a_1, \quad Bi(y_0) \equiv b_1, \quad Ai'(y_0) \equiv a_2, \quad Bi'(y_0) \equiv b_2,$$

$$Ai(y_t) \equiv c_1, \quad Bi(y_t) \equiv e_1, \quad -\rho Ai'(y_t) \equiv c_2, \quad -\rho Bi'(y_t) \equiv e_2,$$

이제 H 를 다음과 같이 쓰면,

$$H = \frac{N_0}{D_0} A,$$

새로운 상수 N_0 와 N_0 는 다음과 같이 주어진다.

$$\begin{aligned}
N_0 &= 2ik(a_1 b_2 - b_1 a_2)(e_2 c_1 - e_1 c_2) \\
D_0 &= e^{2ika}[2a_1 a_2 (ike_1 - e_2)^2 + 2b_1 b_2 (ikc_1 - c_2)^2 \\
&\quad -2(b_2 a_1 + b_1 a_2)(ikc_1 - c_2)(ike_1 - e_2)]
\end{aligned}$$

따라서 투과 확률은 $T = \left|\frac{N_0}{D_0}\right|^2$ 로 주어진다.

6.5 위치에너지가 다음과 같이 주어지는 계의 속박상태 에너지 준위를 WKB 어림을 써서 구하라.

$$V(x) = \begin{cases} \frac{V_0}{a}|x|, & |x| \le a \\ V_0, & |x| > a \end{cases}$$

풀이: 고전적인 되돌이점들은 $E = V$ 가 되는 $\pm x_0 = \pm\frac{aE}{V_0}$ 이다. 운동량은 $p = \sqrt{2m(E-V)}$ 이므로, 식 (6.130)은 다음과 같이 쓸 수 있다.

$$\int_{-x_0}^{x_0} p\, dx = 2\int_0^{x_0} dx\sqrt{2m\left(E - \frac{V_0}{a}x\right)} = (n-\frac{1}{2})\frac{h}{2}, \quad n = 1, 2, \cdots$$

위의 적분값은 아래와 같이 주어지므로,

$$\int_0^{x_0} dx\sqrt{2m\left(E - \frac{V_0}{a}x\right)} = \frac{a}{3mV_0}(2mE)^{3/2},$$

n 번째 속박상태의 에너지 준위는 다음과 같다.

$$E_n = \left[(n-\frac{1}{2})\frac{3hV_0}{8a\sqrt{2m}}\right]^{2/3}, \quad n = 1, 2, \cdots N$$

여기서 속박상태의 경우 에너지는 $E < V_0$ 이어야 한다. 따라서 N 은 $\frac{8a}{3h}\sqrt{2mV_0} + \frac{1}{2}$ 보다는 작은 가장 큰 정수이다.

6.6 완전히 탄성적으로 바닥과 충돌하는 공을 생각하자. 공의 질량을 m, 바닥으로부터 공의 높이를 x 로 표시하면, 공의 위치에너지는 $V(x \geq 0) = mgx$ 로 표시될 것이다.

1). 공의 운동을 기술하는 파동함수를 슈뢰딩거 방정식을 풀어서 구하고, 에너지 준위를 구하라.

도움말: 먼저 적절한 변수변환을 통하여 슈뢰딩거 방정식이 에어리 방정식이 됨을 보이고, 이로부터 파동함수가 발산하지 않는 조건을 적용하여 해를 에어리 함수로 표시한다. 공은 바닥 이하로 내려가지 못하므로, $x < 0$ 인 영역에서는 $V(x) = \infty$ 가 된다. 따라서 $\psi(x = 0) = 0$ 의 경계조건을 만족한다. 이를 써서 에너지 준위를 구하라. 즉, 에어리 함수값이 0 이 되는 점들을 a_n 이라 하고, 이를 써서 에너지 준위를 표시한다.

2). WKB 어림을 써서 에너지 준위를 구하라.

도움말: 식 (6.127)에서 $\psi(x = 0) = 0$ 을 만족하는 조건을 구하라.

풀이: 1). 이 경우 위치에너지는 다음과 같다.

$$V(x) = \begin{cases} mgx, & 0 \leq x \\ \infty, & x < 0 \end{cases}$$

따라서 슈뢰딩거 방정식은 다음과 같이 쓸 수 있다.

$$\frac{d^2\psi}{dx^2} + \frac{2m}{\hbar^2}(E - mgx)\psi = 0, \quad x \geq 0$$

여기서 $y \equiv (\frac{2m^2 g}{\hbar^2})^{\frac{1}{3}}(x - \frac{E}{mg})$ 로 놓으면 위 식은 다음의 에어리 방정식이 된다.

$$\frac{d^2\psi}{dy^2} - y\psi = 0$$

따라서 이 방정식의 해는 다음과 같이 쓸 수 있다.

$$\psi(y) = CAi(y) + DBi(y)$$

위에서 C, D 는 상수이다. 그런데 에어리 함수 $Bi(y)$ 는 y 가 큰 값에서 발산하므로 해가 될 수 없다. 따라서 파동함수 해는 $\psi(y) = CAi(y)$ 가 된다. 한편, 공은 바닥 아래에서는 존재하지 않으므로, 즉 $V(x < 0) = \infty$ 이므로 $\psi(x = 0) = 0$ 이 되어야 한다. 따라서 에너지 E 는 $Ai(-(\frac{2m^2 g}{\hbar^2})^{\frac{1}{3}}\frac{E}{mg}) = 0$ 을 만족해야 한다. 에어리 함수 $Ai(y)$ 가 0 이 되는 y 값들을 a_n 이라 하면, 즉 $Ai(a_n) = 0, \quad n = 1, 2, 3\cdots$ 이면, 에너지 준위는 다음과 같이 주어진다.

$$E_n = -(m\hbar^2 g^2/2)^{1/3} a_n, \quad n = 1, 2, 3, \cdots$$

여기서 a_n 은 대략 다음과 같다. $a_1 = -2.338, \ a_2 = -4.088, \ a_3 = -5.521, \cdots$

2). 식 (6.127)에서 경계조건 $\psi(x = 0) = 0$ 을 만족하려면 $\sin\left[\int_x^{x_2} k dx + \frac{\pi}{4}\right]_{x=0} = 0$ 이 되어야 하므로, 다음 조건이 만족되어야 한다.

$$\int_{x=0}^{x_2} k \, dx + \frac{\pi}{4} = n\pi, \quad n = 1, 2, 3, \cdots$$

이 경우 고전적인 되돌이점은 $x_0 = \frac{E}{mg}$ 이며, 위 식은 다음과 같이 된다.

$$\int_0^{x_0} p \, dx = \int_0^{x_0} dx \sqrt{2m\,(E - mgx)} = (n - \frac{1}{4})\pi\hbar, \quad n = 1, 2, 3, \cdots$$

한편 적분값은 다음과 같이 주어지므로,

$$\int_0^{x_0} dx \sqrt{2m\,(E - mgx)} = \frac{2}{3}\sqrt{\frac{2}{m}}\frac{E^{3/2}}{g},$$

에너지 준위 E 는 다음과 같이 주어진다.

$$E_n = \left[\frac{9}{8}m\pi^2\hbar^2 g^2\left(n-\frac{1}{4}\right)^2\right]^{1/3}, \quad n = 1,2,3,\cdots$$

참고로 이 결과와 앞의 1)의 결과를 $n = 1,2,3$ 의 경우에 비교하면, 두 결과가 서로 상당히 일치함을 보여 준다. 에너지 준위를 $(m\hbar^2 g^2)^{1/3}$의 단위로 나타내어 1)과 2)의 결과를 순서대로 쓰면 다음과 같다.

n = 1;   1.8557 : 1.84..

n = 2;   3.2446 : 3.24..

n = 3;   4.3820 : 4.38..

여기서 주의할 점은 식 (6.130)을 주는 원래 조건식 (6.128)도 함께 성립되어야 한다는 것이다. 우리가 식 (6.130)의 원래 주어진 조건($-x_0$에서 x_0 까지 적분하는) 그대로에 $x = 0$ 에서 파동함수가 0 이 되는 조건을 만족하는 기함수 해로 국한하면 그 조건은 다음과 같이 쓰여져 위에서 얻은 결과와 일치하는 결과를 준다.[3]

$$\int_0^{x_0} p\, dx = (n-\frac{1}{2})\frac{\pi\hbar}{2}, \quad n = 2,4,6\cdots$$

6.7 위치에너지가 다음과 같이 주어지는 계가 있다.

$$V(x) = \frac{V_0}{a^4}(x-a)^2(x+a)^2, \qquad V_0 > 0, \quad a > 0$$

입자의 에너지가 우물 안의 위치에너지 꼭대기보다 낮다고 할 때($0 < E < V_0$), WKB 어림을 써서 속박상태의 에너지를 주는 관계식을 구하라.

도움말: 위치에너지의 대칭성으로부터 파동함수 해를 우함수와 기함수의 경우로 나누어 구하라. 우함수 해의 경우 $\frac{d\psi}{dx}(0) = 0$ 을, 기함수 해의 경우 $\psi(0) = 0$ 인 조건을 만족함을 활용하라.

풀이: 위치에너지가 $x = 0$ 을 중심으로 좌우 대칭이므로, 파동함수 해에 대해 $x > 0$ 인 영역만 고려하도록 하겠다. 먼저 두 위치에너지 우물의 오른쪽($x > 0$)에서 고전적인 되돌이점들을 $x_1, x_2\,(0 < x_1 < x_2)$라고 하면, WKB 어림에 의한 파동함수 해는

[3] 식 (6.130)에서는 $n = 1$ 이 에너지가 가장 낮은 우함수 해에 해당

다음의 세 영역으로 나누어 다음과 같이 쓸 수 있다.

$$\begin{aligned}\psi_I(x) &= \frac{1}{\sqrt{\kappa}}\left[A_1 e^{\int_x^{x_1}\kappa dx} + A_2 e^{-\int_x^{x_1}\kappa dx}\right], \qquad 0 \le x < x_1 \\ \psi_{II}(x) &= \frac{2F}{\sqrt{k}}\sin\left\{\int_x^{x_2} kdx + \frac{\pi}{4}\right\}, \qquad x_1 < x < x_2 \\ \psi_{III}(x) &= \frac{1}{\sqrt{\kappa}} F e^{-\int_{x_2}^{x}\kappa dx}, \qquad x_2 < x\end{aligned}$$

위에서 $\kappa \equiv \sqrt{\frac{2m}{\hbar^2}(V(x)-E)}$, $k \equiv \sqrt{\frac{2m}{\hbar^2}(E-V(x))}$ 이고, 표기의 편의를 위해 ψ_{III} 를 먼저 쓰고, 그로부터 연결 공식을 써서 ψ_{II} 를 썼다. 여기서 다음의 관계를 이용하고,

$$\int_x^{x_2} kdx = \int_{x_1}^{x_2} kdx - \int_{x_1}^{x} kdx,$$

$\theta \equiv \int_{x_1}^{x_2} kdx$ 로 놓으면, ψ_{II} 는 다음과 같이 쓸 수 있다.

$$\psi_{II}(x) = \frac{2F}{\sqrt{k}}\sin\left\{\theta + \frac{\pi}{4} - \int_{x_1}^{x} kdx\right\}$$

이제 ψ_{II} 와 ψ_I 을 x_1 근처에서 연결시키자. x_1 근처에서 파동함수는 에어리 방정식의 해로 다음과 같이 근사할 수 있다.

$$\psi_1^t(y) = \alpha Ai(y) + \beta Bi(y), \quad y \equiv -\left(\frac{2mc_1}{\hbar^2}\right)^{1/3}(x - x_1)$$

여기서 c_1 은 x_1 에서 위치에너지 함수의 접선 기울기의 크기이다.

$$c_1 = \left|\frac{dV}{dx}\right|_{x_1} = -\left.\frac{dV}{dx}\right|_{x_1} = -\frac{4V_0}{a^4}x_1\{(x_1)^2 - a^2\}$$

$x > x_1$ 인 점근 영역에서 ψ_1^t 는 식 (6.41)을 써서 다음과 같이 쓸 수 있다.

$$\begin{aligned}\psi_1^t(y) &= \frac{1}{\sqrt{\pi}(-y)^{1/4}}\left\{\alpha\sin\left[\frac{2}{3}(-y)^{3/2} + \frac{\pi}{4}\right] + \beta\cos\left[\frac{2}{3}(-y)^{3/2} + \frac{\pi}{4}\right]\right\} \\ &= \frac{1}{\sqrt{\pi}(-y)^{1/4}}\left\{\frac{\alpha}{2i}\left[e^{i\frac{2}{3}(-y)^{3/2}}e^{i\frac{\pi}{4}} - e^{-i\frac{2}{3}(-y)^{3/2}}e^{-i\frac{\pi}{4}}\right]\right. \\ &\qquad \left. + \frac{\beta}{2}\left[e^{i\frac{2}{3}(-y)^{3/2}}e^{i\frac{\pi}{4}} + e^{-i\frac{2}{3}(-y)^{3/2}}e^{-i\frac{\pi}{4}}\right]\right\}\end{aligned}$$

한편 이와 연결시킬 ψ_{II} 는 다시 다음과 같이 쓸 수 있다.

$$\begin{aligned}
\psi_{II} &= -\frac{2F}{\sqrt{k}}\sin\left\{\int_{x_1}^{x} kdx - \theta - \frac{\pi}{4}\right\} \\
&= -\frac{2F\tilde{c}}{(-y)^{1/4}}\sin\left\{\frac{2}{3}(-y)^{3/2} - \theta - \frac{\pi}{4}\right\} \\
&= -\frac{2F\tilde{c}}{(-y)^{1/4}}\frac{1}{2i}\left\{e^{i\frac{2}{3}(-y)^{3/2}}e^{-i\theta}e^{-i\frac{\pi}{4}} - e^{-i\frac{2}{3}(-y)^{3/2}}e^{i\theta}e^{i\frac{\pi}{4}}\right\}
\end{aligned}$$

여기서 $\tilde{c} = \left(\frac{2mc_1}{\hbar^2}\right)^{1/3}$ 이며, 위에서는 $k = \sqrt{\frac{2m}{\hbar^2}c_1(x - x_1)} = \left(\frac{2mc_1}{\hbar^2}\right)^{1/3}(-y)^{1/2}$ 과 $\int_{x_1}^{x} kdx = -\int_0^y (-y)^{1/2}dy = \frac{2}{3}(-y)^{3/2}$ 이 됨을 사용하였다. 이제 이렇게 주어진 ψ_{II} 와 앞의 점근 영역에서의 ψ_1^t 가 서로 일치해야 하므로 다음의 관계가 만족되어야 한다.

$$\begin{aligned}
e^{i\frac{2}{3}(-y)^{3/2}}\text{의 계수 :} \quad & -2\tilde{c}Fe^{-i\theta}e^{-i\frac{\pi}{4}} = \frac{1}{\sqrt{\pi}}\left\{\alpha e^{i\frac{\pi}{4}} + i\beta e^{i\frac{\pi}{4}}\right\} \\
e^{-i\frac{2}{3}(-y)^{3/2}}\text{의 계수 :} \quad & 2\tilde{c}Fe^{i\theta}e^{i\frac{\pi}{4}} = \frac{1}{\sqrt{\pi}}\left\{-\alpha e^{-i\frac{\pi}{4}} + i\beta e^{-i\frac{\pi}{4}}\right\}
\end{aligned}$$

이로부터 다음의 관계가 나오고,

$$\begin{aligned}
2\sqrt{\pi}i\tilde{c}Fe^{-i\theta} &= \alpha + i\beta \\
-2\sqrt{\pi}i\tilde{c}Fe^{i\theta} &= \alpha - i\beta,
\end{aligned}$$

이는 다음의 관계를 준다.

$$\begin{aligned}
\alpha &= \tilde{c}F\frac{\sqrt{\pi}}{i}\left(e^{i\theta} - e^{-i\theta}\right) &= 2\sqrt{\pi}\tilde{c}F\sin\theta \\
\beta &= \tilde{c}F\sqrt{\pi}\left(e^{i\theta} + e^{-i\theta}\right) &= 2\sqrt{\pi}\tilde{c}F\cos\theta
\end{aligned}$$

다음으로 할 일은 $x < x_1$ 인 점근 영역에서 ψ_1^t 와 ψ_I 을 연결시키는 것이다. 이 경우 ψ_1^t 의 점근 표현은 식 (6.40)을 써서 다음과 같이 쓸 수 있다.

$$\psi_1^t(y) = \frac{1}{\sqrt{\pi}(-y)^{1/4}}\left\{\frac{\alpha}{2}e^{-\frac{2}{3}y^{3/2}} + \beta e^{\frac{2}{3}y^{3/2}}\right\}$$

위에서 $\kappa = \sqrt{-\frac{2m}{\hbar^2}c_1(x - x_1)} = \left(\frac{2mc_1}{\hbar^2}\right)^{1/3}(y)^{1/2}$ 과 $\int_x^{x_1}\kappa dx = -\int_y^0 y^{1/2}dy = \frac{2}{3}y^{3/2}$ 의 관계를 사용하였다. 이 점근 표현이 ψ_I 과 같아져야 하는데, 이 경우 ψ_I 은 y 로

다음과 같이 표현된다.

$$\psi_I \sim \frac{1}{y^{1/4}} \left\{ A_1 e^{\frac{2}{3}y^{3/2}} + A_2 e^{-\frac{2}{3}y^{3/2}} \right\}$$

따라서 우리는 다음의 관계식을 얻는다.

$$\frac{\alpha}{2\sqrt{\pi}} \sim A_2, \quad \frac{\beta}{\sqrt{\pi}} \sim A_1$$

이를 앞에서 얻은 결과에 대입하면, 우리는 A_1, A_2 와 F 사이의 다음 관계식을 얻는다.

$$A_2 \sim F \sin\theta, \quad A_1 \sim 2F\cos\theta$$

따라서 ψ_I 은 F 로 다음과 같이 쓸 수 있다.

$$\psi_I(x) \sim \frac{F}{\sqrt{\kappa}} \left\{ 2\cos\theta\, e^{\int_x^{x_1} \kappa dx} + \sin\theta\, e^{-\int_x^{x_1} \kappa dx} \right\}$$

(i). 기함수 해의 경우 $\psi(x=0)=0$ 을 만족하므로 다음의 관계가 성립된다.

$$\psi_I(x=0) = 0 \quad \Longrightarrow \quad 0 = 2\cos\theta\, e^{\int_0^{x_1} \kappa dx} + \sin\theta\, e^{-\int_0^{x_1} \kappa dx}$$

여기서 $\int_0^{x_1} \kappa dx \equiv K_0$ 로 놓으면, 다음과 같이 기함수 해의 경우의 속박상태 에너지 관계식을 얻는다.

$$\tan\theta = -2e^{2K_0}$$

위에서 $\theta = \int_{x_1}^{x_2} \sqrt{\frac{2m}{\hbar^2}(E - V(x))}\, dx$ 이고, $K_0 = \int_0^{x_1} \sqrt{\frac{2m}{\hbar^2}(V(x) - E)}\, dx$ 이다.

(ii). 우함수 해의 경우 $\left.\frac{d\psi}{dx}\right|_{x=0} = 0$ 의 관계가 만족되므로 다음의 관계가 성립한다.

$$\left.\frac{d\psi_I}{dx}\right|_{x=0} = 0 \quad \Longrightarrow \quad 2\cos\theta\, e^{K_0}[-\kappa(0)] + \sin\theta\, e^{-K_0}\kappa(0) = 0$$

여기서 $\kappa(0) = \left.\sqrt{\frac{2m}{\hbar^2}(V(x) - E)}\right|_{x=0}$ 이며, $\frac{d}{dx}\left(e^{\int_x^{x_1} \kappa dx}\right) = e^{\int_x^{x_1} \kappa dx}[-\kappa(x)]$ 의 관계를 사용하였다. 이로부터 우리는 우함수 해의 경우의 속박상태 에너지 관계식을 얻는다.

$$\tan\theta = 2e^{2K_0}$$

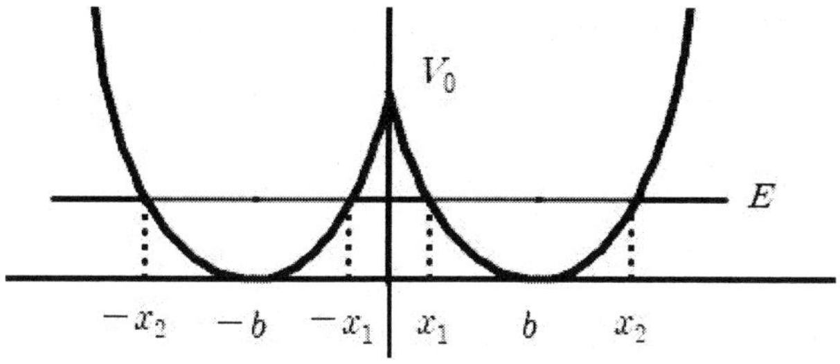

그림 3: 겹친 두 조화 떨개 우물 (문제 6.8)

6.8 계의 위치에너지가 다음과 같이 주어졌다.

$$V(x) = \begin{cases} \frac{V_0}{b^2}(x+b)^2, & x \le 0 \\ \frac{V_0}{b^2}(x-b)^2, & 0 \le x \end{cases}$$

여기서 V_0 와 b 는 둘 다 양의 상수이다.

1). 입자의 질량이 m, 에너지가 $0 < E < V_0$ 로 주어졌다. 여기서 $E \ll V_0$ 라고 가정하고, 오른쪽 우물에서의 고전적인 되돌이점들이 $0 < x_1 < x_2$ 일 때(그림 3 참조), $\int_{-x_1}^{x_1} \sqrt{\frac{2m}{\hbar^2}(V(x) - E)}dx \gg 1$ 이 만족되는 경우에 입자의 속박상태 에너지를 WKB 어림으로 구하라.

도움말: 문제 6.7에서 얻은 결과를 활용할 수 있는지 고려하라.

2). 주어진 위치에너지에서 $\frac{V_0}{b^2} \equiv \frac{1}{2}mw^2$ 으로 놓으면, 이는 두 개의 조화 떨개를 합하여 겹쳐진 부분의 위치에너지를 낮추어 놓은 계로 생각할 수 있다. 만약 중간의 겹쳐지는 영역에서 위치에너지가 무한 장벽으로 되면 각 조화 떨개에 속한 파동함수 해들은 서로 에너지가 같은 두 겹의 겹친 상태들에 해당할 것이다. 그런데 중간의 위치에너지 장벽이 낮아져서 위와 같이 하나의 계로 합쳐진 경우에는 그 파동함수 해가 두 개의 독립된 조화 떨개의 각 에너지 준위에서의 해들이 5.6절에서 나온 '두 상태로 이루어진 계'에서처럼 결합되어 우함수와 기함수 상태들로 주어질 것이다. 따라서 $E < V_0$ 인 경우, 처음에 입자가 어느 한쪽 우물(조화 떨개의 상태)에 있었다면 다른쪽 우물로 갔다가 다시 돌아오는 진동을 반복할 것이다. 여기서 $E \ll V_0$ 로 놓고, 그 진동의 주기를 구하라.

풀이: 1). 문제 6.7에서와 마찬가지로 위치에너지가 $x = 0$ 을 중심으로 좌우 대칭이므로 $x > 0$ 인 영역에서의 파동함수 해만 고려하면 되겠다. 그리고 문제 6.7에서 속박상태 에너지에 대한 관계식을 구할 때, 위치에너지 함수 표현을 직접 사용하지 않고 좌우 대칭의 특성이 있는 두 우물 내에서의 속박상태에 대한 WKB 어림을 적용하여 에너지에 대한 관계식을 구했으므로, 문제 6.7의 결과는 같은 특성을 지닌 이 문제에도 그대로 적용된다. 따라서 속박상태 에너지에 대한 관계식은 다음과 같다.

$$\tan\theta = \pm 2e^{2K_0}$$

여기서 $\theta = \int_{x_1}^{x_2} \sqrt{\frac{2m}{\hbar^2}(E - V(x))}\, dx$, $K_0 = \int_0^{x_1} \sqrt{\frac{2m}{\hbar^2}(V(x) - E)}\, dx$ 이며, $+$ 는 우함수 해, $-$ 는 기함수 해에 해당한다.

문제에서 주어진 $\int_{-x_1}^{x_1} \sqrt{\frac{2m}{\hbar^2}(V(x) - E)} dx = 2K_0 \gg 1$ 의 조건이 만족되는 경우, 에너지 관계식의 e^{2K_0} 값은 굉장히 커지게 되는데, 그렇게 $\tan\theta = 2e^{2K_0} \to \infty$ 일 때, θ 는 대략 다음과 같이 쓸 수 있다.

$$\theta \simeq \left(n + \frac{1}{2}\right)\pi, \quad n = 0, 1, 2, \cdots$$

여기서 위에서 주어진 θ 값은 양수이므로 n 은 음수가 될 수 없음에 주의하라. 따라서 우리는 에너지 관계식 $\tan\theta = \pm 2e^{2K_0}$ 로부터 θ 를 다음과 같이 놓을 수 있다.

$$\theta = \left(n + \frac{1}{2}\right)\pi \mp \delta, \quad n = 0, 1, 2, \cdots, \quad 0 < \delta \ll 1$$

여기서 δ 는 에너지 관계식으로부터 구해야 할 미지의 작은 값이며, δ 앞의 부호 $\mp$ 는 에너지 관계식에서의 부호 $\pm$ 에 대응한다.

이제 아래의 관계식을 써서 에너지 관계식으로부터 δ 를 구해보자.

$$\tan\left[\left(n + \frac{1}{2}\right)\pi \mp \delta\right] = \frac{\tan\left[\left(n + \frac{1}{2}\right)\pi\right] \mp \tan\delta}{1 \pm \tan\left[\left(n + \frac{1}{2}\right)\pi\right]\tan\delta} = \pm\frac{1}{\tan\delta} \simeq \pm\frac{1}{\delta}$$

이를 에너지 관계식에 대입하면 다음의 관계를 얻는다.

$$\pm\frac{1}{\delta} \simeq \pm 2e^{2K_0} \quad \Longrightarrow \quad \delta \simeq \frac{1}{2}e^{-2K_0}$$

따라서 θ 는 다음과 같이 주어진다.

$$\theta \simeq \left(n+\frac{1}{2}\right)\pi \mp \frac{1}{2}e^{-2K_0}, \quad n=0,1,2,\cdots$$

여기서 $-$ 부호는 우함수 해, $+$ 부호는 기함수 해에 해당한다. 위 관계식에서 에너지를 포함하는 표현은 θ 와 K_0 이다. 그런데 $e^{-2K_0} \ll \theta$ 이므로 일단 θ 만 에너지로 표시하고 e^{-2K_0} 는 작은 상수로 여겨 에너지를 구한 후, 이렇게 1차로 구한 에너지 값을 e^{-2K_0} 에 대입하여 그 값을 구하는 어림 방식으로 에너지를 구할 수 있을 것이다.

일단 θ 는 에너지로 다음과 같이 표현된다(그림 3 참조).

$$\theta = \int_{x_1}^{x_2} \sqrt{\frac{2m}{\hbar^2}\left(E-\frac{V_0}{b^2}(x-b)^2\right)}\,dx$$

여기서 $x-b \equiv z$ 로 변수 변환하면, θ 는 다음과 같이 쓸 수 있다.

$$\theta = 2\int_{0}^{z_2} \sqrt{\frac{2m}{\hbar^2}\left(E-\frac{V_0}{b^2}z^2\right)}\,dz, \quad z_2 = x_2 - b$$

위에서 우리는 $x_2 - b = b - x_1$ 의 관계를 사용하였다(그림 3 참조). 그런데 여기서 $E = \frac{V_0}{b^2}z_2^2$ 이므로, $z = z_2 \sin\theta$ 로 변수변환하여 적분하면, θ 는 다시 다음과 같이 주어진다.

$$\theta = 2\frac{\sqrt{2mV_0}}{b\hbar}\int_0^{z_2}\sqrt{z_2^2 - z^2}\,dz \;=\; 2\frac{\sqrt{2mV_0}}{b\hbar}\cdot\frac{\pi}{4}z_2^2 \;=\; \frac{\pi b}{\sqrt{2}\hbar}\sqrt{\frac{m}{V_0}}E$$

따라서 속박상태 에너지는 다음과 같이 주어진다.

$$E_n^{\pm} = \frac{\sqrt{2}\hbar}{\pi b}\sqrt{\frac{V_0}{m}}\,\theta \;\simeq\; \frac{\sqrt{2}\hbar}{\pi b}\sqrt{\frac{V_0}{m}}\left\{\left(n+\frac{1}{2}\right)\pi \mp \frac{1}{2}e^{-2K_0}\right\}, \quad n=0,1,2,\cdots$$

여기서 $E_n^{\pm}$ 의 $+$ 는 우함수 해를 $-$ 는 기함수 해를 뜻하며, K_0 는 다음과 같이 주어졌다.

$$K_0 = \int_0^{x_1}\sqrt{\frac{2m}{\hbar^2}\left(\frac{V_0}{b^2}(x-b)^2 - E\right)}\,dx$$

위의 에너지 준위 $E_n^{\pm}$ 의 표현에서 K_0 도 에너지 E 를 포함하고 있으므로, 그 기여까지 포함하여 방정식을 풀어야 하겠지만, 에너지 준위 표현식에서 두 번째 항은

$\frac{1}{2}e^{-2K_0} \ll 1$ 이므로 그것을 상수로 생각하고 풀어도 큰 차이는 없을 것이다. 우리는 아래의 2)번 문제에서 실제 K_0 값을 $V_0 \gg E$ 인 경우에 구해 보고자 한다.

2). $\frac{V_0}{b^2} \equiv \frac{1}{2}mw^2$ 으로 놓으면, 오른쪽 우물의 위치에너지 함수는 오른쪽으로 b 만큼 평행 이동한 다음의 조화 떨개 위치에너지 형태를 갖게 될 것이다.

$$V(x) = \frac{1}{2}mw^2(x-b)^2, \quad 0 \le x$$

그리고 에너지 준위는 다음과 같이 쓸 수 있다.

$$E_n^{\pm} = \hbar w \left\{ \left(n + \frac{1}{2} \right) \mp \frac{1}{2\pi} e^{-2K_0} \right\}, \quad n = 0, 1, 2, \cdots$$

여기서 장벽이 아주 높아져서($V_0 \to \infty$), 즉 K_0 가 매우 커져서, 위 식의 두 번째 항을 무시할 수 있게 되면, 문제에서 설명한 바와 같이 조화 떨개의 에너지 준위와 같게 됨을 알 수 있다.

이제 K_0 의 값을 구해 보자.

$$K_0 = \int_0^{x_1} \sqrt{\frac{2m}{\hbar^2}\left[\frac{1}{2}mw^2(x-b)^2 - E\right]}\, dx$$

여기서 $E = \frac{1}{2}mw^2(x_1-b)^2$ 이고, $x < x_1 < b$ 이므로, $x - b \equiv -z$, $x_1 - b \equiv -z_1$ 로 놓으면, 위 식은 다음과 같이 쓸 수 있다.

$$K_0 = \frac{mw}{\hbar}\int_{z_1}^{b} \sqrt{z^2 - z_1^2}\, dz = \frac{mw}{2\hbar}\left[z\sqrt{z^2-z_1^2} - z_1^2 \ln\left| z + \sqrt{z^2 - z_1^2} \right| \right]_{z_1}^{b}$$

위 식은 $z_1^2 = \frac{2E}{mw^2}$ 의 관계를 써서 정리하면 다음과 같이 된다.

$$K_0 = \frac{E}{\hbar w}\left\{ \frac{b}{z_1}\sqrt{\left(\frac{b}{z_1}\right)^2 - 1} - \ln\left[\frac{b}{z_1} + \sqrt{\left(\frac{b}{z_1}\right)^2 - 1} \right] \right\}$$

여기서 $V_0 \gg E$ 여서, $z_1 = b - x_1 \ll b$ 이면, 다음의 결과를 얻는다.

$$K_0 \approx \frac{E}{\hbar w}\left(\frac{b}{z_1}\right)^2 = \frac{E}{\hbar w}\cdot b^2 \cdot \frac{mw^2}{2E} = \frac{b^2 mw}{2\hbar}$$

이제 입자가 한 쪽 우물에서 다른 쪽 우물로 왕복 운동하는 진동 주기를 구해 보자. 여기서 두 우물 사이의 장벽 높이 V_0 가 문제에 주어진 대로 아주 높다면($K_0 \gg 1$),

각 우물 안에 존재하는 입자의 에너지는 앞서 주어진 에너지 준위 $n = 0, 1, 2, \cdots$ 에서 통상의 조화 떨개 에너지 준위와 거의 같다고 볼 수 있을 것이다. 따라서 주어진 에너지 준위 n 에서 우함수 해(ψ_n^+)와 기함수 해(ψ_n^-)를 주어진 에너지 준위에서 오른쪽 우물에 존재하는 파동함수(ψ_R)와 왼쪽 우물에 존재하는 파동함수(ψ_L)의 1차 결합으로 표현하면,

$$\begin{aligned}\psi_n^+ &= \frac{1}{\sqrt{2}}(\psi_L + \psi_R), \\ \psi_n^- &= \frac{1}{\sqrt{2}}(\psi_L - \psi_R),\end{aligned}$$

n 번째 에너지 준위에서 입자가 오른쪽 우물이나 왼쪽 우물에 존재할 때의 파동함수는 주어진 준위에서의 우함수 해와 기함수 해의 1차 결합으로 각각 다음과 같이 표현할 수 있을 것이다.

$$\begin{aligned}\psi_R &= \frac{1}{\sqrt{2}}\left(\psi_n^+ - \psi_n^-\right) \\ \psi_L &= \frac{1}{\sqrt{2}}\left(\psi_n^+ + \psi_n^-\right)\end{aligned}$$

따라서 처음에($t = 0$) 왼쪽 우물의 n 번째 에너지 준위에 있었던 입자의 파동함수 ψ_L 은 시간이 지난 후에 다음과 같이 쓸 수 있다

$$\psi_n(x,t) = \frac{1}{\sqrt{2}}\left\{\psi_n^+(x)e^{-\frac{iE_n^+ t}{\hbar}} + \psi_n^-(x)e^{-\frac{iE_n^- t}{\hbar}}\right\}$$

각 준위에서 우함수 해의 에너지가 기함수 해의 경우보다 낮으므로 다시 다음과 같이 쓸 수 있다.

$$\psi_n(x,t) = \frac{1}{\sqrt{2}}e^{-\frac{iE_n^+ t}{\hbar}}\left\{\psi_n^+(x) + \psi_n^-(x)e^{-\frac{i(E_n^- - E_n^+)t}{\hbar}}\right\}$$

여기서 전체적인 위상은 상태를 바꾸지 않으므로, $\frac{(E_n^- - E_n^+)t_1}{\hbar} = \pi$ 가 될 때 이 파동함수는 ψ_R 로 되었다가, $\frac{(E_n^- - E_n^+)t_2}{\hbar} = 2\pi$ 가 될 때 다시 원래의 상태 ψ_L 이 된다. 따라서 $t_2 = \frac{2\pi\hbar}{E_n^- - E_n^+} = \frac{2\pi^2}{we^{-2K_0}}$ 가 진동의 주기가 된다. 앞에서 $K_0 \approx \frac{b^2 mw}{2\hbar}$ 로 주어졌으므로, 진동 주기 T 는 다음과 같다.

$$T \approx \frac{2\pi^2}{w}e^{\frac{b^2 mw}{\hbar}}$$

제7장 3차원 슈뢰딩거 방정식과 수소 원자

7.1 1차원 이체 문제 two-body problem 의 변수분리에 의한 해법: 서로 연결된 두 동일한 조화 떨개로 이루어진 계를 생각하자. 그 해밀토니안이 아래와 같이 주어졌다.

$$H = \frac{p_1^2}{2m} + \frac{p_2^2}{2m} + \frac{1}{2}mw^2\{x_1^2 + x_2^2 + 2\eta(x_1 - x_2)^2\}$$

여기서 η 는 양의 상수이다. 주어진 해밀토니안을 총질량 total mass ($M = 2m$)에 대한 질량중심 center of mass ($X = (x_1 + x_2)/2$)의 운동과 환산질량 reduced mass ($\mu = m/2$)에 대한 상대운동 relative motion ($x = x_1 - x_2$)으로 분리하여, 3장에서 얻은 조화 떨개의 해를 사용하여 각각에 대한 고유값과 고유상태를 구하라.

풀이: 주어진 해밀토니안에 대한 슈뢰딩거 방정식은 다음과 같이 쓸 수 있다.

$$\left[-\frac{\hbar^2}{2m}\left(\frac{\partial^2}{\partial x_1^2} + \frac{\partial^2}{\partial x_2^2}\right) + \frac{1}{2}mw^2\left\{x_1^2 + x_2^2 + 2\eta(x_1 - x_2)^2\right\}\right]\psi(x_1, x_2) = E\psi(x_1, x_2)$$

여기서 $x_1 = (X+x)/2,\ \ x_2 = (X-x)/2$ 와 같이 쓸 수 있고, 미분 연산자들은 다음과 같이 쓸 수 있다.

$$\begin{aligned}
\frac{\partial}{\partial x_1} &= \frac{\partial}{\partial x}\frac{\partial x}{\partial x_1} + \frac{\partial}{\partial X}\frac{\partial X}{\partial x_1} &&= \frac{\partial}{\partial x} + \frac{1}{2}\frac{\partial}{\partial X} \\
\frac{\partial}{\partial x_2} &= \frac{\partial}{\partial x}\frac{\partial x}{\partial x_2} + \frac{\partial}{\partial X}\frac{\partial X}{\partial x_2} &&= -\frac{\partial}{\partial x} + \frac{1}{2}\frac{\partial}{\partial X}
\end{aligned}$$

따라서 다음의 관계를 얻는다.

$$\begin{aligned}
\frac{\partial^2}{\partial x_1^2} + \frac{\partial^2}{\partial x_2^2} &= \left(\frac{\partial}{\partial x} + \frac{1}{2}\frac{\partial}{\partial X}\right)^2 + \left(-\frac{\partial}{\partial x} + \frac{1}{2}\frac{\partial}{\partial X}\right)^2 &&= 2\frac{\partial^2}{\partial x^2} + \frac{1}{2}\frac{\partial^2}{\partial X^2} \\
x_1^2 + x_2^2 &= \frac{1}{2}\left\{(x_1 + x_2)^2 + (x_1 - x_2)^2\right\} &&= 2X^2 + \frac{1}{2}x^2
\end{aligned}$$

이를 쓰면, 위의 슈뢰딩거 방정식은 X, x, M, μ 로 다음과 같이 쓸 수 있다.

$$\left[-\frac{\hbar^2}{2M}\frac{\partial^2}{\partial X^2} - \frac{\hbar^2}{2\mu}\frac{\partial^2}{\partial x^2} + \frac{1}{2}Mw^2X^2 + \frac{1}{2}\mu w^2(1 + 4\eta)x^2\right]\psi(X, x) = E\psi(X, x)$$

여기서 파동함수를 질량중심과 상대좌표로 분리하여 $\psi(X,x) = \Phi(X)\xi(x)$ 로 표시하고, $E = E_{CM} + E_{rel.}$ 으로 놓으면, 우리는 질량중심과 상대좌표에 대한 다음의 슈뢰딩거 방정식들을 얻는다.

$$\begin{aligned}\left[-\frac{\hbar^2}{2M}\frac{\partial^2}{\partial X^2} + \frac{1}{2}Mw^2X^2\right]\Phi(X) &= E_{CM}\Phi(X) \\ \left[-\frac{\hbar^2}{2\mu}\frac{\partial^2}{\partial x^2} + \frac{1}{2}\mu\tilde{w}^2x^2\right]\xi(x) &= E_{rel.}\xi(x)\end{aligned}$$

위에서 $\tilde{w} \equiv w\sqrt{1+4\eta}$ 이다. 위 두 식은 각각 질량과 진동수가 M 과 w, 그리고 μ 와 $\tilde{w}$ 로 주어지는 1차원 조화 떨개의 슈뢰딩거 방정식이다(식 3.59). 따라서 질량중심과 상대운동에 대한 각각의 고유값과 고유상태는 3장에서 주어진 1차원 조화 떨개의 고유값(식 3.97)과 고유상태(식 3.123)와 같아서 다음과 같이 주어진다.

질량중심: $E_{CM} = (n+\frac{1}{2})\hbar w, \quad \Phi(X) = <X|n> = \phi_n(X), \quad n = 0,1,2,\cdots$

상대운동: $E_{rel.} = (q+\frac{1}{2})\hbar\tilde{w}, \quad \xi(x) = <x|q> = \phi_q(x), \quad q = 0,1,2,\cdots$

그러므로 전체 에너지와 전체 파동함수는 다음과 같다..

$$E_{nq} = (n+\frac{1}{2})\hbar w + (q+\frac{1}{2})\hbar\tilde{w}, \quad \psi_{nq}(X,x) = \phi_n(X)\phi_q(x), \quad n,q = 0,1,2,\cdots$$

위에서 $|n>$ 과 $|q>$ 는 질량중심의 n 번째, 상대운동의 q 번째 조화 떨개 상태이다.

7.2 3차원에서 질량이 m 인 자유입자가 갖는 단위체적당 상태밀도를 구하라.

도움말: 자유입자의 상태는 위치와 운동량의 6차원 위상공간 $(\vec{x},\vec{p})$에서의 한 점으로 표시될 수 있다. 하지만 불확정성 원리에 의해 한 상태가 점유하는 최소한의 위상공간은 h^3 이 되어야 한다. 따라서 상태의 갯수는 $\rho(E)dE = d^3\vec{x}\ d^3\vec{p}/h^3$ 이라고 할 수 있다. 이 관계를 써서 단위체적당 상태밀도를 구하라.

풀이: 단위체적당 상태밀도 ρ_v 는 도움말에서 주어진 관계를 써서 다음과 같이 쓸 수 있다.

$$\rho_v(E)dE = \frac{d^3\vec{x}\ d^3\vec{p}/h^3}{d^3\vec{x}} = \frac{d^3\vec{p}}{h^3}$$

여기서 $p \sim p+dp$ 사이의 운동량 위상공간인 $d^3\vec{p}$ 는 $4\pi p^2dp$ 로 쓸 수 있고, 자유입자의 에너지 $E = \frac{p^2}{2m}$ 에서 $dE = \frac{2pdp}{2m}$ 이므로 $dp = \frac{mdE}{(2mE)^{1/2}}$ 로 쓸 수 있다. 따라서 위 식은

다음과 같이 다시 쓸 수 있다.

$$\rho_v(E)dE = \frac{d^3\vec{p}}{h^3} = \frac{4\pi p^2 dp}{h^3} = \frac{4\pi \cdot 2mE \cdot \frac{mdE}{(2mE)^{1/2}}}{h^3} = \frac{2\pi(2m)^{3/2}E^{1/2}dE}{h^3}$$

이로부터 주어진 에너지 E 에서 자유입자의 단위체적당 상태밀도는 다음과 같다.

$$\rho_v(E) = \frac{2\pi(2m)^{3/2}E^{1/2}}{h^3}$$

7.3 에너지 준위가 식 (7.64)로 아래와 같이 주어지는 3차원 조화 떨개에서,

$$E_{n_x,n_y,n_z} = \hbar w\left(n_x + n_y + n_z + \frac{3}{2}\right), \quad n_x, n_y, n_z = 0, 1, 2, 3, \cdots,$$

3번째와 4번째 들뜬 상태의 경우에 각각 그 겹친 상태의 수를 구한 후, n 번째 들뜬 상태의 겹친 상태의 수를 구하라.

풀이: $n = n_x+n_y+n_z = 3$ 인 경우, 가능한 수는 (n_x, n_y, n_z) 가 $(3,0,0), (2,1,0), (2,0,1), (1,2,0), (1,1,1), (1,0,2), (0,3,0), (0,2,1), (0,1,2), (0,0,3)$ 의 10가지이다.

$n = n_x+n_y+n_z = 4$ 인 경우의 가능한 수는 $(4,0,0), (3,1,0), (3,0,1), (2,2,0), (2,1,1), (2,0,2), (1,3,0), (1,2,1), (1,1,2), (1,0,3), (0,4,0), (0,3,1), (0,2,2), (0,1,3), (0,0,4)$ 의 15가지이다.

위의 경우를 자세히 보면, n 번째 들뜬 상태에서 n_x 값이 n 인 경우, 경우의 수는 1 이고, $n-1$ 인 경우는 2, $n-2$ 인 경우는 3, 0 인 경우는 $n+1$ 이 됨을 알 수 있다. 즉, $n_x = n - i$ 라고 하면, $i = 0$ 인 경우는 1개, $i = 1$ 인 경우는 2개, $i = 2$ 인 경우는 3개, $\cdots$, $i = n$ 인 경우는 $n+1$ 개가 되어, n 번째 들뜬 상태에서 겹친 상태의 수는 $\sum_{i=0}^{n}(i+1) = (n^2+3n+2)/2$ 이다.

7.4 3차원 조화 떨개에서 에너지가 식 (7.64)로 주어질 때, 그 상태밀도를 구하라.

풀이: $n \equiv n_x + n_y + n_z$ 라고 하면, $E = \hbar w(n + \frac{3}{2})$에서 $dE = \hbar w dn$ 이 된다. 문제 7.3에서 구한 주어진 n 에서 겹친 상태의 수는 $(n^2+3n+2)/2 = [(n+\frac{3}{2})^2 - \frac{1}{4}]/2$ 이므로, $E \sim E + dE$ 사이에 존재하는 상태의 수는 다음과 같이 쓸 수 있다.

$$\rho(E)dE = \frac{n^2+3n+2}{2}dn = \frac{\frac{E^2}{\hbar^2 w^2} - \frac{1}{4}}{2}\frac{dE}{\hbar w}$$

따라서 상태밀도는 다음과 같이 주어진다.

$$\rho(E) = \frac{E^2}{2\hbar^3 w^3} - \frac{1}{8\hbar w}$$

7.5 위치에너지가 아래와 같이 주어지는 반지름이 각각 a 와 b 인 통과할 수 없는 동심의 두 구껍질 사이에 질량이 m 인 입자가 갇혀 있다.

$$V(r) = \begin{cases} \infty, & r < a \\ 0, & a < r < b \\ \infty, & b < r \end{cases}$$

입자의 바닥상태 에너지와 파동함수를 구하라.

도움말: 바닥상태의 각운동량은 0 ($l = 0$)임을 이용하라.

풀이: 구면좌표에서 구대칭성이 있는 슈뢰딩거 방정식은 식 (7.127)로 주어진다.

$$\frac{1}{r^2}\frac{d}{dr}(r^2\frac{dR}{dr}) + \frac{2m}{\hbar^2}\left[E - V(r) - \frac{\hbar^2}{2m}\frac{l(l+1)}{r^2}\right] R = 0$$

여기서 $R(r) \equiv \frac{u(r)}{r}$ 로 놓으면, 슈뢰딩거 방정식은 다음과 같이 된다.

$$\frac{d^2u}{dr^2} + \frac{2m}{\hbar^2}\left[E - V(r) - \frac{\hbar^2}{2m}\frac{l(l+1)}{r^2}\right] u = 0$$

위 방정식에 바닥상태 조건 $l = 0$ 을 적용하면, 바닥상태는 다음 방정식을 만족한다.

$$\frac{d^2u}{dr^2} + \frac{2mE}{\hbar^2}u = 0, \quad a < r < b$$

그런데 $r = a$ 에서 파동함수가 0 이 되어야 하므로, $u = N\sin k(r-a)$로 쓸 수 있다. 여기서 $k^2 = \frac{2mE}{\hbar^2}$ 이다. $r = b$ 에서 파동함수가 0 이 되어야 하는 조건을 쓰면, $\sin k(b-a) = 0$ 에서 $k = \frac{n\pi}{b-a}$, $n = 1, 2, 3, \cdots$ 의 관계를 만족하여야 한다. 그런데 바닥상태이므로 $n = 1$ 이 되어야 한다. 따라서 바닥상태 에너지는 다음으로 주어지고,

$$E - \frac{\hbar^2 k^2}{2m} - \frac{\hbar^2\pi^2}{2m(b-a)^2},$$

규격화 상수 N 은 다음의 파동함수 규격화 조건에서 구할 수 있다.

$$\int_a^b |R(r)|^2 r^2 dr = \int_a^b |u(r)|^2 dr = 1$$

즉,

$$N^2 \int_a^b \sin^2 \frac{\pi(r-a)}{b-a} dr = 1 \implies N = \sqrt{\frac{2}{b-a}}$$

따라서 바닥상태의 파동함수는 다음과 같이 주어진다.

$$\psi(r) = \frac{1}{\sqrt{4\pi}} R(r) = \frac{1}{\sqrt{4\pi}} \sqrt{\frac{2}{b-a}} \frac{1}{r} \sin \frac{\pi(r-a)}{b-a}$$

7.6 자유입자의 해밀토니안은 구면좌표계에서 각 좌표들에만 의존하는 8장에서 정의될 각운동량 연산자 $\vec{L}$ 과 지름(radial)좌표 r 로 아래와 같이 식 (8.67)처럼 쓸 수 있다.

$$\frac{\vec{p}^2}{2m} = \frac{1}{2m} \left(\frac{\hbar}{i} \nabla \right)^2 = -\frac{\hbar^2}{2m} \frac{1}{r^2} \frac{\partial}{\partial r} (r^2 \frac{\partial}{\partial r}) + \frac{\vec{L}^2}{2mr^2}$$

여기서 우리는 운동량 연산자 $\vec{p}$ 를 지름운동량 radial momentum p_r 과 각운동량 연산자 $\vec{L}$ 로 다음의 관계식으로 표시할 수 있을 것이다.

$$\vec{p}^{\,2} = p_r^2 + \frac{\vec{L}^2}{r^2}$$

1). 지름운동량을 통상 하는대로 $p_r \equiv \hat{r} \cdot \vec{p}$ 로 정의하면 에르미트 연산자가 되지 않음을 보여라. 여기서 $\hat{r} = \vec{r}/r$ 이다.

2). 이제 지름운동량을 다음과 같이 정의하면 에르미트 연산자가 됨을 보여라.

$$p_r \equiv \frac{1}{2}(\hat{r} \cdot \vec{p} + \vec{p} \cdot \hat{r})$$

이 경우 p_r 은 구면좌표계에서 다음과 같이 주어져, 맨 위에 나온 식을 재현함을 보여라.

$$p_r = \frac{\hbar}{i} \frac{1}{r} \frac{\partial}{\partial r} (r \,\cdot) = \frac{\hbar}{i} \left(\frac{\partial}{\partial r} + \frac{1}{r} \right)$$

<u>도움말</u>: 아래와 같이 주어지는 $\hat{r}$ 의 직각좌표계 표현으로부터

$$\hat{r} = \hat{i} \sin\theta \cos\phi + \hat{j} \sin\theta \sin\phi + \hat{k} \cos\theta,$$

다음의 관계가 주어짐을 먼저 보이고, 이를 활용하라.

$$\frac{\partial \hat{r}}{\partial r} = 0, \quad \frac{\partial \hat{r}}{\partial \theta} = \hat{\theta}, \quad \frac{\partial \hat{r}}{\partial \phi} = \hat{\phi} \sin\theta$$

풀이: 1). $p_r \equiv \hat{r}\cdot\vec{p} = r^{-1}(xp_x + yp_y + zp_z)$ 인 경우, 수반 연산자는 다음과 같다.

$$p_r{}^\dagger = (xp_x + yp_y + zp_z)^\dagger \left(r^{-1}\right)^\dagger = (p_x x + p_y y + p_z z)r^{-1} \neq p_r$$

위에서 우리는 $(AB)^\dagger = B^\dagger A^\dagger$ 의 관계와 x, y, z 및 $r^{-1} = (x^2+y^2+z^2)^{-1/2}$, 그리고 p_x, p_y, p_z 는 모두 에르미트 연산자이며, x 와 p_x 등은 가환이 아니고($xp_x \neq p_x x$), x 와 r^{-1} 는 가환임을 사용하였다. 따라서 $p_r \equiv \hat{r}\cdot\vec{p}$ 은 에르미트 연산자가 될 수 없다.
2). $p_r \equiv \frac{1}{2}(\hat{r}\cdot\vec{p} + \vec{p}\cdot\hat{r})$ 인 경우, 1)번 문제에서 $\vec{p}\cdot\hat{r} = (p_x x + p_y y + p_z z)r^{-1} = (\hat{r}\cdot\vec{p})^\dagger$ 임을 알 수 있고, 그 수반 연산자는 $(\vec{p}\cdot\hat{r})^\dagger = r^{-1}(xp_x + yp_y + zp_z) = \hat{r}\cdot\vec{p}$ 가 된다. 따라서 전체 연산자의 수반 연산자는 다음과 같이 된다.

$$p_r{}^\dagger = \frac{1}{2}\left(\hat{r}\cdot\vec{p} + \vec{p}\cdot\hat{r}\right)^\dagger = \frac{1}{2}\left[(\hat{r}\cdot\vec{p})^\dagger + (\vec{p}\cdot\hat{r})^\dagger\right] = \frac{1}{2}\left(\vec{p}\cdot\hat{r} + \hat{r}\cdot\vec{p}\right) = p_r$$

즉, $p_r \equiv \frac{1}{2}(\hat{r}\cdot\vec{p} + \vec{p}\cdot\hat{r})$ 는 에르미트 연산자이다.

다음으로 이 연산자의 구면좌표계에서의 표현을 위해 다음과 같이 연산자 p_r 이 임의의 함수 $f(\vec{x}) = f(r, \theta, \phi)$ 에 작용하는 경우를 생각해보자.

$$p_r f = \frac{1}{2}\frac{\hbar}{i}\left(\hat{r}\cdot\nabla + \nabla\cdot\hat{r}\right) f$$

위에서 우변의 첫 째항은 $(\hat{r}\cdot\nabla)f = \frac{\partial f}{\partial r}$ 이 되고, 두 번째 항은 다음과 같이 된다.

$$\nabla\cdot\hat{r}f = \left(\hat{r}\frac{\partial}{\partial r} + \hat{\theta}\frac{1}{r}\frac{\partial}{\partial\theta} + \hat{\phi}\frac{1}{r\sin\theta}\frac{\partial}{\partial\phi}\right)\cdot\hat{r}f = \frac{\partial f}{\partial r} + f\left(\hat{r}\frac{\partial}{\partial r} + \hat{\theta}\frac{1}{r}\frac{\partial}{\partial\theta} + \hat{\phi}\frac{1}{r\sin\theta}\frac{\partial}{\partial\phi}\right)\cdot\hat{r}$$

한편, 직각좌표계의 단위벡터들 $\hat{i},\ \hat{j},\ \hat{k}$ 는 고정되어 있으므로, 도움말에서 주어진 $\hat{r}$ 의 직각좌표계 표현과 아래에 다시 쓴 식 (8.60)의 $\hat{\theta}$ 와 $\hat{\phi}$ 의 직각좌표계 표현에서

$$\hat{\theta} = \hat{i}\cos\theta\cos\phi + \hat{j}\cos\theta\sin\phi - \hat{k}\sin\theta, \quad \hat{\phi} = -\hat{i}\sin\phi + \hat{j}\cos\phi,$$

다음의 결과를 얻는다.

$$\frac{\partial\hat{r}}{\partial r} = 0, \quad \frac{\partial\hat{r}}{\partial\theta} = \hat{\theta}, \quad \frac{\partial\hat{r}}{\partial\phi} = \hat{\phi}\sin\theta \quad \Longrightarrow \quad \nabla\cdot\hat{r}f = \frac{\partial f}{\partial r} + f\frac{2}{r}$$

따라서 위에서 구하고자 하는 $p_r f = \frac{1}{2}(\hat{r}\cdot\vec{p}+\vec{p}\cdot\hat{r})f$ 는 다음과 같이 주어진다.

$$p_r f = \frac{1}{2}\frac{\hbar}{i}\left(2\frac{\partial f}{\partial r}+f\frac{2}{r}\right) = \frac{\hbar}{i}\left(\frac{\partial}{\partial r}+\frac{1}{r}\right)f$$

즉, $p_r \equiv \frac{1}{2}(\hat{r}\cdot\vec{p}+\vec{p}\cdot\hat{r})$ 의 구면좌표계 표현은 다음과 같이 주어진다.

$$p_r = \frac{\hbar}{i}\left(\frac{\partial}{\partial r}+\frac{1}{r}\right) = \frac{\hbar}{i}\frac{1}{r}\frac{\partial}{\partial r}\,(r\ \cdot)$$

여기서 $\frac{\partial}{\partial r}\,(r\ \cdot)$의 점$(\cdot)$은 r 다음에 미분연산자 $\frac{\partial}{\partial r}$ 이 작용할 대상이 있음을 뜻한다.

이 p_r 을 쓰면, p_r^2 은 다음과 같다.

$$p_r^2 = \frac{\hbar}{i}\frac{1}{r}\frac{\partial}{\partial r}\left(r\ \frac{\hbar}{i}\frac{1}{r}\frac{\partial}{\partial r}\,(r\ \cdot)\right) = -\hbar^2\frac{1}{r}\frac{\partial^2}{\partial r^2}\,(r\ \cdot) = -\hbar^2\frac{1}{r^2}\frac{\partial}{\partial r}\left(r^2\frac{\partial}{\partial r}\right)$$

맨 마지막의 두 표현은 서로 같음을 쉽게 확인할 수 있다. 따라서 식 (8.67)은 아래와 같이 표현할 수 있다.

$$\frac{\vec{p}^2}{2m} = -\frac{\hbar^2}{2m}\frac{1}{r^2}\frac{\partial}{\partial r}(r^2\frac{\partial}{\partial r}) + \frac{\vec{L}^2}{2mr^2} = \frac{1}{2m}\left(p_r^2+\frac{\vec{L}^2}{r^2}\right)$$

즉, 운동량 제곱 $\vec{p}^2$은 2)번에서 정의한 p_r 로 다음과 같이 쓰여진다.

$$\vec{p}^{\ 2} = p_r^2 + \frac{\vec{L}^2}{r^2}$$

7.7 시간 $t=0$ 에 수소 원자의 파동함수가 다음과 같이 주어졌다.

$$\psi(\vec{x},t=0) = \frac{1}{2}(\sqrt{2}\psi_{100}+\psi_{210}+\psi_{211})$$

1). 이 상태에 대한 에너지 기대값을 구하라.

2). 시간이 흐른 다음$(t>0)$의 파동함수를 구하고, 첫 번째 들뜬 상태$(n=2)$에 있을 확률을 구하라.

풀이: 1). $H|\psi_{nlm}> = \frac{E_1}{n^2}|\psi_{nlm}>$ 과 $<\psi_{nlm}|\psi_{n'l'm'}> = \delta_{nn'}\delta_{ll'}\delta_{mm'}$ 의 관계를 사용하면, 에너지 기대값은 다음과 같이 주어진다.

$$\begin{aligned} <\psi|H|\psi> &= \frac{1}{4}<\sqrt{2}\psi_{100}+\psi_{210}+\psi_{211}|H|\sqrt{2}\psi_{100}+\psi_{210}+\psi_{211}> \\ &= \frac{1}{4}\times(2+\frac{1}{4}+\frac{1}{4})E_1 \quad = \quad \frac{5}{8}E_1 \end{aligned}$$

여기서 $E_1 = -\frac{me^4}{2\hbar^2}$ 는 수소 원자의 바닥상태 에너지로 그 값은 $-13.6eV$ 이다.
2). 먼저 식 (3.16)을 쓰면 시간 $t\,(>0)$에서의 파동함수는 다음과 같이 주어진다.

$$\begin{aligned}\psi(\vec{x},t) &= \sum_{nlm} c_{nlm}\psi_{nlm}(\vec{x})e^{-\frac{i}{\hbar}E_n t} \\ &= \frac{1}{2}\left(\sqrt{2}\psi_{100}(\vec{x})e^{-\frac{i}{\hbar}E_1 t} + \psi_{210}(\vec{x})e^{-\frac{i}{\hbar}E_2 t} + \psi_{211}(\vec{x})e^{-\frac{i}{\hbar}E_2 t}\right)\end{aligned}$$

따라서 첫 번째 들뜬 상태($n=2$)에 있을 확률은 다음과 같다.

$$P = \sum_{lm} |<\psi_{2lm}|\psi(\vec{x},t)>|^2 = |<\psi_{210}|\psi(\vec{x},t)>|^2 + |<\psi_{211}|\psi(\vec{x},t)>|^2 = \frac{1}{2}$$

위에서 우리는 $|<\psi_{210}|\psi(\vec{x},t)>| = |<\psi_{211}|\psi(\vec{x},t)>| = \frac{1}{2}$ 임을 사용하였다.

7.8 수소 원자의 지름 방정식에 대한 해를 직접 구하지 않고, WKB 어림으로 수소 원자의 에너지 준위를 구하자. 이를 위하여 속박상태가 만족하는 관계식 (6.130)과 (6.131)에 수소 원자의 유효퍼텐셜 식 (7.148)을 적용하여 에너지 준위를 구하라.
도움말: 슈뢰딩거 방정식의 지름방정식 (7.127)은 지름 성분 파동함수 $R(r)$을 $u(r)/r$로 놓으면, 함수 u 에 대한 1차원 슈뢰딩거 방정식 (7.129)가 됨을 활용하라.

풀이: 먼저 $\frac{d^2R}{dr^2} + \frac{2}{r}\frac{dR}{dr} = \frac{1}{r}\frac{d^2}{dr^2}(rR)$ 의 관계가 성립하므로, $rR(r) \equiv u(r)$로 놓으면, 지름방정식 (7.127)을 수소 원자($Z=1$)에 대해 다시 쓴 아래의 지름방정식 (7.147)은

$$\frac{d^2R}{dr^2} + \frac{2}{r}\frac{dR}{dr} + \frac{2m}{\hbar^2}\left\{E - \frac{l(l+1)\hbar^2}{2mr^2} + \frac{e^2}{r}\right\}R = 0,$$

$u(r)$에 대한 다음 방정식(식 (7.129) 참조)으로 쓸 수 있다.

$$\frac{d^2u}{dr^2} + \frac{2m}{\hbar^2}\left[E - \frac{l(l+1)\hbar^2}{2mr^2} + \frac{e^2}{r}\right]u = 0, \qquad r > 0$$

이는 아래의 유효퍼텐셜 $V_{eff.}$(식 7.148)을 위치에너지로 갖는,

$$V_{eff.}(r) = \frac{l(l+1)\hbar^2}{2mr^2} - \frac{e^2}{r},$$

파동함수가 u 인 1차원 슈뢰딩거 방정식과 같다.

$$\frac{d^2u}{dr^2} + \frac{2m}{\hbar^2}\left[E - V_{eff.}(r)\right]u = 0, \qquad r > 0$$

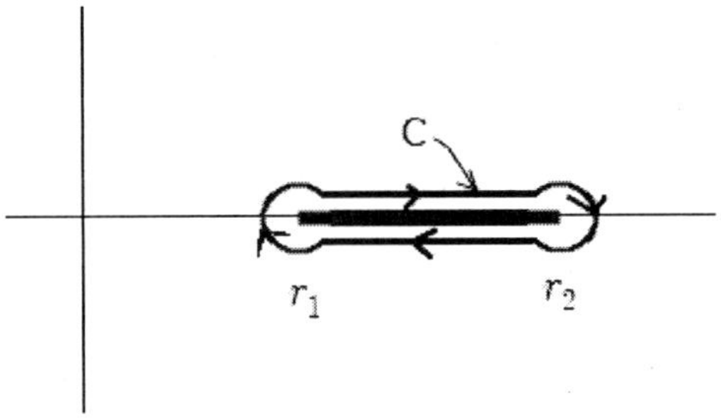

그림 4: 복소평면에서의 적분 경로 C (문제 7.8)

따라서 1차원 속박상태에 WKB 어림을 적용한 관계식 (6.130)을 적용할 수 있다.

$$\int_{r_1}^{r_2} pdr = (n - \frac{1}{2})\hbar\pi, \quad n = 1, 2, 3, ...$$

여기서 r_1, r_2 는 $E = V_{eff.}$인 고전적인 되돌이점들이며, p 는 다음과 같다(식 6.131).

$$p = \sqrt{2m(E - V_{eff.})}, \qquad E < 0$$

이로부터 에너지를 결정하는 관계식은 다음과 같이 주어진다.

$$\int_{r_1}^{r_2} dr \sqrt{2m\left(E + \frac{e^2}{r} - \frac{l(l+1)\hbar^2}{2mr^2}\right)} = (n - \frac{1}{2})\hbar\pi$$

여기서 $E < 0$ 이므로, 좌변의 적분을 다음과 같이 다시 쓰겠다.

$$\sqrt{-2mE}\int_{r_1}^{r_2} dr \sqrt{-1 + \frac{A}{r} + \frac{B}{r^2}} \equiv \sqrt{-2mE}\, I, \quad A \equiv -\frac{e^2}{E}, \quad B \equiv \frac{l(l+1)\hbar^2}{2mE}$$

위의 적분값 I 는 다시 제곱근 안의 값이 0 이 되는 r_1 과 r_2 로 다음과 같이 쓸 수 있다.

$$I = \int_{r_1}^{r_2} dr \frac{\sqrt{(r - r_1)(r_2 - r)}}{r}, \quad r_1 + r_2 = A, \quad -r_1 r_2 = B, \quad r_1 < r_2$$

위에 주어진 적분값은 경로적분(contour integral)을 통해서 구할 수 있는데, 그 과정에서 무한대에서의 residue 값도 구해야 한다. 이를 더 알아보기 위해서 그림 4의 경로를 따르는 경로적분을 생각하자.

$$\oint_C dz \frac{\sqrt{(z - r_1)(r_2 - z)}}{z} \equiv \oint_C dz f(z)$$

여기서 r_1과 r_2는 갈래점들 branch points 이며, 그 사이 두껍게 표시된 부분은 branch cut 이다. 위에서 적분인자(integrand 피적분 함수)는 $f(z) \equiv \frac{\sqrt{(z-r_1)(r_2-z)}}{z}$ 로 표시하였고, 위 경로적분은 다음의 네 부분으로 나누어 쓸 수 있다.

$$\oint_C dz f(z) = \int_{r_1}^{r_2} dx f(x+i0) + \int_{C_2} dz f(z) + \int_{r_2}^{r_1} dx f(x-i0) + \int_{C_1} dz f(z)$$

여기서 $f(x+i0)$ 과 $f(x-i0)$ 은 각각 실수(x)축 branch cut의 바로 위와 바로 아래에서의 함수값을 뜻하며, C_1 과 C_2 는 각각 r_1과 r_2가 중심인 원주 상의 적분경로를 뜻한다. 우변의 첫 번째 항의 적분은 바로 I 와 같으며, C_2 원주 상의 적분은 $z = r_2 + \epsilon = r_2 + |\epsilon| e^{i\phi}$ 로 나타내면 다음과 같이 되어 0 이 됨을 알 수 있다.

$$z - r_1 = r_2 - r_1 + |\epsilon| e^{i\phi}, \quad r_2 - z = -|\epsilon| e^{i\phi}, \quad dz = |\epsilon| e^{i\phi} i d\phi$$

$$\int_{C_2} dz f(z) \;=\; \lim_{|\epsilon|\to 0} \int_{\pi}^{-\pi} |\epsilon| e^{i\phi} i d\phi \frac{\sqrt{(r_2 - r_1 + |\epsilon| e^{i\phi})(-|\epsilon| e^{i\phi})}}{r_2 + |\epsilon| e^{i\phi}} \;=\; 0$$

마찬가지로 C_1 원주 상의 적분도 $z = r_1 + \epsilon = r_1 + |\epsilon| e^{i\phi}$ 로 나타내면 다음과 같이 되어 0 이 된다.

$$z - r_1 = |\epsilon| e^{i\phi}, \quad r_2 - z = r_2 - r_1 - |\epsilon| e^{i\phi}, \quad dz = |\epsilon| e^{i\phi} i d\phi$$

$$\int_{C_1} dz f(z) \;=\; \lim_{|\epsilon|\to 0} \int_{2\pi}^{0} |\epsilon| e^{i\phi} i d\phi \frac{\sqrt{(|\epsilon| e^{i\phi})(r_2 - r_1 - |\epsilon| e^{i\phi})}}{r_1 + |\epsilon| e^{i\phi}} \;=\; 0$$

여기서 우리는 $f(x-i0)$을 다음과 같이 표현할 수 있다.

$$f(x-i0) = |f(x-i0)| e^{i\, arg[f(x-i0)]}$$

한편, $f(z) = \frac{\sqrt{(z-r_1)(r_2-z)}}{z}$ 이므로, 우리는 $arg[f(x+i0)]$를 다음과 같이 쓸 수 있다.

$$arg[f(x+i0)] = \frac{1}{2} arg[x + i0 - r_1] + \frac{1}{2} arg[r_2 - (x+i0)] - arg[x+i0]$$

그런데 위 우변의 각 항은 모두 0 이므로 $arg[f(x+i0)] = 0$ 이다. 그래서 우리는 $f(x-i0)$을 다음과 같이 쓸 수 있다.

$$f(x-i0) = |f(x-i0)| e^{i\, \{arg[f(x-i0)] - arg[f(x+i0)]\}}$$

이 위상의 변화 $\triangle arg[f] = arg[f(x-i0)] - arg[f(x+i0)]$ 는 함수 f 의 각 요소의 변화를 구하여 더하면 된다. 예컨대 r_2 점을 기준으로 하였을 때, $x+i0$ 점에서 $x-i0$ 점으로 위상(arg) 변화는 다음과 같다. 요소 $r_2 - z$ 는 r_2 를 기준으로 하는 ϵ 반경의 작은 원 C_2 를 따라 r_2 는 고정되고, z 만 거꾸로 따라돌며 -2π 만큼 회전하게 된다. 나머지 $z - r_1$ 과 z 는 r_2 를 기준으로 하는 C_2 주변을 돌아도 ϵ 이 0 의 극한으로 가면 위상 변화가 없다. 따라서 각 요소는 다음의 위상 변화를 가진다.

$$\triangle arg[z-r_1] = 0, \quad \triangle arg[r_2 - z] = -2\pi, \quad \triangle arg[z] = 0$$

즉, $\triangle arg[f]$ 는 다음과 같이 주어진다.

$$\triangle arg[f] = \frac{1}{2}\times 0 + \frac{1}{2}\times(-2\pi) - 0 = -\pi$$

따라서 다음의 관계과 성립한다.

$$f(x-i0) = |f(x-i0)|e^{-i\pi} = -|f(x-i0)| = -|f(x+i0)| = -f(x+i0)$$

이로부터 다음의 관계가 성립한다.

$$\int_{r_2}^{r_1} dx f(x-i0) = \int_{r_1}^{r_2} dx f(x+i0) = I$$

따라서 경로적분은 최종적으로 다음과 같이 쓸 수 있다.

$$\oint_C dz f(z) = 2I$$

이제 남은 일은 적분 경로 C에 대한 경로적분 값을 구하는 일이다. 여기서 기억할 점은 복소평면에서 경로적분의 대상 영역은 경로 진행 방향의 왼쪽 영역이라는 점이다. 그래서 그 영역 내에 존재하는 특이점들에서의 유수 residue 들을 구하여 합산한 값에 $2\pi i$ 를 곱한 값이 적분값이 된다. 이를 그림 4에 적용하면, branch cut 를 포함하지 않는 경로 C의 바깥 영역이 되어, $z=0$ 과 $z=\infty$ 에서의 residue 들을 구해야 함을 알 수 있다.

먼저 $z = 0$ 에서의 $f(z)$의 residue 는 $\sqrt{-r_1 r_2}$ 임을 쉽게 알 수 있다. 다음으로 $z = \infty$ 에서의 residue 는 $z \to \infty$ 로 갈 때 $f(z)$의 Laurent 전개에서 z^{-1} 항의 계수를 a_{-1} 이라고 하면 $-a_{-1}$ 으로 주어진다.[4]

$$f(z) = \cdots + a_{-m} z^{-m} + \cdots + a_{-1} z^{-1} + a_0 + a_1 z + a_2 z^2 + \cdots$$

따라서 우리는 $z \to \infty$ 일 때, $f(z)$의 Laurent 전개 계수 a_{-1} 을 구하면 된다. 이는 원래의 $z = x + i0$ 에서 $z = \tilde{x} \equiv x \to +\infty$ 로 갈 때의 변화를 생각하여 다음과 같이 구할 수 있다.

$$\begin{aligned} f(\tilde{x}) &= \frac{|f(\tilde{x})|}{|f(x+i0)|} |f(x+i0)| e^{i\, arg[f(\tilde{x})]} \\ &= \frac{|f(\tilde{x})|}{|f(x+i0)|} |f(x+i0)| e^{i\, \{arg[f(\tilde{x})] - arg[f(x+i0)]\}} \end{aligned}$$

위에서 우리는 앞에서 구한 $arg[f(x+i0)] = 0$ 의 관계를 사용하였다. 이제 위상 변화 $\triangle arg[f] = arg[f(\tilde{x})] - arg[f(x+i0)]$ 는 다음과 같이 구할 수 있다.

$$\begin{aligned} &\triangle arg[z - r_1] = 0, \quad \triangle arg[r_2 - z] = -\pi, \quad \triangle arg[z] = 0 \\ &\triangle arg[f] = 0 + \frac{1}{2} \times (-\pi) + 0 = -\frac{\pi}{2} \end{aligned}$$

따라서 다음의 관계를 얻는다.

$$f(\tilde{x}) = |f(\tilde{x})| e^{-i\frac{\pi}{2}} = -i |f(\tilde{x})|$$

한편, $\tilde{x} \to +\infty$ 로 갈 때 $|f(\tilde{x})|$ 는 다음과 같이 쓸 수 있으므로,

$$\begin{aligned} |f(\tilde{x})| &= \sqrt{(\tilde{x} - r_1)|r_2 - \tilde{x}|}/\tilde{x} = \left(1 - \frac{r_1}{\tilde{x}}\right)^{1/2} \left(1 - \frac{r_2}{\tilde{x}}\right)^{1/2} \\ &= \left(1 - \frac{1}{2}\frac{r_1}{\tilde{x}} + \cdots\right)\left(1 - \frac{1}{2}\frac{r_2}{\tilde{x}} + \cdots\right) = 1 - \frac{r_1 + r_2}{2}\frac{1}{\tilde{x}} + \cdots, \end{aligned}$$

$z \to \infty$ 일 때, $f(z)$는 다음과 같이 쓸 수 있다.

$$f(z) = -i\left(1 - \frac{r_1 + r_2}{2}\frac{1}{z} + \cdots\right)$$

[4] 교재의 참고문헌 [15] Sec. 59 참조.

따라서 $a_{-1} = i\frac{r_1+r_2}{2}$ 이며, $z = \infty$ 에서의 residue 는 다음과 같다.

$$res_{z=\infty}f(z) = -a_{-1} = -i\frac{r_1+r_2}{2}$$

이상을 종합하여 우리는 최종적으로 다음의 경로적분 결과를 얻는다.

$$\begin{aligned}\oint_C dzf(z) &= 2\pi i \times (res_{z=0} + res_{z=\infty}) \\ &= 2\pi i \times (\sqrt{-r_1r_2} - i\frac{r_1+r_2}{2}) \\ &= \pi(\sqrt{r_2} - \sqrt{r_1})^2\end{aligned}$$

앞에서 $\oint_C dzf(z) = 2I$ 이었으므로, 우리가 구하고자 하는 적분값 I 는 다음과 같다.

$$I = \int_{r_1}^{r_2} dr\frac{\sqrt{(r-r_1)(r_2-r)}}{r} = \frac{\pi}{2}(\sqrt{r_2} - \sqrt{r_1})^2$$

앞에서 r_1 과 r_2 는 다음과 같이 주어졌다.

$$r_1 + r_2 = A \equiv -\frac{e^2}{E}, \quad -r_1r_2 = B \equiv \frac{l(l+1)\hbar^2}{2mE}$$

이를 우리가 쓰고자 하는 에너지 결정식에 대입하면 다음과 같아진다.

$$(n - \frac{1}{2})\hbar\pi = \sqrt{-2mE}I = \sqrt{-2mE}\frac{\pi}{2}\left(-\frac{e^2}{E} - 2\sqrt{-\frac{l(l+1)\hbar^2}{2mE}}\right)$$

이를 다시 쓰면 다음과 같다.

$$(n - \frac{1}{2})\hbar\pi = \frac{\pi}{2}\left(e^2\sqrt{\frac{2m}{-E}} - 2\sqrt{l(l+1)\hbar^2}\right)$$

즉, n 번째 에너지 준위 E_n 은 다음과 같이 주어진다.

$$E_n = -\frac{me^4}{2\hbar^2}\frac{1}{\left(n - \frac{1}{2} + \sqrt{l(l+1)}\right)^2} = \frac{E_1}{\left(n - \frac{1}{2} + \sqrt{l(l+1)}\right)^2}, \quad n = 1, 2, 3, \cdots$$

여기서 $E_1 = -13.6eV$ 로 수소 원자의 바닥상태 에너지이다. 이 결과는 에너지 준위가 높고($n \gg 1$) 각운동량이 작을 경우, WKB 방법으로 얻은 해도 정확한 해에 수렴함을 보여준다.

7.9 수소 원자의 고유상태 ψ_{nlm} 에 대한 위치 벡터의 기대값 $<\vec{x}>$ 를 구하라.

도움말: $\vec{x} = \hat{i}x + \hat{j}y + \hat{k}z$ 이므로, 위치벡터의 각 성분으로 분해하여 기대값을 구한다.

풀이: 구면좌표계에서 x, y, z 성분은 다음과 같이 주어지므로,

$$x = r\sin\theta\cos\phi,\ \ y = r\sin\theta\sin\phi,\ \ z = r\cos\theta,$$

위치 벡터는 다음과 같이 쓸 수 있다.

$$\vec{x} = \hat{i}\,r\sin\theta\cos\phi + \hat{j}\,r\sin\theta\sin\phi + \hat{k}\,r\cos\theta$$

따라서 위치 벡터의 기대값 $<\vec{x}>$ 는 다음과 같이 쓸 수 있다.

$$\begin{aligned} <\psi_{nlm}|\vec{x}|\psi_{nlm}> &= \hat{i} <R_n(r)|r|R_n(r)><Y_{lm}|\sin\theta\cos\phi|Y_{lm}> \\ &+ \hat{j} <R_n(r)|r|R_n(r)><Y_{lm}|\sin\theta\sin\phi|Y_{lm}> \\ &+ \hat{k} <R_n(r)|r|R_n(r)><Y_{lm}|\cos\theta|Y_{lm}> \end{aligned}$$

그런데 구면조화함수들에 대한 다음의 관계들을 사용하면,[5]

$$\begin{aligned} <Y_l^m|Y_{l'}^{m'}> &= \delta_{ll'}\delta_{mm'}, \\ \cos\theta\ Y_l^m &= \sqrt{\frac{(l-m+1)(l+m+1)}{(2l+1)(2l+3)}}Y_{l+1}^m + \sqrt{\frac{(l-m)(l+m)}{(2l+1)(2l-1)}}Y_{l-1}^m, \\ \sin\theta\ e^{\pm i\phi}\ Y_l^m &= \mp\sqrt{\frac{(l\pm m+1)(l+m+2)}{(2l+1)(2l+3)}}Y_{l+1}^{m\pm1} \pm \sqrt{\frac{(l\mp m)(l\mp m-1)}{(2l+1)(2l-1)}}Y_{l-1}^{m\pm1}, \end{aligned}$$

구면조화함수로 표시된 기대값들이 모두 0 이 되어, $<\psi_{nlm}|\vec{x}|\psi_{nlm}> = 0$ 이 된다.

7.10 수소 원자의 고유상태는 정상상태(stationary state)이므로, 수소 원자의 고유상태에 대한 기대값은 식 (2.125)에 따라 다음 관계가 성립한다.

$$\frac{d}{dt}<\vec{r}\cdot\vec{p}> = \frac{i}{\hbar}<[H, \vec{r}\cdot\vec{p}]> = 0$$

위의 마지막 관계를 써서 해밀토니안이 다음과 같이 주어질 때,

$$H = \frac{\vec{p}^{\,2}}{2m} + V(r),$$

[5] 교재 9장의 식 (9.160)-(9.162)

다음 관계식이 만족됨을 보이고,

$$< \frac{\vec{p}^{\,2}}{m} > = < \vec{r}\cdot\nabla V(r) > ,$$

수소 원자의 경우, $V \sim 1/r$ 이므로 이는 문제 2.14의 식 (2.132)에서 아래와 같이 주어진 비리얼 정리를 만족함을 보여라.

$$< T > = -\frac{1}{2} < V >$$

풀이: 먼저 $< [H, \vec{r}\cdot\vec{p}] > = 0$ 의 조건에서 교환자를 계산하자.

$$\begin{aligned}[H, \vec{r}\cdot\vec{p}] &= [\frac{\vec{p}^{\,2}}{2m} + V(r), \vec{r}\cdot\vec{p}] = [\frac{\vec{p}^{\,2}}{2m}, \vec{r}]\cdot\vec{p} + \vec{r}\cdot[V(r), \vec{p}] \\ &= \sum_{ij}[\frac{\vec{p_j}^{\,2}}{2m}, x_i]p_i + \sum_i x_i[V(r), p_i]\end{aligned}$$

여기서 다음의 관계가 성립하므로,

$$[\frac{\vec{p_j}^{\,2}}{2m}, x_i] = -i\hbar\frac{p_j}{m}\delta_{ij}, \quad [V(r), p_i] = i\hbar\frac{\partial V(r)}{\partial x_i},$$

다음 관계식이 성립한다.

$$[H, \vec{r}\cdot\vec{p}] = -i\hbar\sum_{ij}\frac{p_j}{m}\delta_{ij}p_i + i\hbar\sum_i x_i\frac{\partial V(r)}{\partial x_i} = -i\hbar\left(\frac{\vec{p}^{\,2}}{m} - \vec{r}\cdot\nabla V(r)\right)$$

그런데 앞에서 $< [H, \vec{r}\cdot\vec{p}] > = 0$ 이었으므로, 증명하고자 하는 관계식이 나온다.

$$< \frac{\vec{p}^{\,2}}{m} > = < \vec{r}\cdot\nabla V(r) >$$

다음으로 수소 원자의 위치에너지는 다음과 같이 주어지므로,

$$V(r) = -\frac{e^2}{r},$$

다음 관계가 성립한다.

$$\vec{r}\cdot\nabla V(r) = -\vec{r}\cdot\nabla\frac{e^2}{r} = -e^2\vec{r}\cdot\hat{r}\,\frac{\partial(r^{-1})}{\partial r} = e^2 r\cdot r^{-2} = -V(r)$$

운동에너지는 $T = \frac{\vec{p}^{\,2}}{2m}$ 로 주어지므로, 이상의 결과에서 식 (2.132)의 관계를 얻는다.

$$< T > = -\frac{1}{2} < V >$$

7.11 본문에서 직각좌표계를 써서 해를 구한 3차원 조화 떨개에 대하여, 7.3절에서 쓴 구면좌표계에서 미분방정식을 푸는 방식으로 풀어 그 에너지 고유값을 구하라.

$$H = \frac{\vec{p}^{\,2}}{2m} + \frac{1}{2}mw^2r^2$$

풀이: 위치에너지가 r 만의 함수이므로, 각방정식 angular equation 의 해는 수소 원자의 경우와 같이 구면조화함수로 주어진다. 지름방정식은 식 (7.127)로부터 다음과 같이 주어진다.

$$\frac{d^2R}{dr^2} + \frac{2}{r}\frac{dR}{dr} + \frac{2m}{\hbar^2}\left[E - \frac{1}{2}mw^2r^2 - \frac{\hbar^2}{2m}\frac{l(l+1)}{r^2}\right]R = 0$$

먼저 $r \to \infty$ 인 경우를 생각해보면, 지름방정식은 다음과 같이 되어,

$$\frac{d^2R}{dr^2} - \left(\frac{mw}{\hbar}\right)^2 r^2R \simeq 0,$$

그 해는 $r \to \infty$ 에서 대략 다음과 같이 쓸 수 있다.

$$R \sim \exp\left(-\frac{mwr^2}{2\hbar}\right)$$

따라서 새로운 변수로 $\rho \equiv (\frac{mw}{\hbar})^{1/2}r$ 을 도입하여 $R = e^{-\rho^2/2}G(\rho)$로 놓으면, 지름방정식은 새로운 변수로 다음과 같이 쓰여진다.

$$\frac{d^2R}{d\rho^2} + \frac{2}{\rho}\frac{dR}{d\rho} + \left[\frac{2E}{\hbar w} - \rho^2 - \frac{l(l+1)}{\rho^2}\right]R = 0$$

다음의 관계를 사용하면,

$$\frac{dR}{d\rho} = -\rho e^{-\rho^2/2}G + e^{-\rho^2/2}\frac{dG}{d\rho}, \qquad \frac{d^2R}{d\rho^2} = e^{-\rho^2/2}\left[(\rho^2-1)G - 2\rho\frac{dG}{d\rho} + \frac{d^2G}{d\rho^2}\right],$$

지름방정식은 G 에 대한 다음의 방정식이 된다.

$$\frac{d^2G}{d\rho^2} + \left(-2\rho + \frac{2}{\rho}\right)\frac{dG}{d\rho} + \left(\frac{2E}{\hbar w} - 3 - \frac{l(l+1)}{\rho^2}\right)G = 0$$

이제부터 표기의 편의를 위하여 $\frac{2E}{\hbar w} \equiv \lambda$ 로 놓겠다. 푹스의 정리에 따라 여기서 G 를 다음과 같은 멱급수로 표현하자.

$$G(\rho) = \rho^s \sum_{p=0}^{\infty} a_p \rho^p$$

이로부터 다음의 관계식이 만족되어야 한다.

$$\sum_{p=0}^{\infty} \Bigg[(p+s)(p+s-1)a_p\rho^{p+s-2} + (-2\rho + \frac{2}{\rho})(p+s)a_p\rho^{p+s-1} + \left(\lambda - 3 - \frac{l(l+1)}{\rho^2}\right) a_p\rho^{p+s} \Bigg] = 0$$

위에서 ρ의 가장 낮은 차수인 ρ^{s-2} 항의 계수들에 의한 지표방정식은 다음과 같다.

$$[s(s-1) + 2s - l(l+1)]a_0 = 0$$

이 식을 만족하려면 $s = l$ 이거나 $s = -l-1$ 이 되어야 한다. 그런데 $s = -l-1$ 의 경우 원점에서 급수가 발산하므로 해가 될 수 없다. 따라서 $G(\rho)$는 다음과 같이 주어진다.

$$G(\rho) = \rho^l \sum_{p=0}^{\infty} a_p \rho^p$$

이제 남은 일은 전개 계수 a_p를 구하는 일이다. 이를 위해 일단 두 번째로 낮은 차수인 ρ^{l-1} 항의 계수들이 만족하는 관계식을 보면 다음과 같다.

$$[(1+l)l + 2(1+l) - l(l+1)]a_1 = 2(l+1)a_1 = 0$$

따라서 $a_1 = 0$ 이다. 다음으로 일반적으로 차수가 다른 계수들 사이의 관계를 알아보기 위해 ρ^{p+l} 항의 계수들이 만족하는 방정식을 살펴보면 다음과 같다.

$$(p+l+2)(p+l+1)a_{p+2} - 2(p+l)a_p + 2(p+2+l)a_{p+2} + (\lambda-3)a_p - l(l+1)a_{p+2} = 0$$

이를 정리하면 다음과 같이 쓸 수 있는데,

$$[(p+l+2)(p+l+3) - l(l+1)]a_{p+2} + [\lambda - 3 - 2(p+l)]a_p = 0,$$

이는 계수 a_p 와 a_{p+2} 사이에 다음의 회귀 관계식이 성립함을 보여준다.

$$a_{p+2} = \frac{2p+2l+3-\lambda}{(p+l+2)(p+l+3)-l(l+1)} a_p$$

따라서 $a_1 = 0$ 으로부터 모든 홀수 차수의 계수들은 0 이 되고, 짝수 차수의 계수들은 p 가 매우 커질 때 다음의 관계를 만족한다.

$$\frac{a_{p+2}}{a_p} \sim \frac{2}{p}$$

여기서 $p = 2k$ 이므로 전개 계수들을 $a_0 = b_0,\ a_2 = b_1, \cdots$ 등으로 바꾸어쓰면,

$$a_0 + a_2\rho^2 + \cdots + a_{2k}\rho^{2k} + \cdots \longrightarrow b_0 + b_1\rho^2 + \cdots + b_k(\rho^2)^k + \cdots,$$

새로 바꾸어 쓴 전개 계수들은 k 가 아주 클 때 다음의 관계가 성립한다.

$$\frac{b_{k+1}}{b_k} \sim \frac{2}{2k} \sim \frac{1}{k}$$

따라서 함수 $G(\rho)$는 다음과 같아진다.

$$G(\rho) \sim \rho^l \sum_k \frac{(\rho^2)^k}{k!} \sim \rho^l e^{\rho^2}$$

그러면 전체 지름 파동함수는 다음과 같이 되어,

$$R(\rho) \sim e^{-\frac{\rho^2}{2}} \rho^l e^{\rho^2} \sim e^{\frac{\rho^2}{2}} \rho^l,$$

$\rho \to \infty$ 가 될 때 발산하게 된다. 따라서 이러한 상황을 방지하기 위해서는 주어진 어떤 특정한 $p_{\max} = N$ 값에서 급수가 중단되면 된다. 즉, 다음 조건이 만족되면 된다.

$$\frac{a_{N+2}}{a_N} = 0$$

앞의 a_p에 대한 회귀 관계식에서 이는 다음의 조건이 성립할 때 만족된다.

$$2N + 2l + 3 - \lambda = 0$$

앞에서 $\lambda = \frac{2E}{\hbar w}$ 로 주어졌으므로 에너지 E는 다음 식에 의해 결정된다.

$$\lambda = \frac{2E}{\hbar w} = 2N + 2l + 3$$

즉, 에너지는 다음과 같이 주어진다.

$$E = \hbar w \left(N + l + \frac{3}{2} \right), \quad N = 0, 2, 4, \cdots, l = 0, 1, 2, \cdots$$

여기서 $N = 2(n-1)$로 놓으면, $n = 1, 2, 3, \cdots$이 되어 에너지 준위는 다음과 같이 n, l 값으로 표현할 수 있다.

$$E_{nl} = \hbar w \left[2(n-1) + l + \frac{3}{2} \right], \quad n = 1, 2, 3, \cdots, \quad l = 0, 1, 2, \cdots$$

이는 교재 7.1.2절에서 직각좌표계를 써서 얻은 식 (7.64)로 주어진 3차원 조화 떨개의 에너지와 같음을 보여준다. 직각좌표계에서의 결과와 비교하면, $2(n-1)+l$ 값이 직각좌표계에서의 $n_x + n_y + n_z$ 값에 해당함을 알 수 있다. 수소 원자의 경우와 비교하면, 3차원 조화 떨개의 경우에는 에너지가 주양자수 n 뿐만 아니라 궤도 각운동량 l 에도 의존함을 보여준다.

제8장 각운동량

8.1 각운동량 연산자는 식 (8.15)로 주어지는 교환관계식을 만족한다.

$$[J_i, J_j] = i\hbar\epsilon_{ijk}J_k, \quad i,j,k = 1,2,3$$

여기서 어떤 상태가 각운동량의 두 성분, 예컨대 J_y 와 J_z 의 공통의 고유상태라면, 이 상태에 대한 각운동량 모든 성분(J_x, J_y, J_z)의 기대값은 0 이 됨을 보여라.

풀이: 교환관계식 $[J_y, J_z] = i\hbar J_x$ 에서, 만약 J_y 와 J_z 가 공통의 고유상태를 갖는다면 이 상태에 대한 J_x 의 기대값은 0 이 되어야 한다. 이는 다음과 같이 보일 수 있다. 먼저 이 공통의 고유상태를 $|\xi>$ 라고 하면, 우리는 다음과 같이 쓸 수 있다.

$$J_y|\xi> = a|\xi>, \quad J_z|\xi> = b|\xi>, \quad a, b\text{는 상수}$$

따라서 다음의 결과를 얻는다.

$$<\xi|J_yJ_z - J_zJ_y|\xi> = ab - ba = 0$$

그러므로 $<J_x>_\xi = <\xi|J_x|\xi> = \frac{1}{i\hbar} <\xi|[J_y, J_z]|\xi> = 0$ 이다.

또한 이 상태 $|\xi>$ 에 대한 J_y 와 J_z 의 불확정성은 0 이다.

$$(\triangle J_y)^2 = <\xi|J_y^2|\xi> - (<\xi|(J_y|\xi>)^2 = a^2 - a^2 = 0$$

$$(\triangle J_z)^2 = <\xi|J_z^2|\xi> - (<\xi|(J_z|\xi>)^2 = b^2 - b^2 = 0$$

한편, 교환관계식 $[J_x, J_y] = i\hbar J_z$ 에 대한 불확정성 관계 $\triangle J_x \triangle J_y \geq \frac{\hbar}{2} |\langle J_z\rangle|$ 에서 $\triangle J_y = 0$ 이므로, $\langle J_z\rangle_\xi = 0$ 이 되어야 한다. 마찬가지로 교환관계식 $[J_z, J_x] = i\hbar J_y$ 에 대한 불확정성 관계에서 $\langle J_y\rangle_\xi = 0$ 이 되어야 한다. 이는 a, b 모두 0 이 되어야 함을 뜻한다. 즉, 교환관계식 (8.15)를 만족하면서, 동시에 두 각운동량 연산자 성분들의 공통의 고유상태가 되는 상태는 고유값이 모두 0 이 되는 상태 밖에 없다.

8.2 다음 값들을 계산하라.

$$< Y_{l'm'}|L_i|Y_{lm} >, \quad i = 1, 2, 3 \ (x, y, z)$$

풀이: $L_+ = L_x + iL_y$ 와 $L_- = L_x - iL_y$ 로부터 다음 관계가 성립한다.

$$L_x = \frac{1}{2}(L_+ + L_-), \quad L_y = \frac{1}{2i}(L_+ - L_-)$$

그리고 식 (8.52)와 (8.56)으로부터 다음의 관계가 성립한다.

$$L_\pm|Y_{l,m} > = \hbar\sqrt{l(l+1) - m(m \pm 1)}|Y_{l,m\pm 1} >$$

따라서 $< Y_{l'm'}|Y_{lm} > = \delta_{l',l}\,\delta_{m',m}$ 의 관계를 쓰면 다음의 결과를 얻는다.

$$< Y_{l'm'}|L_\pm|Y_{lm} > = \hbar\sqrt{l(l+1) - m(m \pm 1)}\,\delta_{l',l}\,\delta_{m',m\pm 1}$$

이로부터 다음의 최종 결과를 얻는다.

$$\begin{aligned}
< Y_{l'm'}|L_x|Y_{lm} > &= \frac{1}{2} < Y_{l'm'}|L_+ + L_-|Y_{lm} > \\
&= \frac{\hbar}{2}\sqrt{l(l+1) - m(m+1)}\,\delta_{l',l}\,\delta_{m',m+1} \\
&\quad + \frac{\hbar}{2}\sqrt{l(l+1) - m(m-1)}\,\delta_{l',l}\,\delta_{m',m-1} \\
< Y_{l'm'}|L_y|Y_{lm} > &= \frac{1}{2i} < Y_{l'm'}|L_+ - L_-|Y_{lm} > \\
&= \frac{\hbar}{2i}\sqrt{l(l+1) - m(m+1)}\,\delta_{l',l}\,\delta_{m',m+1} \\
&\quad - \frac{\hbar}{2i}\sqrt{l(l+1) - m(m-1)}\,\delta_{l',l}\,\delta_{m',m-1} \\
< Y_{l'm'}|L_z|Y_{lm} > &= m\hbar\,\delta_{l',l}\,\delta_{m',m}
\end{aligned}$$

8.3 질량이 m 인 입자 두 개가 길이가 a 인 강체 막대의 양 끝에 붙어 있고, 강체 막대의 질량은 무시할 만하다. 강체의 중심은 고정되어 있지만, 막대의 회전은 3차원적으로 자유롭다. 이 계의 에너지 준위와 고유상태를 구하라.

풀이: 강체의 3차원 회전 운동에너지는 $\frac{\vec{L}^2}{2I}$ 으로 주어진다. 여기서 I 는 관성모멘트이다. 이 경우는 각 입자가 막대의 중심을 기준으로 $m(\frac{a}{2})^2$ 의 관성모멘트를 가진다.

두 입자에 의한 전체 관성모멘트는 $\frac{1}{2}ma^2$ 이 되므로, 전체 계의 해밀토니안은 다음과 같이 쓸 수 있다.

$$H = \frac{\vec{L}^2}{2I} = \frac{\vec{L}^2}{ma^2}$$

따라서 에너지 준위는 $E_l = \frac{\hbar^2 l(l+1)}{ma^2}$, $l = 0, 1, 2, \cdots$ 이고, 그 고유상태는 구면조화함수 $Y_l^m(\theta, \phi)$, $m = -l, -l+1, \cdots, l-1, l$ 로 $2l+1$ 겹의 겹친 상태가 된다.

8.4 축 대칭인 한 회전체의 해밀토니안이 다음과 같이 주어졌다. 그 고유값과 고유상태를 구하라.

$$H = \frac{L_x^2 + L_y^2}{2I}$$

여기서 I 는 회전체의 관성모멘트이다.

풀이: $L_x^2 + L_y^2 = \vec{L}^2 - L_z^2$ 이므로 해밀토니안은 다음과 같이 바꾸어 쓸 수 있다.

$$H = \frac{\vec{L}^2 - L_z^2}{2I}$$

따라서 $\vec{L}^2$ 과 L_z 공통의 고유상태인 구면조화함수 $Y_l^m(\theta, \phi)$ 이 고유상태가 되고, 그 고유값은 아래와 같이 주어진다.

$$E_{lm} = \frac{\hbar^2[l(l+1) - m^2]}{2I}, \quad l = 0, 1, 2, \cdots, \quad m = -l, -l+1, \cdots, l-1, l$$

8.5 아래와 같이 주어진 임의의 스피너($s = \frac{1}{2}$)에 대하여 S_i 와 S_i^2 $(i = 1, 2, 3)$, 그리고 $\vec{S}^2 = \sum_{i=1}^3 S_i^2$ 의 기대값들을 구하라. 얻어진 결과가 $< \vec{S}^2 > = s(s+1)\hbar^2$ 의 관계를 만족함을 보여라. 여기서 S_i 는 식 (8.111), 즉 $S_i = \frac{\hbar}{2}\sigma_i$ 로 주어진다.

$$\xi = \begin{pmatrix} a \\ b \end{pmatrix}, \quad |a|^2 + |b|^2 = 1$$

풀이: 스핀 각운동량 성분 S_i 에 대한 기대값, $< S_i > = < \xi|S_i|\xi >$ 는 다음과 같다.

$$< S_x > \;=\; \frac{\hbar}{2}(a^*, b^*)\begin{pmatrix} 0 & 1 \\ 1 & 0 \end{pmatrix}\begin{pmatrix} a \\ b \end{pmatrix} = \frac{\hbar}{2}(a^* b + b^* a)$$

$$
\begin{aligned}
< S_y > &= \frac{\hbar}{2}(a^*, b^*)\begin{pmatrix} 0 & -i \\ i & 0 \end{pmatrix}\begin{pmatrix} a \\ b \end{pmatrix} = \frac{\hbar}{2}i(-a^*b + b^*a) \\
< S_z > &= \frac{\hbar}{2}(a^*, b^*)\begin{pmatrix} 1 & 0 \\ 0 & -1 \end{pmatrix}\begin{pmatrix} a \\ b \end{pmatrix} = \frac{\hbar}{2}(a^*a - b^*b)
\end{aligned}
$$

다음으로 S_i^2 을 구하면 다음과 같다.

$$
\begin{aligned}
S_x^2 &= \left(\frac{\hbar}{2}\right)^2\begin{pmatrix} 0 & 1 \\ 1 & 0 \end{pmatrix}\begin{pmatrix} 0 & 1 \\ 1 & 0 \end{pmatrix} = \frac{\hbar^2}{4}\begin{pmatrix} 1 & 0 \\ 0 & 1 \end{pmatrix} \\
S_y^2 &= \left(\frac{\hbar}{2}\right)^2\begin{pmatrix} 0 & -i \\ i & 0 \end{pmatrix}\begin{pmatrix} 0 & -i \\ i & 0 \end{pmatrix} = \frac{\hbar^2}{4}\begin{pmatrix} 1 & 0 \\ 0 & 1 \end{pmatrix}
\end{aligned}
$$

$$
S_z^2 = \left(\frac{\hbar}{2}\right)^2\begin{pmatrix} 1 & 0 \\ 0 & -1 \end{pmatrix}\begin{pmatrix} 1 & 0 \\ 0 & -1 \end{pmatrix} = \frac{\hbar^2}{4}\begin{pmatrix} 1 & 0 \\ 0 & 1 \end{pmatrix}
$$

따라서 $< S_i^2 >$ 은 모두 다음과 같이 된다.

$$
< S_i^2 > = \frac{\hbar^2}{4} < \xi|\xi > = \frac{\hbar^2}{4}, \quad i = 1, 2, 3
$$

그러므로 $\vec{S}^2 = \sum_{i=1}^3 S_i^2$ 의 기대값은 다음과 같다.

$$
< \vec{S}^2 > = \sum_{i=1}^{3} < S_i^2 > = \frac{3\hbar^2}{4}
$$

이는 $s = \frac{1}{2}$ 일 때, $s(s+1)\hbar^2$ 값과 일치한다.

8.6 스핀 각운동량과 그 고유상태들에 대한 다음의 물음에 답하라.

1). x 성분 스핀 각운동량 연산자 $S_x = \frac{\hbar}{2}\sigma_x$ 의 고유값과 고유상태를 S_z 의 고유상태들을 기저로 한 행렬 표현에서 구하라.

2). 스핀이 $+y$ 방향을 향하고 있다면 이 상태는 y 성분 스핀 각운동량 연산자 S_y 의 고유상태이다. 이 고유상태가 식 (8.139)로 주어짐을 보여라. 이 상태를 앞에서 구한 x 성분 스핀 각운동량 연산자 S_x 의 고유상태들로 표현하고, 그 스핀이 $-x$ 방향으로

향할 확률을 구하라.

3). 스핀이 $+z$ 방향을 향하고 있다. 이 상태에 x 성분 스핀 각운동량 연산자 $S_x = \frac{\hbar}{2}\sigma_x$ 를 작용하였을 때 얻는 상태를 S_z 의 고유상태들을 기저로 한 행렬 표현에서 구하라. 이렇게 얻어진 상태에서 스핀이 $+x$ 방향과 $-x$ 방향을 향할 확률은 각각 얼마인가?

풀이: 1). 본문에서 S_z 의 고유상태는 다음과 같이 주어지므로,

$$|\alpha> = \begin{pmatrix} 1 \\ 0 \end{pmatrix}, \qquad |\beta> = \begin{pmatrix} 0 \\ 1 \end{pmatrix},$$

S_z 의 고유상태들을 기저로 한 S_x 의 고유상태는 다음과 같이 쓸 수 있다.

$$|m>_x = a|\alpha> + b|\beta> = \begin{pmatrix} a \\ b \end{pmatrix}, \quad |a|^2 + |b|^2 = 1$$

한편, S_x 의 고유상태 방정식은 다음의 관계를 만족하므로,

$$S_x|m>_x = m\hbar|m>_x, \quad m = \pm\frac{1}{2},$$

이는 다음과 같이 쓸 수 있다.

$$S_x|m>_x = \frac{\hbar}{2}\begin{pmatrix} 0 & 1 \\ 1 & 0 \end{pmatrix}\begin{pmatrix} a \\ b \end{pmatrix} = \pm\frac{\hbar}{2}\begin{pmatrix} a \\ b \end{pmatrix}$$

먼저 고유값이 $m = \frac{1}{2}$ 일 경우, $a = b$ 가 되어야 하므로, 그 고유상태는 다음과 같다.

$$\left|\frac{1}{2}\right\rangle_x = \frac{1}{\sqrt{2}}\begin{pmatrix} 1 \\ 1 \end{pmatrix}$$

고유값이 $m = -\frac{1}{2}$ 일 경우, $b = -a$ 가 되어야 하므로, 그 고유상태는 다음과 같다.

$$\left|-\frac{1}{2}\right\rangle_x = \frac{1}{\sqrt{2}}\begin{pmatrix} 1 \\ -1 \end{pmatrix}$$

2). 스핀이 $+y$ 방향일 때 고유상태 방정식은 다음과 같이 쓸 수 있으므로,

$$S_y\left|\frac{1}{2}\right\rangle_y = \frac{\hbar}{2}\left|\frac{1}{2}\right\rangle_y,$$

이는 S_z 의 고유상태 기저에서 $|\frac{1}{2}\rangle_y = \begin{pmatrix} c \\ d \end{pmatrix}$ 라 했을 때 다음 관계가 성립해야 한다.

$$\frac{\hbar}{2}\begin{pmatrix} 0 & -i \\ i & 0 \end{pmatrix}\begin{pmatrix} c \\ d \end{pmatrix} = \frac{\hbar}{2}\begin{pmatrix} c \\ d \end{pmatrix}$$

즉, $d = ic$의 관계가 성립되어야 한다. 따라서 고유상태는 식 (8.139)와 같이 주어진다.

$$\left|\frac{1}{2}\right\rangle_y = \frac{1}{\sqrt{2}}\begin{pmatrix} 1 \\ i \end{pmatrix}$$

이 고유상태는 1)에서 구한 S_x 의 고유상태들을 기저로 다음과 같이 쓸 수 있다.

$$\left|\frac{1}{2}\right\rangle_y = \gamma\left|\frac{1}{2}\right\rangle_x + \delta\left|-\frac{1}{2}\right\rangle_x \quad\Rightarrow\quad \frac{1}{\sqrt{2}}\begin{pmatrix} 1 \\ i \end{pmatrix} = \gamma\frac{1}{\sqrt{2}}\begin{pmatrix} 1 \\ 1 \end{pmatrix} + \delta\frac{1}{\sqrt{2}}\begin{pmatrix} 1 \\ -1 \end{pmatrix}$$

따라서 γ 와 δ 는 다음과 같이 아래 연립방정식의 해로 주어진다.

$$1 = \gamma + \delta, \quad i = \gamma - \delta \quad\Rightarrow\quad \gamma = \frac{1+i}{2}, \quad \delta = \frac{1-i}{2}$$

즉, S_y 의 고유상태 $|\frac{1}{2}\rangle_y$ 는 S_x 의 고유상태들로 다음과 같이 쓸 수 있다.

$$\left|\frac{1}{2}\right\rangle_y = \frac{1+i}{2}\left|\frac{1}{2}\right\rangle_x + \frac{1-i}{2}\left|-\frac{1}{2}\right\rangle_x$$

따라서 S_y 의 고유상태 $|\frac{1}{2}\rangle_y$ 에서 스핀이 $-x$ 방향으로 향할 확률은 $|\delta|^2$ 으로 주어진다.

$$P_{-x} = |\delta|^2 = \left|\frac{1-i}{2}\right|^2 = \frac{1}{2}$$

3). 스핀이 $+z$ 방향을 향하고 있다면, 그 상태는 1)에서 주어진 상태 $|\alpha >$ 가 된다. 이 상태에 스핀 각운동량 연산자 S_x 를 작용하면 다음과 같이 된다.

$$S_x|\alpha> = \frac{\hbar}{2}\begin{pmatrix} 0 & 1 \\ 1 & 0 \end{pmatrix}\begin{pmatrix} 1 \\ 0 \end{pmatrix} = \frac{\hbar}{2}\begin{pmatrix} 0 \\ 1 \end{pmatrix} = \frac{\hbar}{2}|\beta>$$

즉, $-z$ 방향의 스핀 상태가 되며 이는 S_x 의 고유상태들로 다음과 같이 쓸 수 있다.

$$|\beta> = e\left|\frac{1}{2}\right\rangle_x + f\left|-\frac{1}{2}\right\rangle_x \quad \Rightarrow \quad \begin{pmatrix} 0 \\ 1 \end{pmatrix} = e\,\frac{1}{\sqrt{2}}\begin{pmatrix} 1 \\ 1 \end{pmatrix} + f\,\frac{1}{\sqrt{2}}\begin{pmatrix} 1 \\ -1 \end{pmatrix}$$

따라서 전개계수 e 와 f 는 다음 연립방정식을 만족해야 한다.

$$0 = e + f, \quad 1 = \frac{1}{\sqrt{2}}(e - f) \quad \Rightarrow \quad e = \frac{1}{\sqrt{2}}, \quad f = -\frac{1}{\sqrt{2}}$$

따라서 이 상태의 스핀이 $+x$ 방향과 $-x$ 방향을 향할 확률은 각각 $|e|^2$ 과 $|f|^2$ 으로 모두 1/2 이다.

8.7 구면좌표계에서 스핀이 지름 방향($\hat{r}$)을 향하면, 이는 지름 방향 스핀 각운동량 연산자의 고유상태라 할 것이다. 지름 방향 스핀 각운동량 연산자를 아래와 같이 정의하였을 때, 지름 방향 스핀($s = \frac{1}{2}$) 각운동량 연산자의 고유값과 고유상태를 구하라.

$$S_r \equiv \hat{r}\cdot\vec{S} = \hat{r}\cdot\hat{i}\;S_x + \hat{r}\cdot\hat{j}\;S_y + \hat{r}\cdot\hat{k}\;S_z$$

풀이: S_z 의 고유상태들 기저에서 지름 방향 스핀 연산자의 행렬 표현은 아래와 같다.

$$\begin{aligned} \hat{r}\cdot\vec{S} &= \frac{\hbar}{2}\begin{pmatrix} 0 & 1 \\ 1 & 0 \end{pmatrix}\sin\theta\cos\phi + \frac{\hbar}{2}\begin{pmatrix} 0 & -i \\ i & 0 \end{pmatrix}\sin\theta\sin\phi + \frac{\hbar}{2}\begin{pmatrix} 1 & 0 \\ 0 & -1 \end{pmatrix}\cos\theta \\ &= \frac{\hbar}{2}\begin{pmatrix} \cos\theta & \sin\theta\,e^{-i\phi} \\ \sin\theta\,e^{i\phi} & -\cos\theta \end{pmatrix} \end{aligned}$$

그러므로 이 연산자의 고유상태 방정식은 다음과 같이 쓸 수 있다.

$$\frac{\hbar}{2}\begin{pmatrix} \cos\theta & \sin\theta\,e^{-i\phi} \\ \sin\theta\,e^{i\phi} & -\cos\theta \end{pmatrix}\begin{pmatrix} a \\ b \end{pmatrix} = \lambda\begin{pmatrix} a \\ b \end{pmatrix}$$

따라서 고유값은 다음의 행렬방정식을 만족해야 한다.

$$\begin{vmatrix} \frac{\hbar}{2}\cos\theta - \lambda & \frac{\hbar}{2}\sin\theta\,e^{-i\phi} \\ \frac{\hbar}{2}\sin\theta\,e^{i\phi} & -\frac{\hbar}{2}\cos\theta - \lambda \end{vmatrix} = 0$$

이로부터 고유값 λ 는 다음 식으로 주어진다.

$$\lambda^2 - \left(\frac{\hbar}{2}\right)^2 \cos^2\theta - \left(\frac{\hbar}{2}\right)^2 \sin^2\theta = 0 \quad \Rightarrow \quad \lambda = \pm\frac{\hbar}{2}$$

고유값이 $\frac{\hbar}{2}$ 일 때, 고유상태는 다음 식을 만족하므로,

$$\frac{\hbar}{2}\begin{pmatrix} \cos\theta & \sin\theta\, e^{-i\phi} \\ \sin\theta\, e^{i\phi} & -\cos\theta \end{pmatrix}\begin{pmatrix} a \\ b \end{pmatrix} = \frac{\hbar}{2}\begin{pmatrix} a \\ b \end{pmatrix},$$

이 경우의 고유상태는 다음의 연립방정식으로 주어진다.

$$a\cos\theta + b\sin\theta\, e^{-i\phi} = a, \quad a\sin\theta\, e^{i\phi} - b\cos\theta = b$$

$|a|^2 + |b|^2 = 1$ 의 조건도 만족해야 하므로, $\lambda = \frac{\hbar}{2}$ 의 고유상태는 다음과 같다.

$$\chi_+ = \begin{pmatrix} \cos\frac{\theta}{2} \\ \sin\frac{\theta}{2}e^{i\phi} \end{pmatrix}$$

고유값이 $-\frac{\hbar}{2}$ 일 때, 고유상태는 다음 식을 만족하므로,

$$\frac{\hbar}{2}\begin{pmatrix} \cos\theta & \sin\theta\, e^{-i\phi} \\ \sin\theta\, e^{i\phi} & -\cos\theta \end{pmatrix}\begin{pmatrix} a \\ b \end{pmatrix} = -\frac{\hbar}{2}\begin{pmatrix} a \\ b \end{pmatrix},$$

이 경우의 고유상태는 다음의 연립방정식으로 주어진다.

$$a\cos\theta + b\sin\theta\, e^{-i\phi} = -a, \quad a\sin\theta\, e^{i\phi} - b\cos\theta = -b$$

$|a|^2 + |b|^2 = 1$ 의 조건도 만족해야 하므로, $\lambda = -\frac{\hbar}{2}$ 의 고유상태는 다음과 같다.

$$\chi_- = \begin{pmatrix} \sin\frac{\theta}{2} \\ -\cos\frac{\theta}{2}e^{i\phi} \end{pmatrix}$$

8.8 라모 세차운동 Larmor precession: 자기장 $\vec{B}$ 안에서 전자의 자기쌍극자 모멘트 $\vec{\mu}$ 에 의한 해밀토니안은 다음과 같다.

$$H = -\vec{\mu}\cdot\vec{B}$$

여기서 전자의 자기쌍극자 모멘트는 $\vec{\mu} = -\frac{|e|}{m_e c}\vec{S}$ 로 주어진다. 이때 자기장이 z 축 방향으로 균일하다면, $\vec{B} = B\hat{z}$, 그 해밀토니안은 다음과 같이 쓸 수 있다.

$$H = \mu_b \sigma_z B, \quad \mu_b \equiv \frac{|e|\hbar}{2m_e c}$$

이 경우 전자의 스핀이 초기($t = 0$)에 $+y$ 방향을 향했다면, 이후 시간($t > 0$)에 스핀 성분들의 기대값이 다음과 같이 주어짐을 보여라.

$$< S_x > = -\frac{\hbar}{2}\sin\Omega t, \quad < S_y > = \frac{\hbar}{2}\cos\Omega t, \quad < S_z > = 0, \quad \Omega \equiv \frac{2\mu_b B}{\hbar}$$

풀이: 본문에서 주어진 바와 같이 슈뢰딩거 방정식은 스피너로 아래와 같이 쓸 수 있다.

$$H\psi = i\hbar\frac{d\psi}{dt} \quad \Rightarrow \quad \mu_b B \begin{pmatrix} 1 & 0 \\ 0 & -1 \end{pmatrix} \begin{pmatrix} a(t) \\ b(t) \end{pmatrix} = i\hbar \begin{pmatrix} \dot{a} \\ \dot{b} \end{pmatrix}$$

이는 스피너의 두 성분에 대한 다음의 두 방정식으로 쓸 수 있으며,

$$\mu_b B a(t) = i\hbar\frac{da}{dt}, \quad -\mu_b B b(t) = i\hbar\frac{db}{dt},$$

그 해는 다음과 같이 주어진다.

$$a(t) = a(0)e^{-i\frac{\Omega}{2}t}, \quad b(t) = b(0)e^{i\frac{\Omega}{2}t}, \quad \Omega \equiv \frac{2\mu_b B}{\hbar} = \frac{|e|B}{m_e c}$$

스핀이 초기($t = 0$)에 $+y$ 방향을 향하였으므로, 그 때의 스피너는 문제 8.6의 2)에서 다음과 같이 주어짐을 보았다.

$$\xi(t=0) = \frac{1}{\sqrt{2}}\begin{pmatrix} 1 \\ i \end{pmatrix} \quad \Rightarrow \quad a(0) = \frac{1}{\sqrt{2}}, \quad b(0) = \frac{i}{\sqrt{2}}$$

따라서 시간 t 에서의 스피너는 다음과 같이 주어진다.

$$\xi(t) = \frac{1}{\sqrt{2}}\begin{pmatrix} e^{-i\frac{\Omega}{2}t} \\ i\,e^{i\frac{\Omega}{2}t} \end{pmatrix}$$

이제 스핀 성분의 기대값은 $< S_i > = < \xi|S_i|\xi >$ 이므로 그 결과는 다음과 같다.

$$
\begin{aligned}
< S_x > &= \frac{1}{2}(e^{i\frac{\Omega}{2}t}, -i\, e^{-i\frac{\Omega}{2}t})\, \frac{\hbar}{2} \begin{pmatrix} 0 & 1 \\ 1 & 0 \end{pmatrix} \begin{pmatrix} e^{-i\frac{\Omega}{2}t} \\ i\, e^{i\frac{\Omega}{2}t} \end{pmatrix} \\
&= \frac{\hbar}{4}\,(e^{i\frac{\Omega}{2}t}, -i\, e^{-i\frac{\Omega}{2}t}) \begin{pmatrix} i\, e^{i\frac{\Omega}{2}t} \\ e^{-i\frac{\Omega}{2}t} \end{pmatrix} = -\frac{\hbar}{2}\sin\Omega t \\
< S_y > &= \frac{1}{2}(e^{i\frac{\Omega}{2}t}, -i\, e^{-i\frac{\Omega}{2}t})\, \frac{\hbar}{2} \begin{pmatrix} 0 & -i \\ i & 0 \end{pmatrix} \begin{pmatrix} e^{-i\frac{\Omega}{2}t} \\ i\, e^{i\frac{\Omega}{2}t} \end{pmatrix} \\
&= \frac{\hbar}{4}\,(e^{i\frac{\Omega}{2}t}, -i\, e^{-i\frac{\Omega}{2}t}) \begin{pmatrix} e^{i\frac{\Omega}{2}t} \\ i\, e^{-i\frac{\Omega}{2}t} \end{pmatrix} = \frac{\hbar}{2}\cos\Omega t
\end{aligned}
$$

$$
\begin{aligned}
< S_z > &= \frac{1}{2}(e^{i\frac{\Omega}{2}t}, -i\, e^{-i\frac{\Omega}{2}t})\, \frac{\hbar}{2} \begin{pmatrix} 1 & 0 \\ 0 & -1 \end{pmatrix} \begin{pmatrix} e^{-i\frac{\Omega}{2}t} \\ i\, e^{i\frac{\Omega}{2}t} \end{pmatrix} \\
&= \frac{\hbar}{4}\,(e^{i\frac{\Omega}{2}t}, -i\, e^{-i\frac{\Omega}{2}t}) \begin{pmatrix} e^{-i\frac{\Omega}{2}t} \\ -i\, e^{i\frac{\Omega}{2}t} \end{pmatrix} = 0
\end{aligned}
$$

8.9 스핀이 1, 즉 $s = 1$일 때 각운동량 연산자의 성분들(S_x, S_y, S_z)에 대한 행렬 표현을 S_z의 고유상태들, 즉 m 값이 $+1, 0, -1$ 인 고유상태들을 기저로 하여 구하라.

$$\vec{S} = \hat{i}\ S_x + \hat{j}\ S_y + \hat{k}\ S_z$$

<u>도움말</u>: S_z 와 $S_\pm$ 의 행렬 표현을 먼저 구하고, $S_\pm = S_x \pm iS_y$ 의 관계를 이용하라.

풀이: $s = 1$ 인 경우의 S_z의 고유상태들을 다음과 같은 고유상태 방정식으로 표현하자.

$$S_z\chi_m = m\hbar\,\chi_m, \quad m = 1, 0, -1$$

그러면 S_z의 고유상태들을 기저로 한 S_z의 행렬 표현은 다음과 같이 주어진다.

$$
\begin{pmatrix} <\chi_1|S_z|\chi_1> & <\chi_1|S_z|\chi_0> & <\chi_1|S_z|\chi_{-1}> \\ <\chi_0|S_z|\chi_1> & <\chi_0|S_z|\chi_0> & <\chi_0|S_z|\chi_{-1}> \\ <\chi_{-1}|S_z|\chi_1> & <\chi_{-1}|S_z|\chi_0> & <\chi_{-1}|S_z|\chi_{-1}> \end{pmatrix} = \hbar \begin{pmatrix} 1 & 0 & 0 \\ 0 & 0 & 0 \\ 0 & 0 & -1 \end{pmatrix}
$$

이 S_z의 행렬 표현을 사용하면 위에 주어진 고유상태 방정식을 만족하는 고유상태들은 다음과 같이 주어진다.

$$\chi_1 = \begin{pmatrix} 1 \\ 0 \\ 0 \end{pmatrix}, \quad \chi_0 = \begin{pmatrix} 0 \\ 1 \\ 0 \end{pmatrix}, \quad \chi_{-1} = \begin{pmatrix} 0 \\ 0 \\ 1 \end{pmatrix}$$

이제 이 기저에서 S_+ 와 S_- 의 행렬 표현은 각각 다음과 같이 주어진다.

$$\begin{aligned} S_+ &= \begin{pmatrix} <\chi_1|S_+|\chi_1> & <\chi_1|S_+|\chi_0> & <\chi_1|S_+|\chi_{-1}> \\ <\chi_0|S_+|\chi_1> & <\chi_0|S_+|\chi_0> & <\chi_0|S_+|\chi_{-1}> \\ <\chi_{-1}|S_+|\chi_1> & <\chi_{-1}|S_+|\chi_0> & <\chi_{-1}|S_+|\chi_{-1}> \end{pmatrix} \\ S_- &= \begin{pmatrix} <\chi_1|S_-|\chi_1> & <\chi_1|S_-|\chi_0> & <\chi_1|S_-|\chi_{-1}> \\ <\chi_0|S_-|\chi_1> & <\chi_0|S_-|\chi_0> & <\chi_0|S_-|\chi_{-1}> \\ <\chi_{-1}|S_-|\chi_1> & <\chi_{-1}|S_-|\chi_0> & <\chi_{-1}|S_-|\chi_{-1}> \end{pmatrix} \end{aligned}$$

여기서 $S_\pm$를 S_z의 고유상태들에 작용했을 때에 나오는 다음의 관계를 사용하면,

$$S_\pm \chi_m = \hbar\sqrt{1(1+1) - m(m\pm 1)}\chi_{m\pm 1}, \quad m = 1, 0, -1,$$

$S_\pm$의 행렬 표현은 각각 다음과 같이 주어진다.

$$S_+ = \hbar \begin{pmatrix} 0 & \sqrt{2} & 0 \\ 0 & 0 & \sqrt{2} \\ 0 & 0 & 0 \end{pmatrix}, \quad S_- = \hbar \begin{pmatrix} 0 & 0 & 0 \\ \sqrt{2} & 0 & 0 \\ 0 & \sqrt{2} & 0 \end{pmatrix}$$

따라서 $S_x = \frac{1}{2}(S_+ + S_-)$와 $S_y = \frac{1}{2i}(S_+ - S_-)$의 행렬 표현은 각각 다음과 같다.

$$S_x = \frac{\hbar}{\sqrt{2}} \begin{pmatrix} 0 & 1 & 0 \\ 1 & 0 & 1 \\ 0 & 1 & 0 \end{pmatrix}, \quad S_y = \frac{i\hbar}{\sqrt{2}} \begin{pmatrix} 0 & -1 & 0 \\ 1 & 0 & -1 \\ 0 & 1 & 0 \end{pmatrix}$$

8.10 구면대칭성의 위치에너지를 가진 계에 있는 입자의 상태함수가 다음과 같이 주어졌다. 아래에서 A 와 a 는 상수이고, $r^2 = x^2 + y^2 + z^2$ 이다.

$$\psi(x, y, z) = A(xy + yz)e^{-ar^2}$$

이 상태의 궤도 각운동량 제곱($\vec{L}^2$)을 측정하였을 때, 그 값이 $2\hbar^2$ 과 $6\hbar^2$ 이 될 확률을 각각 구하라.

도움말: 구면조화함수에 대한 식 (8.98)에서 주어진 다음의 표현을 참고하라.

$$Y_2^{\pm 2} = \sqrt{\frac{15}{32\pi}} \sin^2\theta\, e^{\pm 2i\phi},\ Y_2^{\pm 1} = \mp\sqrt{\frac{15}{8\pi}} \sin\theta\cos\theta\, e^{\pm i\phi},\ Y_2^0 = \sqrt{\frac{5}{4\pi}}\left(\frac{3}{2}\cos^2\theta - \frac{1}{2}\right)$$

풀이: 다음의 관계를 사용하여,

$$x = r\sin\theta\cos\phi, \quad y = r\sin\theta\sin\phi, \quad z = r\cos\theta,$$

주어진 상태함수를 구면좌표계에서 표시하자.

$$\begin{aligned}\psi &= Ar^2(\sin^2\theta\cos\phi\sin\phi + \sin\theta\cos\theta\sin\phi)e^{-ar^2} \\ &= Ar^2e^{-ar^2}\left(\sin^2\theta\,\frac{e^{2i\phi} - e^{-2i\phi}}{4i} + \sin\theta\cos\theta\,\frac{e^{i\phi} - e^{-i\phi}}{2i}\right)\end{aligned}$$

이는 다시 구면조화함수로 다음과 같이 쓸 수 있다.

$$\psi = Ar^2e^{-ar^2}\left(\sqrt{\frac{32\pi}{15}}\frac{1}{4i}(Y_2^2 - Y_2^{-2}) + \sqrt{\frac{8\pi}{15}}\frac{1}{2i}(-Y_2^1 - Y_2^{-1})\right)$$

주어진 상태는 $l = 2$ 인 상태들만의 결합으로 표현되므로, $\vec{L}^2$ 측정값이 $6\hbar^2(l = 2)$이 될 확률이 1 이고, $2\hbar^2(l = 1)$이 될 확률은 0 이다.

8.11 식 (8.195)의 $m = 0$ 인 삼중항 상태, $\left|\frac{1}{2}\frac{1}{2}; s = 1, m = 0\right\rangle = \frac{1}{\sqrt{2}}\{|\downarrow\uparrow> + |\uparrow\downarrow>\}$ 가 $s = 1$ 의 값을 가짐을 단일항 경우처럼 $\vec{S}^2 = \vec{S_1}^2 + \vec{S_2}^2 + 2S_{1z}S_{2z} + S_{1+}S_{2-} + S_{1-}S_{2+}$ 의 관계를 적용하여 $\vec{S}^2\ |s, m> = s(s+1)\hbar^2\ |s, m>$ 의 관계가 성립함에서 증명하라.

$$\vec{S}^2|\frac{1}{2}\frac{1}{2}; s = 1, m = 0> = 2\hbar^2|\frac{1}{2}\frac{1}{2}; s = 1, m = 0>$$

풀이: 식 (8.195)에 $\vec{S}^2 = \vec{S_1}^2 + \vec{S_2}^2 + 2S_{1z}S_{2z} + S_{1+}S_{2-} + S_{1-}S_{2+}$의 관계를 적용하자.

$$\begin{aligned}
&\vec{S}^2 \left| \frac{1}{2}\frac{1}{2}; s=1, m=0 \right\rangle \\
&= \frac{1}{\sqrt{2}}\{\vec{S_1}^2 + \vec{S_2}^2 + 2S_{1z}S_{2z} + S_{1+}S_{2-} + S_{1-}S_{2+}\}(\,|\uparrow\downarrow> + |\downarrow\uparrow>) \\
&= \frac{1}{\sqrt{2}}\left\{\frac{3}{4}\hbar^2|\uparrow\downarrow> + \frac{3}{4}\hbar^2|\uparrow\downarrow> \;-\frac{1}{2}\hbar^2|\uparrow\downarrow> + \hbar^2|\downarrow\uparrow> \right. \\
&\qquad \left. + \frac{3}{4}\hbar^2|\downarrow\uparrow> + \frac{3}{4}\hbar^2|\downarrow\uparrow> - \frac{1}{2}\hbar^2|\downarrow\uparrow> + \hbar^2|\uparrow\downarrow> \right\} \\
&= \frac{1}{\sqrt{2}}\{2\hbar^2(\,|\uparrow\downarrow> + |\downarrow\uparrow>)\} \\
&= 2\hbar^2 \left| \frac{1}{2}\frac{1}{2}; s=1, m=0 \right\rangle
\end{aligned}$$

즉, $\vec{S}^2\,|s,m> = s(s+1)\hbar^2\,|s,m>$ 의 관계가 $s=1$ 이 되면 성립한다.

8.12 두 개의 스핀 $\frac{1}{2}$ 입자들이 단일항 상태, $\left|\frac{1}{2}\frac{1}{2}; s=0, m=0\right\rangle = \frac{1}{\sqrt{2}}\{\,|\uparrow\downarrow> - |\downarrow\uparrow>\}$를 이루는 경우를 생각하자. 이 경우 입자 1의 $\hat{a}$ 방향 스핀 성분값과 입자 2의 $\hat{b}$ 방향 스핀 성분값을 곱했을 때, 그 기대값이 다음과 같이 주어짐을 보여라.

$$<(\vec{S_1}\cdot\hat{a})(\vec{S_2}\cdot\hat{b})> = -\frac{\hbar^2}{4}\hat{a}\cdot\hat{b}$$

도움말: 단일항의 경우에 만족해야 하는 $\vec{S} = \vec{S_1} + \vec{S_2} = 0$ 의 관계를 쓰고, 식 (8.111)과 식 (8.119)의 관계를 이용하라.

풀이: $\vec{S_1} = -\vec{S_2}$ 와 $\vec{S} = \frac{\hbar}{2}\vec{\sigma}$ 의 관계, 그리고 $(\vec{\sigma}\cdot\vec{a})(\vec{\sigma}\cdot\vec{b}) = \vec{a}\cdot\vec{b} + i\vec{\sigma}\cdot(\vec{a}\times\vec{b})$ 의 관계에서 구하는 기대값은 다음과 같이 된다.

$$<(\vec{S_1}\cdot\hat{a})(\vec{S_2}\cdot\hat{b})> = -<(\vec{S_1}\cdot\hat{a})(\vec{S_1}\cdot\hat{b})> = -\frac{\hbar^2}{4}<\hat{a}\cdot\hat{b}> - \frac{i\hbar}{2}<\vec{S_1}\cdot(\hat{a}\times\hat{b})>$$

위에서 $\hat{a}$ 와 $\hat{b}$ 는 스핀에 무관하므로 맨 우변의 두 항은 각각 다음과 같이 된다.

$$<\hat{a}\cdot\hat{b}> = \hat{a}\cdot\hat{b}, \quad <\vec{S_1}\cdot(\hat{a}\times\hat{b})> = <\vec{S_1}>\cdot(\hat{a}\times\hat{b})$$

그런데 단일항 상태에 대한 첫 번째 입자의 스핀 기대값 $<\vec{S_1}>$ 은 다음과 같이 0 이 된다.

$$
\begin{aligned}
\left\langle \vec{S}_1 \right\rangle &= \left\langle \frac{1}{2}\frac{1}{2}; s=0, m=0 \middle| \vec{S}_1 \middle| \frac{1}{2}\frac{1}{2}; s=0, m=0 \right\rangle \\
&= \frac{1}{2}\{\langle\uparrow\downarrow| - \langle\downarrow\uparrow|\}\,\vec{S}_1\,\{|\uparrow\downarrow\rangle - |\downarrow\uparrow\rangle\} \\
&= \frac{1}{2}\left\{\langle\uparrow\downarrow|\,\vec{S}_1\,|\uparrow\downarrow\rangle - \langle\uparrow\downarrow|\,\vec{S}_1\,|\downarrow\uparrow\rangle - \langle\downarrow\uparrow|\,\vec{S}_1\,|\uparrow\downarrow\rangle + \langle\downarrow\uparrow|\,\vec{S}_1\,|\downarrow\uparrow\rangle\right\} \\
&= \frac{1}{2}\left\{\langle\uparrow|\,\vec{S}_1\,|\uparrow\rangle\langle\downarrow\mid\downarrow\rangle - \langle\uparrow|\,\vec{S}_1\,|\downarrow\rangle\langle\downarrow\mid\uparrow\rangle - \langle\downarrow|\,\vec{S}_1\,|\uparrow\rangle\langle\uparrow\mid\downarrow\rangle + \langle\downarrow|\,\vec{S}_1\,|\downarrow\rangle\langle\uparrow\mid\uparrow\rangle\right\} \\
&= \frac{1}{2}\left\{\langle\uparrow|\,\vec{S}_1\,|\uparrow\rangle - 0 - 0 + \langle\downarrow|\,\vec{S}_1\,|\downarrow\rangle\right\} = 0
\end{aligned}
$$

맨 마지막 단계가 성립하는 이유는 다음과 같이 볼 수 있다. $\vec{S}_1$ 을 다음과 같이 성분으로 표시하자.

$$
\vec{S}_1 = \hat{i}a_xS_x + \hat{j}a_yS_y + \hat{k}a_zS_z
$$

x 성분과 y 성분은 $S_x = \frac{1}{2}(S_+ + S_-)$, $S_y = \frac{1}{2i}(S_+ - S_-)$ 처럼 모두 $S_\pm$ 로 표시된다. 그런데 $\langle\uparrow|\,S_\pm\,|\uparrow\rangle = 0$, $\langle\downarrow|\,S_\pm\,|\downarrow\rangle = 0$ 이다. 즉, x 성분과 y 성분의 기대값은 0 이다. 마지막으로 z 성분의 기대값도 0 이다.

$$
\langle\uparrow|\,S_z\,|\uparrow\rangle + \langle\downarrow|\,S_z\,|\downarrow\rangle = \frac{\hbar}{2} - \frac{\hbar}{2} = 0
$$

따라서 $< \vec{S}_1 \cdot (\hat{a} \times \hat{b}) > = 0$ 이 되어, 최종적으로 다음 결과를 얻는다.

$$
< (\vec{S}_1 \cdot \hat{a})(\vec{S}_2 \cdot \hat{b}) > = -\frac{\hbar^2}{4}\hat{a} \cdot \hat{b}
$$

8.13 각운동량 중 하나가 $\frac{1}{2}$ 인 경우 전체 각운동량 j 값이 $j_1 + \frac{1}{2}$ 과 $j_1 - \frac{1}{2}$ 의 두 가지밖에 없어, 본문에서 설명한 일반적인 방법에 의하지 않고도 개별 각운동량 상태들이 서로 독립이라는 사실과 규격화 조건으로부터 클렙시-고단 계수들을 구할 수 있다. 이를 써서 $j_1 > \frac{1}{2}$ 이고 $j_2 = \frac{1}{2}$ 이라 가정하고, 클렙시-고단 계수들을 구해 보자.

먼저 $m_j = m + \frac{1}{2}$ 인 경우에 전체 각운동량 상태를 가능한 개별상태들의 선형결합으로 다음과 같이 표현하자.

$$
|\,j, m_j = m + \frac{1}{2} > = \alpha\,|\,m_1 = m, m_s = \frac{1}{2} > + \beta\,|\,m_1 = m+1, m_s = -\frac{1}{2} > \quad (1)
$$

여기서 α 와 β 는 우리가 얻고자 하는 클렙시-고단 계수들이다. 이제 $j_2 \equiv s = \frac{1}{2}$ 의 스핀 업과 다운 상태를 각각 χ_+ 와 χ_- 로 나타내고, 위 식 우변의 두 개별상태 표현을 각각 다음과 같이 표기하자.

$$\left| j_1, s = \frac{1}{2}; m_1 = m, m_s = \frac{1}{2} \right\rangle \equiv |j_1, m\rangle \otimes \chi_+ ,$$
$$\left| j_1, s = \frac{1}{2}; m_1 = m+1, m_s = -\frac{1}{2} \right\rangle \equiv |j_1, m+1\rangle \otimes \chi_-$$

이제 이러한 표기를 써서 식 (1)에 연산자 $\vec{J}^2 = (\vec{J}_1 + \vec{S})^2 = \vec{J}_1^{\,2} + \vec{S}^2 + 2\vec{J}_1 \cdot \vec{S}$ 를 좌우변에 각각 적용한 후, 각운동량 상태 $|j_1, m> \otimes\chi_+$ 와 $|j_1, m+1> \otimes\chi_-$ 가 서로 독립이라는 것과 식 (1)로 주어진 각운동량 상태의 규격화 조건으로부터 클렙시-고단 계수 α 와 β 를 구하라.

다음으로 $m_j = m - \frac{1}{2}$ 인 경우도 전체 각운동량 상태를 가능한 개별상태들의 선형결합으로 다음과 같이 표현하자.

$$\left| j, m_j = m - \frac{1}{2} \right\rangle = \gamma \left| m_1 = m-1, m_s = \frac{1}{2} \right\rangle + \delta \left| m_1 = m, m_s = -\frac{1}{2} \right\rangle \qquad (2)$$

앞과 동일한 방식으로 클렙시-고단 계수 γ 와 δ 를 구하라. 클렙시-고단 계수의 부호는 식 (8.201)의 관례에 따라, $< m_1 = j_1, m_2 = j - j_1 \,|\, j, m = j > \geq 0$ 이 되게 정한다.

풀이: 먼저 $\vec{J}^2 = (\vec{J}_1 + \vec{S})^2 = \vec{J}_1^{\,2} + \vec{S}^2 + 2\vec{J}_1 \cdot \vec{S}$ 을 식 (1)의 양변에 적용하면 다음과 같다.

$$\vec{J}^2 \left| j, m_j = m + \frac{1}{2} \right\rangle = (\vec{J}_1^{\,2} + \vec{S}^2 + 2\vec{J}_1 \cdot \vec{S}) \left| j, m_j = m + \frac{1}{2} \right\rangle \qquad (3)$$
$$= (\vec{J}_1^{\,2} + \vec{S}^2 + 2J_{1z}S_z + J_{1+}S_- + J_{1-}S_+)\{\alpha|j_1, m> \otimes\chi_+ + \beta|j_1, m+1> \otimes\chi_-\}$$

여기에 $|j_1, m>$ 에 대한 다음의 관계들,

$$\vec{J}_1^{\,2}|j_1, m> = j_1(j_1+1)\hbar^2|j_1, m>, \qquad J_{1z}|j_1, m> = m\hbar|j_1, m>,$$
$$J_{1\pm}|j_1, m> = \sqrt{j_1(j_1+1) - m(m\pm 1)}\hbar|j_1, m\pm 1>,$$

그리고 $\chi_\pm$ 에 대한 다음의 관계들을 사용하면,

$$
\begin{aligned}
&S_+\chi_- = \hbar\chi_+, \quad S_-\chi_+ = \hbar\chi_-, \quad S_+\chi_+ = 0, \quad S_-\chi_- = 0, \\
&S_z\chi_\pm = \pm\frac{1}{2}\hbar\chi_\pm, \quad \vec{S}^2\chi_\pm = \frac{3}{4}\hbar^2\chi_\pm,
\end{aligned}
$$

식 (3) 둘째 줄의 첫 번째 항(계수 α 에 딸린 항)은 다음과 같이 된다.

$$
\begin{aligned}
&(\vec{J_1}^2 + \vec{S}^2 + 2J_{1z}S_z + J_{1+}S_- + J_{1-}S_+)|j_1, m > \otimes\chi_+ \\
&\quad = \left\{ j_1(j_1+1) + \frac{3}{4} + 2 \times m \times \frac{1}{2} \right\} \hbar^2 |j_1, m > \otimes\chi_+ \\
&\quad + \sqrt{j_1(j_1+1) - m(m+1)}\hbar^2 |j_1, m+1 > \otimes\chi_-
\end{aligned}
$$

마찬가지로, 식 (3) 둘째 줄의 두 번째 항(계수 β 에 딸린 항)은 다음과 같이 된다.

$$
\begin{aligned}
&(\vec{J_1}^2 + \vec{S}^2 + 2J_{1z}S_z + J_{1+}S_- + J_{1-}S_+)|j_1, m+1 > \otimes\chi_- \\
&\quad = \left\{ j_1(j_1+1) + \frac{3}{4} + 2 \times (m+1) \times (-\frac{1}{2}) \right\} \hbar^2 |j_1, m+1 > \otimes\chi_- \\
&\quad + \sqrt{j_1(j_1+1) - (m+1)m}\hbar^2 |j_1, m > \otimes\chi_+
\end{aligned}
$$

그리고 식 (3) 첫째 줄의 좌변은 다음과 같이 된다.

$$
\vec{J}^2 \left| j, m_j = m + \frac{1}{2} \right\rangle = j(j+1)\hbar^2 \left| j, m_j = m + \frac{1}{2} \right\rangle
$$

따라서 식 (3)은 다음의 관계식을 준다.

$$
\begin{aligned}
&j(j+1)\hbar^2\{\alpha|j_1, m > \otimes\chi_+ + \beta|j_1, m+1 > \otimes\chi_-\} \\
&= [\{j(j_1+1) + \frac{3}{4} + m\}\alpha + \sqrt{j_1(j_1+1) - m(m+1)}\beta]\hbar^2|j_1, m > \otimes\chi_+ \\
&\quad + [\{j(j_1+1) + \frac{3}{4} - (m+1)\}\beta + \sqrt{j_1(j_1+1) - m(m+1)}\alpha]\hbar^2|j_1, m+1 > \otimes\chi_-
\end{aligned}
\tag{4}
$$

여기서 $|j_1, m > \otimes\chi_+$ 와 $|j_1, m+1 > \otimes\chi_-$ 는 서로 독립이므로 다음 관계가 성립한다.

$$
\begin{aligned}
j(j+1)\alpha &= \{j_1(j_1+1) + \frac{3}{4} + m\}\alpha + \sqrt{j_1(j_1+1) - m(m+1)}\beta \\
j(j+1)\beta &= \{j_1(j_1+1) + \frac{3}{4} - m - 1\}\beta + \sqrt{j_1(j_1+1) - m(m+1)}\alpha
\end{aligned}
$$

이를 정리하면 다음과 같이 된다.

$$
\begin{aligned}
\{j(j+1) - j_1(j_1+1) - \frac{3}{4} - m\}\alpha &= \sqrt{j_1(j_1+1) - m(m+1)}\beta \\
\{j(j+1) - j_1(j_1+1) - \frac{3}{4} + m + 1\}\beta &= \sqrt{j_1(j_1+1) - m(m+1)}\alpha
\end{aligned} \tag{5}
$$

여기서 위의 두 식을 서로 곱하면, 다음의 관계식이 나온다.

$$
\begin{aligned}
&\{j(j+1) - j_1(j_1+1) - \frac{3}{4} - m\} \times \{j(j+1) - j_1(j_1+1) - \frac{3}{4} + m + 1\} \\
&= j_1(j_1+1) - m(m+1)
\end{aligned} \tag{6}
$$

그런데 $j_1(j_1+1) - m(m+1) = (j_1 - m)(j_1 + m + 1)$ 으로 쓸 수 있다. 그래서 위 식의 좌우변이 서로 같아지려면 $j(j+1) - j_1(j_1+1) - \frac{3}{4}$ 이 j_1 또는 $-j_1 - 1$ 이 되면 된다. 그러므로 $j(j+1) - j_1(j_1+1) - \frac{3}{4} = j_1$ 인 경우, $j = j_1 + \frac{1}{2}$ 이 되어야 하고, $j(j+1) - j_1(j_1+1) - \frac{3}{4} = -j_1 - 1$ 인 경우는 $j = j_1 - \frac{1}{2}$ 이 되어야 한다. 이 결과를 각각의 경우에 적용하면, 각 경우에 있어서 클렙시 고단 계수 α 와 β 를 구할 수 있다.

먼저 $j = j_1 + \frac{1}{2}$ 인 경우, 식 (5)는 α 와 β 에 대한 다음의 관계식을 준다.

$$
(j_1 - m)\alpha = \sqrt{(j_1 - m)(j_1 + m + 1)}\beta
$$

따라서 다음 관계가 성립한다.

$$
\frac{\alpha}{\beta} = \sqrt{\frac{j_1 + m + 1}{j_1 - m}}
$$

한편 규격화 조건식 $\langle j, m_j = m + \frac{1}{2} \mid j, m_j = m + \frac{1}{2} \rangle = 1$ 로부터 $|\alpha|^2 + |\beta|^2 = 1$ 이 만족되어야 한다. 이상의 두 관계식으로부터 우리는 다음의 결과를 얻는다.

$$
\alpha = \sqrt{\frac{j_1 + m + 1}{2j_1 + 1}}\,, \quad \beta = \sqrt{\frac{j_1 - m}{2j_1 + 1}}
$$

즉, $j = j_1 + \frac{1}{2}$ 인 경우 전체 각운동량 상태에 대한 다음의 관계식이 성립한다.

$$
\left| j = j_1 + \frac{1}{2}, m_j = m + \frac{1}{2} \right\rangle = \sqrt{\frac{j_1 + m + 1}{2j_1 + 1}}\,|j_1, m\rangle \otimes \chi_+ + \sqrt{\frac{j_1 - m}{2j_1 + 1}}\,|j_1, m+1\rangle \otimes \chi_-
$$

다음으로 $j = j_1 - \frac{1}{2}$ 인 경우, 식 (5)는 α 와 β 에 대한 다음의 관계식을 준다.

$$-(j_1 + m + 1)\alpha = \sqrt{(j_1 - m)(j_1 + m + 1)}\beta$$

따라서 다음의 관계가 성립한다.

$$\frac{\alpha}{\beta} = -\sqrt{\frac{j_1 - m}{j_1 + m + 1}}$$

여기서 α 와 β 의 부호는 결정되지 않는데, 이들 부호는 식 (8.201)의 관례에 따라, 클렙시-고단 계수 $< m_1,\ m_2 \,|\, j, m > = < j_1, j - j_1 \,|\, j, j >$ 가 양수가 되게 정한다. 이 경우는 $< j_1, j - j_1 \,|\, j, j >$ 와 J_- 로 연결되는 클렙시-고단 계수 β 가 양의 부호를 갖게 정하면 된다.[6] 따라서 위의 관계와 규격화 조건으로부터 α 와 β 는 다음과 같이 주어진다.

$$\alpha = -\sqrt{\frac{j_1 - m}{2j_1 + 1}}\ , \quad \beta = \sqrt{\frac{j_1 + m + 1}{2j_1 + 1}}$$

즉, $j = j_1 - \frac{1}{2}$ 인 경우의 전체 각운동량 상태에 대한 다음의 관계식이 성립한다.

$$\left| j = j_1 - \frac{1}{2}, m_j = m + \frac{1}{2} \right\rangle = -\sqrt{\frac{j_1 - m}{2j_1 + 1}}\,|\, j_1, m\rangle \otimes \chi_+ + \sqrt{\frac{j_1 + m + 1}{2j_1 + 1}}\,|\, j_1, m + 1\rangle \otimes \chi_-$$

남아 있는 $m_j = m - \frac{1}{2}$ 경우, 앞에서처럼 식 (2)는 아래와 같이 쓸 수 있다.

$$\left| j, m_j = m - \frac{1}{2} \right\rangle = \gamma \,|\, j_1, m - 1\rangle \otimes \chi_+ + \delta \,|\, j_1, m\rangle \otimes \chi_-$$

새로운 클렙시-고단 계수 γ 와 δ 역시, 앞의 $m_j = m + \frac{1}{2}$ 인 경우와 똑같이 $j = j_1 + \frac{1}{2}$ 인 경우와 $j = j_1 - \frac{1}{2}$ 인 경우로 나누어 동일한 방식으로 구할 수 있다. 그 결과는 다음과 같다.

$$\begin{aligned}
&\left| j = j_1 + \frac{1}{2}, m_j = m - \frac{1}{2} \right\rangle \\
&\quad = \sqrt{\frac{j_1 + m}{2j_1 + 1}}\,|\, j_1, m - 1\rangle \otimes \chi_+ + \sqrt{\frac{j_1 - m + 1}{2j_1 + 1}}\,|\, j_1, m\rangle \otimes \chi_-\ , \\
&\left| j = j_1 - \frac{1}{2}, m_j = m - \frac{1}{2} \right\rangle
\end{aligned}$$

[6]실제로 $\beta = < m_1 = m + 1, m_s = -\frac{1}{2} \mid j = j_1 - \frac{1}{2}, m_j = m + \frac{1}{2} >$ 에서 $m_1 = j_1$ 일 경우, $\beta = < j_1, j - j_1 \,|\, j = j_1 - \frac{1}{2}, m_j = j >$ 가 됨을 곧 알 수 있다.

$$= -\sqrt{\frac{j_1 - m + 1}{2j_1 + 1}}\,|\,j_1, m-1\rangle \otimes \chi_+ + \sqrt{\frac{j_1 + m}{2j_1 + 1}}\,|\,j_1, m\rangle \otimes \chi_-$$

참고로 이 결과는 앞에서 얻은 $m_j = m + \frac{1}{2}$ 경우의 두 결과식에 $J_- = J_{1-} + J_{2-}$ 를 각각 한번 적용해서도 얻어지고, 또는 앞에서 얻은 두 결과식에 단순히 m 대신 $m - 1$ 을 대입해서도 얻을 수 있다. 이는 여기서의 m 값은 어떤 정해진 값이 아니고 그 절대값이 j 보다 크지 않은 범주에 있는 가능한 모든 m 값이기 때문이다.

8.14 수소원자에서 전자가 궤도 각운동량 양자수 (l, m)의 상태에 있다. 이 전자의 스핀 각운동량 z 성분이 $-\frac{1}{2}$일 때, 이 전자의 전체 각운동량 양자수가 $(l + \frac{1}{2}, m - \frac{1}{2})$에 있을 확률을 구하라.

풀이: 문제 8.13에서 얻은 결과에 j_1 대신 l 을 쓰면 이 경우 필요한 관계식을 얻는다.

$$\left|j = l + \frac{1}{2}, m_j = m - \frac{1}{2}\right\rangle$$
$$= \sqrt{\frac{l + m}{2l + 1}}\,|\,l, m-1\rangle \otimes \chi_+ + \sqrt{\frac{l - m + 1}{2l + 1}}\,|\,l, m\rangle \otimes \chi_- \ ,$$

따라서 전자의 궤도 각운동량 상태 $|l, m>$ 과 스핀 각운동량 상태 $|s = \frac{1}{2}, m_s = -\frac{1}{2}>$ 가 전체 각운동량 상태 $|j = l + \frac{1}{2}, m_j = m - \frac{1}{2}>$ 에 있을 확률은 다음 클렙시-고단 계수의 절대값을 제곱한 값이 될 것이다.

$$< m_l = m, m_s = -\frac{1}{2}\,|\,j = l + \frac{1}{2}, m_j = m - \frac{1}{2} > = \sqrt{\frac{l - m + 1}{2l + 1}}$$

따라서 구하는 확률은 $\frac{l-m+1}{2l+1}$ 이다.

8.15 각운동량이 각각 $j_1 = \frac{3}{2}$ 과 $j_2 = \frac{1}{2}$ 인 두 입자가 이루는 계의 전체 각운동량이 $|j, m> = |1, 1>$ 로 주어졌다. 이 상태를 개별 각운동량 상태 $|m_1, m_2>$ 로 표현하라. 클렙시-고단 계수의 부호는 식 (8.201)의 관례에 따른다. 이 문제는 앞에서 얻은 결과 공식에 대입하여 구하지 말고, J_- 연산자와 직교조건을 써서 직접 풀어라.

풀이: $|j = 2, m = 2> = \left|m_1 = \frac{3}{2}, m_2 = \frac{1}{2}\right\rangle$ 의 관계에 $J_- = J_{1-} + J_{2-}$ 를 적용하면,

좌변과 우변은 각각 다음과 같이 된다.

$$
\begin{aligned}
J_-|j=2,m=2> &= 2\hbar\,|\,j=2,m=1> \\
(J_{1-}+J_{2-})\left|m_1=\frac{3}{2},m_2=\frac{1}{2}\right\rangle &= \sqrt{3}\hbar\left|m_1=\frac{1}{2},m_2=\frac{1}{2}\right\rangle+\hbar\left|m_1=\frac{3}{2},m_2=-\frac{1}{2}\right\rangle
\end{aligned}
$$

따라서 다음 결과를 얻는다.

$$
|j=2,m=1>=\frac{\sqrt{3}}{2}\left|m_1=\frac{1}{2},m_2=\frac{1}{2}\right\rangle+\frac{1}{2}\left|m_1=\frac{3}{2},m_2=-\frac{1}{2}\right\rangle
$$

한편, 구하고자 하는 전체 각운동량 상태 $|j=1,m=1>$ 는 개별 각운동량 상태 $|m_1,m_2>$ 들로 미지의 결합 상수 a,b 를 써서 다음과 같이 쓸 수 있다.

$$
|j=1,m=1>=a\left|m_1=\frac{1}{2},m_2=\frac{1}{2}\right\rangle+b\left|m_1=\frac{3}{2},m_2=-\frac{1}{2}\right\rangle
$$

여기서 서로 독립인 상태들의 직교조건으로부터 a,b 사이의 관계를 구할 수 있다.

$$
<j=1,m=1\,|\,j=2,m=1>=\frac{\sqrt{3}}{2}a+\frac{1}{2}b=0 \quad\Rightarrow\quad b=-\sqrt{3}a
$$

그런데 식 (8.201)의 관례에 따르면, 클렙시-고단 계수 b 는 양수이어야 한다.

$$
<j_1,j-j_1|j,j>=<m_1=\frac{3}{2},m_2=-\frac{1}{2}\,||\,j=1,m=1>=b\geq 0
$$

따라서 규격화 조건 $|a|^2+|b|^2=1$ 을 적용하면, $a=-\frac{1}{2},\ b=\frac{\sqrt{3}}{2}$ 이 된다.

답. $|j=1,m=1>=-\frac{1}{2}\left|m_1=\frac{1}{2},m_2=\frac{1}{2}\right\rangle+\frac{\sqrt{3}}{2}\left|m_1=\frac{3}{2},m_2=-\frac{1}{2}\right\rangle$

8.16 스핀이 $\frac{1}{2}$ 인 입자 둘로 이루어진 계가 있다. 계의 해밀토니안이 다음과 같이 주어졌을 때, 이 계의 에너지 준위를 모두 구하라.

$$
H=a(S_{1z}+S_{2z})+b\,\vec{S}_1\cdot\vec{S}_2
$$

여기서 a,b 는 상수이며, $\vec{S}_1$ 과 $\vec{S}_2$ 는 각각 입자 1, 입자 2의 스핀 각운동량 연산자이다.

풀이: 전체 스핀 각운동량 연산자, $\vec{S}=\vec{S}_1+\vec{S}_2$ 를 생각하자. 그러면 해밀토니안은 다음과 같이 쓸 수 있다.

$$
H=aS_z+\frac{b}{2}(\vec{S}^2-\vec{S}_1^2-\vec{S}_2^2)
$$

스핀 $\frac{1}{2}$ 입자 둘이 만들 수 있는 상태는 삼중항 $|s = 1, m_s = \pm 1, 0 >$ 과 단일항 $|s = 0, m_s = 0 >$ 이다. 한편, $\vec{S}_1^2$ 이나 $\vec{S}_2^2$ 은 삼중항이나 단일항에 작용하면 모두 $\frac{3}{4}\hbar^2$ 의 고유값을 가진다.

$$\vec{S}_i^2|s_1, s_2; s, m_s > = s_i(s_i+1)\hbar^2|s_1, s_2; s, m_s > = \frac{3}{4}\hbar^2|s_1, s_2; s, m_s >, \quad i = 1, 2$$

따라서 각 삼중항 상태와 단일항 상태에 대한 해밀토니안의 고유값은 다음과 같다.

$$H|s, m_s > = \left\{ am_s\hbar + \frac{b}{2}\left[s(s+1)\hbar^2 - \frac{3}{4}\hbar^2 - \frac{3}{4}\hbar^2 \right] \right\} |s, m_s >$$

따라서 에너지 준위는 다음과 같다.

$$\begin{aligned} E_{s=1,m_s=1} &= a\hbar + \frac{b}{4}\hbar^2 \\ E_{s=1,m_s=0} &= \frac{b}{4}\hbar^2 \\ E_{s=1,m_s=-1} &= -a\hbar + \frac{b}{4}\hbar^2 \\ E_{s=0,m_s=0} &= -\frac{3b}{4}\hbar^2 \end{aligned}$$

8.17 어떤 상태를 z 축을 중심으로 $\Delta\phi$ 만큼 회전하면, 주어진 상태는 회전연산자에 의해 식 (8.283)에 의해 아래와 같이 변환한다.

$$| \tilde{\varphi}(\phi) > \; = \; \mathcal{R}_z(\Delta\phi) \,| \varphi(\phi) > \; = \; e^{-\frac{i}{\hbar}\Delta\phi J_z} \,| \varphi(\phi) >$$

이에 따라 변환된 스핀 각운동량 연산자 성분들의 기대값은 베이커-캠벨-하우스도르프 공식을 적용하여 식 (8.290)과 같이 변환함을 알았다. 그러나 스핀이 $\frac{1}{2}$ 인 경우, 우리는 교환관계식과 공식을 써서 복잡하게 계산하는 대신에 아래와 같이 정의된 S_z 의 고유상태 $|\alpha >$, $|\beta >$ 들을 써서,

$$S_z|\alpha > = \frac{\hbar}{2}|\alpha >, \quad S_z|\beta > = -\frac{\hbar}{2}|\beta >,$$

스핀 각운동량 연산자들을 아래의 켓-브라 연산자들로 표현하여 직접 계산할 수 있다.

$$\begin{aligned} S_x &= \frac{\hbar}{2}\{\ |\alpha><\beta|\ +\ |\beta><\alpha|\ \} \\ S_y &= \frac{i\hbar}{2}\{\ -\ |\alpha><\beta|\ +\ |\beta><\alpha|\ \} \\ S_z &= \frac{\hbar}{2}\{\ |\alpha><\alpha|\ -\ |\beta><\beta|\ \} \end{aligned} \tag{7}$$

예컨대 S_x 의 경우, 아래와 같이 식 (8.285)에서 주어진 회전에 의해 변환된 연산자에,

$$\tilde{S}_x \ \equiv\ \mathcal{R}_z^\dagger(\Delta\phi)S_x\mathcal{R}_z(\Delta\phi) = e^{\frac{i}{\hbar}\Delta\phi J_z}S_x e^{-\frac{i}{\hbar}\Delta\phi J_z},$$

위의 연산자 표현 (7)을 직접 대입하여 계산할 수 있다. 이렇게 얻은 변환된 스핀 각운동량 연산자 성분들의 기대값이 식 (8.290)과 동일한 관계를 만족함을 보여라.

풀이: 먼저 본문에서 언급하였다시피 $J_z = L_z + S_z$ 와 $[L_i, S_j] = 0$ 의 관계에서 여기서는 스핀 연산자의 변환만 다루므로, J_z 대신에 S_z 로 대체하여 생각하겠다.

$S_z|\alpha> = \frac{\hbar}{2}|\alpha>$ 의 관계를 쓰면 다음의 관계가 성립한다.

$$e^{\frac{i}{\hbar}\Delta\phi S_z}|\alpha> = \sum_{n=0}^{\infty}\frac{\left(\frac{i}{\hbar}\Delta\phi S_z\right)^n}{n!}|\alpha> = \sum_{n=0}^{\infty}\frac{\left(\frac{i}{2}\Delta\phi\right)^n}{n!}|\alpha> = e^{\frac{i}{2}\Delta\phi}|\alpha>$$

마찬가지로 $S_z|\beta> = -\frac{\hbar}{2}|\beta>$ 의 관계를 사용하면, $e^{\frac{i}{\hbar}\Delta\phi S_z}|\beta> = e^{-\frac{i}{2}\Delta\phi}|\beta>$ 이 된다. 그리고 $(A|\phi>)^\dagger = <\phi|A^\dagger$ 의 관계를 쓰면 다음의 관계가 성립한다.

$$<\alpha|e^{-\frac{i}{\hbar}\Delta\phi S_z} = \left(e^{\frac{i}{\hbar}\Delta\phi S_z}|\alpha>\right)^\dagger = <\alpha|e^{-\frac{i}{2}\Delta\phi}$$

마찬가지로 $<\beta|e^{-\frac{i}{\hbar}\Delta\phi S_z} = <\beta|e^{\frac{i}{2}\Delta\phi}$ 가 되므로, S_x의 경우 다음의 결과를 얻는다.

$$\begin{aligned} \tilde{S}_x &= e^{\frac{i}{\hbar}\Delta\phi S_z}S_x e^{-\frac{i}{\hbar}\Delta\phi S_z} \\ &= \frac{\hbar}{2}e^{\frac{i}{\hbar}\Delta\phi S_z}\{\ |\alpha><\beta|\ +\ |\beta><\alpha|\ \}e^{-\frac{i}{\hbar}\Delta\phi S_z} \\ &= \frac{\hbar}{2}\left(e^{\frac{i\Delta\phi}{2}}|\alpha><\beta|e^{\frac{i\Delta\phi}{2}} + e^{-\frac{i\Delta\phi}{2}}|\beta><\alpha|e^{-\frac{i\Delta\phi}{2}}\right) \\ &= \frac{\hbar}{2}\{(|\alpha><\beta|\ +\ |\beta><\alpha|)\cos\Delta\phi + i\,(|\alpha><\beta|\ -\ |\beta><\alpha|)\sin\Delta\phi\} \\ &= S_x\cos\Delta\phi - S_y\sin\Delta\phi \end{aligned}$$

즉, $<\tilde{S_x}> = <S_x> \cos\Delta\phi - <S_y> \sin\Delta\phi$ 가 성립한다.

우리는 동일한 방식으로 다음의 관계가 성립함도 보일 수 있다.

$$
\begin{aligned}
\tilde{S_y} &= e^{\frac{i}{\hbar}\Delta\phi S_z} S_y e^{-\frac{i}{\hbar}\Delta\phi S_z} \\
&= \frac{i\hbar}{2} e^{\frac{i}{\hbar}\Delta\phi S_z} \{-|\alpha><\beta| \ + \ |\beta><\alpha| \ \} \, e^{-\frac{i}{\hbar}\Delta\phi S_z} \\
&= \frac{i\hbar}{2}\left(-e^{\frac{i\Delta\phi}{2}}|\alpha><\beta|e^{\frac{i\Delta\phi}{2}} + e^{-\frac{i\Delta\phi}{2}}|\beta><\alpha|e^{-\frac{i\Delta\phi}{2}}\right) \\
&= \frac{i\hbar}{2}\{(-|\alpha><\beta| \ + \ |\beta><\alpha|)\cos\Delta\phi - i\,(|\alpha><\beta| \ + \ |\beta><\alpha|)\sin\Delta\phi\} \\
&= S_y\cos\Delta\phi + S_x\sin\Delta\phi
\end{aligned}
$$

즉, $<\tilde{S_y}> = <S_x> \sin\Delta\phi + <S_y> \cos\Delta\phi$ 가 성립한다.

끝으로 S_z 의 경우는 $[e^{\frac{i}{\hbar}\Delta\phi S_z}, S_z] = 0$ 이므로, $\tilde{S_z} \ = \ e^{\frac{i}{\hbar}\Delta\phi S_z} S_z e^{-\frac{i}{\hbar}\Delta\phi S_z} = S_z$ 이 되어, $<\tilde{S_z}> = <S_z>$ 가 성립한다. 이상에서 식 (8.290)이 성립함을 알 수 있다.

제9장 시간에 무관한 건드림 이론과 변분법

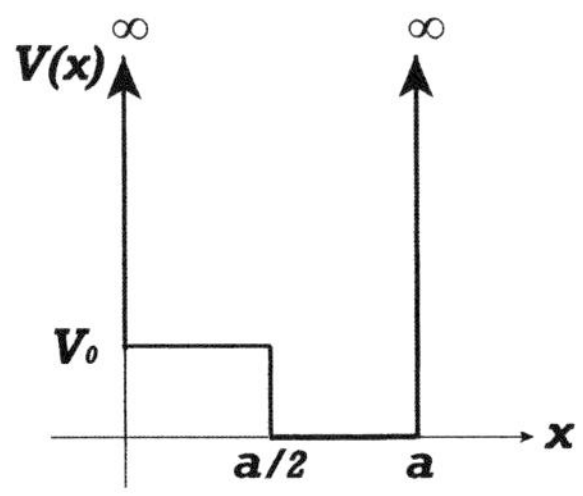

그림 5: 1차원 상자에 대한 상수 건드림(문제 9.1)

9.1 1차원 상자의 위치에너지가 다음과 같이 상자의 왼쪽 절반만 위치에너지가 0 에서 V_0 로 올라갔다(그림 5). 에너지 준위의 변화를 V_0 의 1차항까지 건드림 방식으로 구하라.

$$V(x) = \begin{cases} \infty, & x \leq 0 \\ V_0, & 0 < x < \frac{a}{2} \\ 0, & \frac{a}{2} < x < a \\ \infty, & a \leq x \end{cases}$$

풀이: 구간이 $(0, a)$인 1차원 상자의 고유함수는 $\psi_n^{(0)} = \sqrt{\frac{2}{a}} \sin \frac{n\pi x}{a}$, $n = 1, 2, \ldots$ 이므로, 겹치지 않은 경우의 건드림($H' = V_0$, $0 < x < \frac{a}{2}$)에서 에너지 변화의 1차 항은 다음과 같이 주어진다.

$$E_n^{(1)} = H'_{nn} = \left\langle \psi_n^{(0)} | H' | \psi_n^{(0)} \right\rangle = \int_0^{a/2} dx V_0 |\psi_n^{(0)}|^2 = \frac{2V_0}{a} \int_0^{a/2} dx \sin^2 \frac{n\pi x}{a} = \frac{V_0}{2}$$

9.2 해밀토니안이 다음과 같이 주어지는 1차원 조화 떨개를 생각하자.

$$H_0 = \frac{p^2}{2m} + \frac{1}{2} m w^2 x^2$$

1). 건드림 해밀토니안이 아래와 같이 주어졌을 때, 각 에너지 준위의 변화를 ϵ 과 δ 의 1차항까지 구하라. 여기서 ϵ 과 δ 는 아주 작은 실수의 상수이다.

$$H' = \epsilon x + \delta x^3$$

다시 ϵ 과 δ 의 2차항까지 구하여 1차항까지만 구할 때의 결과와 비교하라.

2). 건드림 해밀토니안이 다음과 같이 주어졌을 때,

$$H' = \epsilon x^2, \quad |\epsilon| \ll mw^2$$

이 건드림에 의한 에너지 준위의 변화를 ϵ 의 1차항까지 구하라. 이 경우 우리는 정확한 해도 구할 수 있는데, 건드림 방식으로 얻은 값을 정확하게 얻은 값과 비교하라.

풀이: 1). 1차원 조화 떨개에서 위치 x 는 올림과 내림 연산자 $a^\dagger$ 와 a 로 다음과 같이 표현되었다.

$$x = \frac{1}{\sqrt{2}\alpha}(a + a^\dagger), \quad \alpha \equiv \sqrt{\frac{mw}{\hbar}}$$

따라서 1차항의 변화 $E_n^{(1)} = H'_{nn}$ 은 다음과 같이 쓸 수 있다.

$$H'_{nn} = \langle n|\epsilon x + \delta x^3|n\rangle = \left\langle n \left| \frac{\epsilon}{\sqrt{2}\alpha}(a + a^\dagger) \right| n \right\rangle + \left\langle n \left| \delta \frac{1}{(\sqrt{2}\alpha)^3}(a + a^\dagger)^3 \right| n \right\rangle$$

1차원 조화 떨개의 고유상태는 올림과 내림 연산자로 다음과 같이 변화하므로,

$$a^\dagger|n> = \sqrt{n+1}|n+1>, \quad a|n> = \sqrt{n}|n-1>,$$

다음의 관계가 만족된다.

$$\langle n|a|n\rangle = <n|a^\dagger|n> = 0, \quad <n|a^l(a^\dagger)^m|n> = 0, \ l \neq m$$

그런데 $(a+a^\dagger)^3$은 a^3, a 두 개와 $a^\dagger$ 하나, a 하나와 $a^\dagger$ 두 개, 그리고 $(a^\dagger)^3$으로 된 항들만 가지므로, $H'_{nn} = 0$ 이 된다. 즉, 1차항까지 에너지 준위의 변화는 없다($E_n^{(1)} = 0$).

다음으로 2차항의 변화는 식 (9.22)에서 다음과 같이 주어진다.

$$E_n^{(2)} = \sum_{m \neq n} \frac{|H'_{mn}|^2}{E_n^{(0)} - E_m^{(0)}} = \sum_{m \neq n} \frac{\left|\langle m|\epsilon x + \delta x^3|n\rangle\right|^2}{(n-m)\hbar w}$$

여기서 $H'_{mn} = \langle m|\epsilon x + \delta x^3|n\rangle$ 은 다음과 같이 쓸 수 있다.

$$\langle m|\epsilon x + \delta x^3|n\rangle = \left\langle m \left| \frac{\epsilon}{\sqrt{2}\alpha}(a+a^\dagger) + \frac{\delta}{(\sqrt{2}\alpha)^3}(a+a^\dagger)^3 \right| n \right\rangle$$

위의 $(a+a^\dagger)^3$ 항 계산에서 a 와 $a^\dagger$ 가 서로 가환이 아님에 주의하자.

$$\begin{aligned}
&\left\langle m \left| (a+a^\dagger)^3 \right| n \right\rangle \\
&= \left\langle m \left| a^3 + a^2a^\dagger + aa^\dagger a + a(a^\dagger)^2 + a^\dagger a^2 + a^\dagger a a^\dagger + (a^\dagger)^2 a + (a^\dagger)^3 \right| n \right\rangle \\
&= \sqrt{n(n-1)(n-2)}\delta_{m,n-3} \\
&\quad + \left\{\sqrt{n}(n+1) + \sqrt{n}n + \sqrt{n}(n-1)\right\}\delta_{m,n-1} \\
&\quad + \left\{(n+2)\sqrt{n+1} + (n+1)\sqrt{n+1} + n\sqrt{n+1}\right\}\delta_{m,n+1} \\
&\quad + \sqrt{(n+1)(n+2)(n+3)}\delta_{m,n+3}
\end{aligned}$$

한편, $\left\langle m \left| a + a^\dagger \right| n \right\rangle = \sqrt{n}\delta_{m,n-1} + \sqrt{n+1}\delta_{m,n+1}$ 이므로, H'_{mn}은 다음과 같이 된다.

$$\begin{aligned}
H'_{mn} &= \langle m|\epsilon x + \delta x^3|n\rangle \\
&= \frac{\sqrt{n(n-1)(n-2)}\,\delta}{(\sqrt{2}\alpha)^3}\delta_{m,n-3} + \frac{\sqrt{n}}{\sqrt{2}\alpha}\left[\epsilon + \frac{\delta}{2\alpha^2}3n\right]\delta_{m,n-1} \\
&\quad + \frac{\sqrt{n+1}}{\sqrt{2}\alpha}\left[\epsilon + \frac{\delta}{2\alpha^2}(3n+3)\right]\delta_{m,n+1} + \frac{\sqrt{(n+1)(n+2)(n+3)}\,\delta}{(\sqrt{2}\alpha)^3}\delta_{m,n+3}
\end{aligned}$$

따라서 n 번째 에너지 준위의 2차항의 변화는 다음과 같다.

$$\begin{aligned}
E_n^{(2)} &= \frac{n(n-1)(n-2)\,\delta^2}{3(\sqrt{2}\alpha)^6\hbar w} + \frac{n}{2\alpha^2\hbar w}\left[\epsilon + \frac{\delta}{2\alpha^2}3n\right]^2 \\
&\quad - \frac{n+1}{2\alpha^2\hbar w}\left[\epsilon + \frac{\delta}{2\alpha^2}(3n+3)\right]^2 - \frac{(n+1)(n+2)(n+3)\,\delta^2}{3(\sqrt{2}\alpha)^6\hbar w}
\end{aligned}$$

2). 이 경우, 1차항까지의 변화 $E_n^{(1)} = H'_{nn} = \langle n|\epsilon x^2|n\rangle$ 는 다음과 같다.

$$E_n^{(1)} = \left\langle n \left| \frac{\epsilon}{2\alpha^2}(a+a^\dagger)^2 \right| n \right\rangle = \frac{\epsilon}{2\alpha^2}\left\langle n \left| a^2 + aa^\dagger + a^\dagger a + (a^\dagger)^2 \right| n \right\rangle = \frac{(2n+1)\,\epsilon}{2\alpha^2}$$

여기서 건드림까지 포함한 전체 해밀토니안은 다음과 같으므로,

$$H = H_0 + H' = \frac{p^2}{2m} + \frac{1}{2}mw^2x^2 + \epsilon x^2 = \frac{p^2}{2m} + (\frac{1}{2}mw^2 + \epsilon)x^2,$$

우리는 이 전체 해밀토니안을 $\frac{1}{2}mw^2 + \epsilon \equiv \frac{1}{2}mw'^2$ 인 새로운 w' 를 갖는 1차원 조화 떨개의 해밀토니안으로 생각할 수 있으며, 이에 대한 정확한 해는 알고 있다. 이때 새로운 w' 는 다음과 같다.

$$w' = w\left(1 + \frac{2\epsilon}{mw^2}\right)^{1/2}$$

따라서 에너지 준위는 정확하게 다음과 같이 주어진다.

$$E_n = \left(n + \frac{1}{2}\right)\hbar w' = \left(n + \frac{1}{2}\right)\hbar w\left(1 + \frac{2\epsilon}{mw^2}\right)^{1/2}$$

그런데 $|\epsilon| \ll mw^2$ 의 조건을 만족하므로, 전개하면 $w' \simeq w(1 + \frac{\epsilon}{mw^2} + \cdots)$ 이 된다. 따라서 이로부터 얻는 ϵ 의 1차항까지 에너지 변화는 다음과 같다.

$$\triangle E_n = \left(n + \frac{1}{2}\right)\frac{\hbar}{mw}\,\epsilon$$

한편, 앞에서 건드림으로 얻은 1차항까지의 변화는 다음과 같았다.

$$E_n^{(1)} = \frac{(2n+1)\,\epsilon}{2\alpha^2} = \left(n + \frac{1}{2}\right)\left(\frac{mw}{\hbar}\right)^{-1}\epsilon$$

즉, 위의 두 가지 방법에 의한 결과는 1차항까지 일치함을 보여준다.

9.3 구간이 $0 < x < a$ 로 주어진 1차원 상자의 바닥($V = 0$)이 다음과 같이 변형되었다.

$$V = \epsilon \sin\frac{\pi x}{a}, \quad 0 < x < a, \quad |\epsilon| \ll 1$$

각 에너지 준위의 변화를 ϵ 의 1차항까지 구하라.

풀이: 이 경우 원래 상자의 고유상태는 식 (3.45)에서 다음과 같이 주어졌다.

$$\psi_n^{(0)} = \sqrt{\frac{2}{a}}\sin\frac{n\pi x}{a}, \; n = 1, 2, 3, \cdots$$

따라서 ϵ 의 1차항까지 에너지 변화 $E_n^{(1)} = H'_{nn}$ 은 다음과 같이 주어진다.

$$E_n^{(1)} = \left\langle \psi_n^{(0)} | V | \psi_n^{(0)} \right\rangle = \frac{2\epsilon}{a}\int_0^a dx\,\sin^2\frac{n\pi x}{a}\sin\frac{\pi x}{a}$$

여기서 적분 인자는 다음과 같이 쓸 수 있으므로,

$$\begin{aligned}\sin^2\frac{n\pi x}{a}\sin\frac{\pi x}{a} &= \frac{1}{2}\left(1-\cos\frac{2n\pi x}{a}\right)\sin\frac{\pi x}{a}\\ &= \frac{1}{2}\left[\sin\frac{\pi x}{a}-\frac{1}{2}\left(\sin\frac{(2n+1)\pi x}{a}-\sin\frac{(2n-1)\pi x}{a}\right)\right],\end{aligned}$$

위 적분은 다음과 같이 계산된다.

$$\begin{aligned}E_n^{(1)} &= \frac{\epsilon}{a}\left[-\frac{a}{\pi}\cos\frac{\pi x}{a}+\frac{1}{2}\left\{\frac{a}{(2n+1)\pi}\cos\frac{(2n+1)\pi x}{a}-\frac{a}{(2n-1)\pi}\cos\frac{(2n-1)\pi x}{a}\right\}\right]_0^a\\ &= \frac{\epsilon}{a}\left[2\frac{a}{\pi}+\frac{1}{2}\left\{-2\frac{a}{(2n+1)\pi}+2\frac{a}{(2n-1)\pi}\right\}\right]=\frac{2\epsilon}{\pi}\left(1+\frac{1}{4n^2-1}\right)\end{aligned}$$

9.4 문제 5.10에서 다뤘던 문제를 건드림 방식으로 구하자. 이를 위해 구간이 $0 < x < a$ 인 1차원 상자 안에 다음의 델타함수 위치에너지가 건드림 항으로 추가되었다고 생각하자.

$$V = \lambda\delta(x-\frac{a}{2}), \quad \lambda > 0$$

건드림 이론을 써서 에너지 준위의 변화를 λ 의 2차항까지 구하라.

풀이: 1차항의 에너지 변화는 식 (3.45)를 쓰면 다음과 같이 주어진다.

$$E_n^{(1)} = \left\langle \psi_n^{(0)}|V|\psi_n^{(0)}\right\rangle = \frac{2\lambda}{a}\int_0^a dx\,\sin^2\frac{n\pi x}{a}\,\delta(x-\frac{a}{2}) = \frac{2\lambda}{a}\sin^2\frac{n\pi}{2}$$

여기서 다음의 관계가 성립하므로,

$$\sin^2\frac{n\pi}{2} = \begin{cases} 1, & n=1,3,5,\cdots \\ 0, & n=2,4,6,\cdots \end{cases},$$

1차항의 에너지 변화는 다음과 같다.

$$E_n^{(1)} = \begin{cases} \frac{2\lambda}{a}, & n=1,3,5,\cdots \\ 0, & n=2,4,6,\cdots \end{cases}$$

참고로, 여기서 n 이 짝수일 때 변화가 없는 이유는 건드림이 $x = \frac{a}{2}$에서만 존재하는데, n 이 짝수일 때는 그곳에서의 원래 파동함수($\psi_n^{(0)}$)가 0 이기 때문이다.

다음으로 2차항의 에너지 변화는 다음과 같이 주어진다.

$$E_n^{(2)} = \sum_{m \neq n} \frac{|H'_{mn}|^2}{E_n^{(0)} - E_m^{(0)}}$$

원래 해밀토니안의 에너지 준위는 식 (3.46)에서 $E_n^{(0)} = \frac{n^2\pi^2\hbar^2}{2ma^2}$ 이고, H'_{mn} 은 다음과 같이 주어진다.

$$H'_{mn} = \left\langle \psi_m^{(0)} | V | \psi_n^{(0)} \right\rangle = \frac{2\lambda}{a} \int_0^a dx \, \sin\frac{m\pi x}{a} \, \sin\frac{n\pi x}{a} \, \delta(x - \frac{a}{2}) = \frac{2\lambda}{a} \sin\frac{m\pi}{2} \, \sin\frac{n\pi}{2}$$

위의 H'_{mn} 은 m, n 이 모두 홀수일 때만 0 이 아니고, 그 값은 $\pm\frac{2\lambda}{a}$ 이다. 따라서 $E_n^{(2)}$ 는 다음과 같이 주어진다.

$$E_n^{(2)} = \sum_{l \neq n, \text{odd}} \frac{\left(\frac{2\lambda}{a}\right)^2}{E_n^{(0)} - E_l^{(0)}} = \begin{cases} \left(\frac{2\lambda}{a}\right)^2 \frac{2ma^2}{\pi^2\hbar^2} \sum_{l \neq n, \text{odd}} \frac{1}{n^2 - l^2}, & n = 1, 3, 5, \cdots \\ 0, & n = 2, 4, 6, \cdots \end{cases}$$

여기서 $\frac{1}{n^2 - l^2} = \frac{1}{(n-l)(n+l)} = \frac{1}{2n}\left(\frac{1}{n+l} + \frac{1}{n-l}\right)$ 이므로, 합은 다음과 같이 쓸 수 있다.

$$\sum_{l \neq n, \text{odd}} \frac{1}{n^2 - l^2} = \frac{1}{2n} \sum_{l \neq n, \text{odd}} \left(\frac{1}{n+l} + \frac{1}{n-l}\right), \quad n = 1, 3, 5, \cdots$$

위에서 $\sum_{l \neq n, \text{odd}} \frac{1}{n+l}$ 과 $\sum_{l \neq n, \text{odd}} \frac{1}{n-l}$ 의 두 합은 대부분 상쇄되고 오직 $-\frac{1}{2n}$ 만 남는다. 예컨대 $n = 1, 3, 5$ 일 때는 다음과 같다.

$$\sum_{l \neq 1, \text{odd}} \left(\frac{1}{1+l} + \frac{1}{1-l}\right) = \frac{1}{4} + \frac{1}{6} + \frac{1}{8} + \cdots - \frac{1}{2} - \frac{1}{4} - \frac{1}{6} - \frac{1}{8} + \cdots = -\frac{1}{2}$$

$$\sum_{l \neq 3, \text{odd}} \left(\frac{1}{3+l} + \frac{1}{3-l}\right) = \frac{1}{4} + \frac{1}{8} + \frac{1}{10} + \cdots + \frac{1}{2} - \frac{1}{2} - \frac{1}{4} - \frac{1}{6} - \frac{1}{8} \cdots = -\frac{1}{6}$$

$$\sum_{l \neq 5, \text{odd}} \left(\frac{1}{5+l} + \frac{1}{5-l}\right) = \frac{1}{6} + \frac{1}{8} + \frac{1}{12} + \cdots + \frac{1}{4} + \frac{1}{2} - \frac{1}{2} - \frac{1}{4} - \frac{1}{6} - \frac{1}{8} - \frac{1}{10} \cdots = -\frac{1}{10}$$

즉, $\sum_{l \neq n, \text{odd}} \frac{1}{n^2 - l^2} = -\frac{1}{4n^2}$ 이다. 따라서 2차항까지의 에너지 변화는 다음과 같다.

$$E_n^{(1)} + E_n^{(2)} = \begin{cases} \frac{2\lambda}{a} - \left(\frac{\lambda}{\pi\hbar}\right)^2 \frac{2m}{n^2}, & n = 1, 3, 5, \cdots \\ 0, & n = 2, 4, 6, \cdots \end{cases}$$

9.5 다음과 같이 바닥의 일부가 변형된 1차원 상자를 생각하여 5장에서 다뤘던 두 상태로 이루어진 계에서의 가정들을 건드림의 입장에서 살펴보자.

$$V(x) = \begin{cases} V_0, & |x| < b \\ 0, & b < |x| < a \\ \infty, & a < |x| \end{cases}$$

위에서 V_0 는 양수이고 b 는 a 보다 훨씬 작다.

1). 중앙 장벽 V_0 가 원래 상자의 바닥상태 에너지와 비슷하게 낮아졌을 때, 에너지를 폭이 $2a$인 1차원 상자에 대한 건드림으로 생각하여 그 1차항까지 구하라.

2). 중앙 장벽 V_0 가 처음 몇 개의 낮은 에너지 준위들보다 훨씬 높은 경우를 생각하자. 이 경우 처음 몇 개의 낮은 에너지 상태들에 대해 우리는 입자가 V_0 높이의 장벽으로 분리된 좌우 두 개의 깊은 우물 중 하나에 있다고 근사할 수 있을 것이다.

만약 V_0 가 입자의 에너지에 비해 매우 높다면, 이는 $x = 0$ 에 통과할 수 없는 장벽으로 분리된 구간 $-a < x < 0$ 와 $0 < x < a$ 의 두 1차원 상자들로 이루어진 계로 근사할 수 있을 것이다. 이 경우 고유상태들은 1차원 상자의 각 에너지 준위에서 두 겹의 겹친 상태들이 될 것이다. 이제 이러한 두 상자들 사이의 중앙 무한 장벽이 낮아져서 높이 V_0, 너비 $2b$의 장벽으로 변했다고 생각하고, 원래의 두 1차원 상자에 대한 겹친 상태의 건드림으로 보아 이 건드림에 의한 바닥상태와 첫 번째 들뜬상태의 에너지를 구하라.

$$H' = V_0, \quad |x| < b$$

3). 2)번의 경우와 같이 중앙 장벽 V_0 가 처음 몇 개의 낮은 에너지 준위들보다 훨씬 높지만, 다만 아래와 같이 왼쪽과 오른쪽 우물에서의 건드림 해밀토니안의 부호가 반대로 주어졌을 경우의 답을 구하라.

$$H' = \begin{cases} -V_0, & -b < x < 0 \\ +V_0, & 0 < x < b \end{cases}$$

풀이: 1). 문제 3.3에서 구한 폭 $2a$의 1차원 상자의 고유상태와 에너지는 다음과 같다.

$$\psi_n^{(0)}(x) = \begin{cases} \frac{1}{\sqrt{a}} \cos \frac{n\pi x}{2a}, & n = 1, 3, 5, \cdots \\ \frac{1}{\sqrt{a}} \sin \frac{n\pi x}{2a}, & n = 2, 4, 6, \cdots \end{cases}, \quad -a \le x \le a, \quad E_n^{(0)} = \frac{n^2\hbar^2\pi^2}{8ma^2}$$

따라서 건드림에 의한 1차항까지의 에너지 변화는 다음과 같다.

$$
\begin{aligned}
E_n^{(1)} &= \left\langle \psi_n^{(0)} | V | \psi_n^{(0)} \right\rangle \\
&= \begin{cases} \frac{V_0}{a} \int_{-b}^{b} dx \cos^2 \frac{n\pi x}{2a} = \frac{V_0}{a} \left(b + \frac{a}{n\pi} \sin \frac{n\pi b}{a} \right), & n = 1, 3, 5, \cdots \\ \frac{V_0}{a} \int_{-b}^{b} dx \sin^2 \frac{n\pi x}{2a} = \frac{V_0}{a} \left(b - \frac{a}{n\pi} \sin \frac{n\pi b}{a} \right), & n = 2, 4, 6, \cdots \end{cases}
\end{aligned}
$$

여기서 $b \ll a$ 의 조건을 쓰면 1차항까지의 에너지는 다음과 같다.

$$
\begin{aligned}
E_n &= E_n^{(0)} + E_n^{(1)} \\
&\simeq \begin{cases} \frac{n^2 \hbar^2 \pi^2}{8ma^2} + \frac{2V_0 b}{a} - \frac{V_0 n^2 \pi^2}{6} \left(\frac{b}{a} \right)^3, & n = 1, 3, 5, \cdots \\ \frac{n^2 \hbar^2 \pi^2}{8ma^2} + \frac{V_0 n^2 \pi^2}{6} \left(\frac{b}{a} \right)^3, & n = 2, 4, 6, \cdots \end{cases}
\end{aligned}
$$

2). 겹친 상태들에 대한 건드림에서 에너지 변화를 구하기 위해 건드림 해밀토니안의 행렬 표현 H'_{mn}을 아래와 같이 고유방정식(9.47)에 적용한다.

$$
\det(H' - E_i{}' \mathbf{1}) = 0
$$

건드림 이전의 두 1차원 상자의 고유상태들 $|\psi_{nL}^{(0)} >$ 과 $|\psi_{nR}^{(0)} >$ 은 두 겹의 겹친 상태들로 아래와 같이 주어지고, 에너지 준위는 $E_n^{(0)} = \frac{n^2 \hbar^2 \pi^2}{2ma^2}$ 이다.

$$
\begin{aligned}
|\psi_{nL}^{(0)} > &= -\sqrt{\frac{2}{a}} \sin(\frac{n\pi x}{a}), \quad -a < x < 0, \quad n = 1, 2, 3, \cdots \\
|\psi_{nR}^{(0)} > &= +\sqrt{\frac{2}{a}} \sin(\frac{n\pi x}{a}), \quad 0 < x < a, \quad n = 1, 2, 3, \cdots
\end{aligned}
$$

이제 바닥상태에 대한 건드림 해밀토니안의 행렬 표현은 다음과 같이 주어진다.

$$
H' = \begin{pmatrix} < \psi_{1L}^{(0)} | H' | \psi_{1L}^{(0)} > & < \psi_{1L}^{(0)} | H' | \psi_{1R}^{(0)} > \\ < \psi_{1R}^{(0)} | H' | \psi_{1L}^{(0)} > & < \psi_{1R}^{(0)} | H' | \psi_{1R}^{(0)} > \end{pmatrix}
$$

따라서 건드림 해밀토니안의 행렬 요소들은 각각 다음과 같다.

$$
\begin{aligned}
< \psi_{1L}^{(0)} | H' | \psi_{1L}^{(0)} > &= < \psi_{1R}^{(0)} | H' | \psi_{1R}^{(0)} > \\
&= \frac{2V_0}{a} \int_0^b dx \sin^2(\frac{\pi x}{a}) = V_0 \left[\frac{b}{a} - \frac{1}{2\pi} \sin \left(\frac{2\pi b}{a} \right) \right] \equiv \epsilon_1 \\
< \psi_{1L}^{(0)} | H' | \psi_{1R}^{(0)} > &= < \psi_{1R}^{(0)} | H' | \psi_{1L}^{(0)} > = 0
\end{aligned}
$$

이로부터 고유방정식은 다음과 같이 주어진다.

$$\det(H' - E'\mathbf{1}) = \det\begin{pmatrix} \epsilon_1 - E' & 0 \\ 0 & \epsilon_1 - E' \end{pmatrix} = 0$$

즉, $E' = \epsilon_1$ 이 되어 겹친 상태는 분리되지 않는다. 따라서 바닥상태는 여전히 겹친 상태이며 그 에너지는 다음과 같다.

$$E_1 = E_1^{(0)} + \epsilon_1 = \frac{\hbar^2\pi^2}{2ma^2} + V_0\left[\frac{b}{a} - \frac{1}{2\pi}\sin\left(\frac{2\pi b}{a}\right)\right] \simeq \frac{\hbar^2\pi^2}{2ma^2} + \frac{2\pi^2 V_0}{3}\left(\frac{b}{a}\right)^3$$

첫 번째 들뜬상태의 경우는 건드림 해밀토니안 행렬 표현이 다음과 같이 주어진다.

$$H' = \begin{pmatrix} < \psi_{2L}^{(0)}|H'|\psi_{2L}^{(0)} > & < \psi_{2L}^{(0)}|H'|\psi_{2R}^{(0)} > \\ < \psi_{2R}^{(0)}|H'|\psi_{2L}^{(0)} > & < \psi_{2R}^{(0)}|H'|\psi_{2R}^{(0)} > \end{pmatrix}$$

따라서 건드림 해밀토니안의 행렬 요소들은 각각 다음과 같다.

$$\begin{aligned} < \psi_{2L}^{(0)}|H'|\psi_{2L}^{(0)} > &= < \psi_{2R}^{(0)}|H'|\psi_{2R}^{(0)} > \\ &= \frac{2V_0}{a}\int_0^b dx\sin^2(\frac{2\pi x}{a}) = V_0\left[\frac{b}{a} - \frac{1}{4\pi}\sin\left(\frac{4\pi b}{a}\right)\right] \equiv \epsilon_2 \\ < \psi_{2L}^{(0)}|H'|\psi_{2R}^{(0)} > &= < \psi_{2R}^{(0)}|H'|\psi_{2L}^{(0)} > = 0 \end{aligned}$$

이로부터 고유방정식은 다음과 같이 주어진다.

$$\det(H' - E'\mathbf{1}) = \det\begin{pmatrix} \epsilon_2 - E' & 0 \\ 0 & \epsilon_2 - E' \end{pmatrix} = 0$$

즉, $E' = \epsilon_2$ 이 되어 겹친 상태는 분리되지 않는다. 따라서 첫 번째 들뜬상태 역시 여전히 겹친 상태로 남으며 그 에너지는 다음과 같다.

$$E_2 = E_2^{(0)} + \epsilon_2 = \frac{2\hbar^2\pi^2}{ma^2} + V_0\left[\frac{b}{a} - \frac{1}{4\pi}\sin\left(\frac{4\pi b}{a}\right)\right] \simeq \frac{2\hbar^2\pi^2}{ma^2} + \frac{8\pi^2 V_0}{3}\left(\frac{b}{a}\right)^3$$

이상의 결과는 1)번의 결과에서 $n = 1, 3, 5, \cdots$ 의 우함수 해에 해당하는 해가 존재하지 않음을 보여준다. 여기서는 1)번의 경우와는 달리 처음 몇 개의 낮은 에너지 상태들에 대해 중앙 장벽이 거의 무한 장벽으로 작용하는 것과 같은 어림을 하여, 두 우물 중 하나에만 파동함수가 존재하는 것으로 가정했기 때문이다. 따라서, 중앙 장벽에서 파동함수가 0 이 되지 않는 1)번에서의 우함수 해는 여기서는 존재하지 않게 된 것이다. 실제로 여기서 구한 E_1과 E_2는 각각 1)번에서의 $n = 2$, $n = 4$의 결과와 그 표현이 같다.

3). 이 경우에도 건드림 이전의 고유상태들 $|\psi_{nL}^{(0)}>$ 과 $|\psi_{nR}^{(0)}>$ 은 2)번에서와 같이 두 겹의 겹친 상태들이다. 에너지 준위도 $E_n^{(0)} = \frac{n^2\hbar^2\pi^2}{2ma^2}$으로 같다. 바닥상태에 대한 건드림 해밀토니안의 행렬 표현 역시 2)번과 동일하지만, 건드림이 달라져 그 행렬 요소들은 다음과 같이 된다.

$$
\begin{aligned}
<\psi_{1L}^{(0)}|H'|\psi_{1L}^{(0)}> &= -\frac{2V_0}{a}\int_{-b}^{0} dx \sin^2(\frac{\pi x}{a}) \\
&= -V_0\left[\frac{b}{a} - \frac{1}{2\pi}\sin\left(\frac{2\pi b}{a}\right)\right] = -\epsilon_1 \\
<\psi_{1R}^{(0)}|H'|\psi_{1R}^{(0)}> &= \frac{2V_0}{a}\int_{0}^{b} dx \sin^2(\frac{\pi x}{a}) \\
&= V_0\left[\frac{b}{a} - \frac{1}{2\pi}\sin\left(\frac{2\pi b}{a}\right)\right] = \epsilon_1 \\
<\psi_{1L}^{(0)}|H'|\psi_{1R}^{(0)}> &= <\psi_{1R}^{(0)}|H'|\psi_{1L}^{(0)}> = 0
\end{aligned}
$$

이로부터 고유방정식은 다음과 같이 주어진다.

$$
\det(H' - E'\mathbf{1}) = \det\begin{pmatrix} -\epsilon_1 - E' & 0 \\ 0 & \epsilon_1 - E' \end{pmatrix} = 0
$$

따라서 $E' = \pm\epsilon_1$ 이 되어 겹친 상태가 분리된다. 즉, 원래 바닥상태는 새로운 바닥상태 $E_1 = E_1^{(0)} - \epsilon_1 = \frac{\hbar^2\pi^2}{2ma^2} - \frac{2\pi^2 V_0}{3}\left(\frac{b}{a}\right)^3$ 와 들뜬상태 $E_2 = E_1^{(0)} + \epsilon_1 = \frac{\hbar^2\pi^2}{2ma^2} + \frac{2\pi^2 V_0}{3}\left(\frac{b}{a}\right)^3$ 로 분리된다. 여기서 E_1 과 E_2 에 대한 고유상태는 각각 $\psi_{1L}^{(0)}$ 과 $\psi_{1R}^{(0)}$ 이다.

마찬가지로 원래의 첫 번째 들뜬상태 $E_2^{(0)}$는 $E_3 = E_2^{(0)} - \epsilon_2$ 와 $E_4 = E_2^{(0)} + \epsilon_2$ 로 분리된다. 여기서 E_3 와 E_4 에 대한 고유상태는 각각 $\psi_{2L}^{(0)}$ 과 $\psi_{2R}^{(0)}$ 이다. 물론 이러한 에너지 준위의 새로운 순서는 건드림에 의한 ϵ_1 이나 ϵ_2 가 원래의 에너지 차이 $E_2^{(0)} - E_1^{(0)}$ 보다 훨씬 작다는 가정에서 유효하다.

9.6 2차원 조화 떨개의 해밀토니안이 다음과 같이 주어졌다.

$$H_0 = \frac{1}{2m}(p_x^2 + p_y^2) + \frac{1}{2}mw^2(x^2 + y^2)$$

여기에 건드림이 다음과 같이 가해졌다.

$$H' = \epsilon_1 x^2 + \epsilon_2 y$$

여기서 ϵ_1 과 ϵ_2 는 둘 다 아주 작은 양의 상수이다. 이 건드림에 의한 첫 번째 들뜬 상태의 에너지 변화와 그에 해당하는 상태들을 구하라.

풀이: 문제 9.2의 풀이에서처럼 다음의 관계를 사용하자.

$$x = \frac{1}{\sqrt{2}\alpha}(a + a^\dagger), \quad y = \frac{1}{\sqrt{2}\alpha}(b + b^\dagger), \quad \alpha \equiv \sqrt{\frac{mw}{\hbar}}$$

식 (9.52)에서 건드림 이전의 에너지와 그 고유상태는 다음과 같다.

$$H_0 \left|n_x, n_y\right\rangle = (n_x + n_y + 1)\hbar w \left|n_x, n_y\right\rangle, \quad \{n_x, n_y\} = 0, 1, 2, \cdots$$

즉, $E^{(0)}_{n_x+n_y} = (n_x+n_y+1)\hbar w$, $|\psi^{(0)}_n> = \left|n_x, n_y\right\rangle$ 이다. 따라서 첫 번째 들뜬 상태의 에너지는 $E^{(0)}_1 = 2\hbar w$ 이고, $|1, 0\rangle$ 와 $|0, 1\rangle$ 의 두 겹친 상태들이 존재한다. 그러므로 이 겹친 상태들에 대한 건드림 해밀토니안의 행렬 표현은 다음과 같이 쓸 수 있다.

$$H' = \begin{pmatrix} \langle 1, 0|\, \epsilon_1 x^2 + \epsilon_2 y \,|1, 0\rangle & \langle 1, 0|\, \epsilon_1 x^2 + \epsilon_2 y \,|0, 1\rangle \\ \langle 0, 1|\, \epsilon_1 x^2 + \epsilon_2 y \,|1, 0\rangle & \langle 0, 1|\, \epsilon_1 x^2 + \epsilon_2 y \,|0, 1\rangle \end{pmatrix}$$

여기서 $x^2 = \frac{1}{2\alpha^2}\left(a^2 + aa^\dagger + a^\dagger a + (a^\dagger)^2\right)$ 이므로, 다음의 관계가 성립한다.

$$x^2 \,|1, 0\rangle = \frac{3}{2\alpha^2}\,|1, 0\rangle + \frac{\sqrt{3}}{\sqrt{2}\alpha^2}\,|3, 0\rangle, \qquad x^2\,|0, 1\rangle = \frac{1}{2\alpha^2}\,|0, 1\rangle + \frac{1}{\sqrt{2}\alpha^2}\,|2, 1\rangle$$

그리고 $y = \frac{1}{\sqrt{2}\alpha}(b + b^\dagger)$ 에 대해서는 다음 관계가 성립한다.

$$y\,|1, 0\rangle = \frac{1}{\sqrt{2}\alpha}\,|1, 1\rangle, \qquad y\,|0, 1\rangle = \frac{1}{\sqrt{2}\alpha}\,|0, 0\rangle + \frac{1}{\alpha}\,|0, 2\rangle$$

따라서 $\epsilon_2 y$ 의 기여는 없고, 건드림 행렬은 다음과 같이 된다.

$$H' = \begin{pmatrix} \frac{3\epsilon_1}{2\alpha^2} & 0 \\ 0 & \frac{\epsilon_1}{2\alpha^2} \end{pmatrix}$$

이로부터 고유방정식은 다음과 같이 주어진다.

$$\det(H' - E'\mathbf{1}) = \det \begin{pmatrix} \frac{3\epsilon_1}{2\alpha^2} - E' & 0 \\ 0 & \frac{\epsilon_1}{2\alpha^2} - E' \end{pmatrix} = 0$$

즉, E' 은 $\frac{3\epsilon_1}{2\alpha^2}$ 과 $\frac{\epsilon_1}{2\alpha^2}$ 의 두 값을 가지며, 첫 번째 들뜬상태는 다음의 두 에너지 준위로 분리된다.

$$\begin{aligned} E_2 &= E_1^{(0)} + \frac{\epsilon_1}{2\alpha^2} = 2\hbar w + \frac{\epsilon_1 \hbar}{2mw} \\ E_3 &= E_1^{(0)} + \frac{3\epsilon_1}{2\alpha^2} = 2\hbar w + \frac{3\epsilon_1 \hbar}{2mw} \end{aligned}$$

여기서 각각의 고유상태는 아래의 고유상태 방정식에서,

$$\begin{pmatrix} \frac{3\epsilon_1}{2\alpha^2} & 0 \\ 0 & \frac{\epsilon_1}{2\alpha^2} \end{pmatrix} \begin{pmatrix} a \\ b \end{pmatrix} = E' \begin{pmatrix} a \\ b \end{pmatrix},$$

E_2 의 고유상태는 $|0,1\rangle$, E_3 의 고유상태는 $|1,0\rangle$ 임을 알 수 있다.

9.7 다음과 같이 한 변의 길이가 a 인 정육면체 형태의 3차원 상자가 있다.

$$V(x,y,z) = \begin{cases} 0, & 0 < x < a,\ 0 < y < a,\ 0 < z < a \\ \infty, & \text{그외 영역} \end{cases}$$

여기에 아래와 같은 건드림이 추가되었을 때, 건드림 이전 첫 번째 들뜬상태의 에너지 변화와 그에 상응하는 상태함수들을 구하라. 여기서 건드림 이전의 첫 번째 들뜬 상태는 겹친 상태들임에 유의하라.

$$H' = \begin{cases} V_0, & 0 < x < a,\ 0 < y < \frac{a}{2},\ 0 < z < \frac{a}{2}, \quad V_0 > 0 \\ 0, & \text{그외 영역} \end{cases}$$

풀이: 건드림 이전의 고유상태와 에너지는 다음과 같다.

$$\left|\psi^{(0)}_{n_x,n_y,n_z}\right\rangle = \left(\frac{2}{a}\right)^{3/2} \sin\frac{n_x\pi x}{a}\sin\frac{n_y\pi y}{a}\sin\frac{n_z\pi z}{a},\ 0<x<a,\ 0<y<a,\ 0<z<a$$

$$E^{(0)}_{n_x,n_y,n_z} = \frac{\pi^2\hbar^2}{2ma^2}\left(n_x^2+n_y^2+n_z^2\right),\quad \{n_x,n_y,n_z\}=1,2,3,\cdots$$

건드림 이전의 바닥상태는 $(n_x,n_y,n_z)=(1,1,1)$인 상태로 겹친 상태는 아니다. 건드림 이전에 첫 번째 들뜬상태는 $(n_x,n_y,n_z)=(2,1,1),(1,2,1),(1,1,2)$ 의 세 가지 상태로 세 겹의 겹친 상태들을 이룬다. 여기서 기술의 편의를 위해 첫 번째 들뜬상태의 원래 고유상태들을 각각 $\psi^{(0)}_{2,1,1}\equiv|1>$, $\psi^{(0)}_{1,2,1}\equiv|2>$, $\psi^{(0)}_{1,1,2}\equiv|3>$ 으로 표현하겠다. 그러면 첫 번째 들뜬상태에 대한 건드림 해밀토니안의 행렬 표현은 다음과 같이 된다.

$$(H') = \begin{pmatrix} \langle1|H'|1\rangle & \langle1|H'|2\rangle & \langle1|H'|3\rangle \\ \langle2|H'|1\rangle & \langle2|H'|2\rangle & \langle2|H'|3\rangle \\ \langle3|H'|1\rangle & \langle3|H'|2\rangle & \langle3|H'|3\rangle \end{pmatrix}$$

이 행렬은 대칭행렬($H'_{ij}=H'_{ji}$)이며, 그 행렬 요소들은 다음과 같이 주어진다.

$$\langle1|H'|1\rangle = V_0\left(\frac{2}{a}\right)^3\int_0^a dx\,\sin^2(\frac{2\pi x}{a})\int_0^{a/2}dy\,\sin^2(\frac{\pi y}{a})\int_0^{a/2}dz\,\sin^2(\frac{\pi z}{a})$$

$$\langle1|H'|2\rangle = V_0\left(\frac{2}{a}\right)^3\int_0^a dx\,\sin(\frac{2\pi x}{a})\sin(\frac{\pi x}{a})\int_0^{a/2}dy\,\sin(\frac{\pi y}{a})\sin(\frac{2\pi y}{a})\int_0^{a/2}dz\,\sin^2(\frac{\pi z}{a}$$

$$\langle1|H'|3\rangle = V_0\left(\frac{2}{a}\right)^3\int_0^a dx\,\sin(\frac{2\pi x}{a})\sin(\frac{\pi x}{a})\int_0^{a/2}dy\,\sin^2(\frac{\pi y}{a})\int_0^{a/2}dz\,\sin(\frac{\pi z}{a})\sin(\frac{2\pi z}{a}$$

$$\langle2|H'|2\rangle = V_0\left(\frac{2}{a}\right)^3\int_0^a dx\,\sin^2(\frac{\pi x}{a})\int_0^{a/2}dy\,\sin^2(\frac{2\pi y}{a})\int_0^{a/2}dz\,\sin^2(\frac{\pi z}{a})$$

$$\langle2|H'|3\rangle = V_0\left(\frac{2}{a}\right)^3\int_0^a dx\,\sin^2(\frac{\pi x}{a})\int_0^{a/2}dy\,\sin(\frac{2\pi y}{a})\sin(\frac{\pi y}{a})\int_0^{a/2}dz\,\sin(\frac{\pi z}{a})\sin(\frac{2\pi z}{a}$$

$$\langle3|H'|3\rangle = V_0\left(\frac{2}{a}\right)^3\int_0^a dx\,\sin^2(\frac{\pi x}{a})\int_0^{a/2}dy\,\sin^2(\frac{\pi y}{a})\int_0^{a/2}dz\,\sin^2(\frac{2\pi z}{a})$$

이 행렬 요소들의 적분값은 다음과 같다.

$$\langle1|H'|1\rangle = \langle2|H'|2\rangle = \langle3|H'|3\rangle = \frac{V_0}{4}$$

$$\langle 1 | H' | 2 \rangle = \langle 1 | H' | 3 \rangle = 0, \quad \langle 2 | H' | 3 \rangle = \left(\frac{4}{3\pi} \right)^2 V_0$$

즉, 건드림 해밀토니안의 행렬 표현은 다음과 같다.

$$(H') = V_0 \begin{pmatrix} \frac{1}{4} & 0 & 0 \\ 0 & \frac{1}{4} & \left(\frac{4}{3\pi}\right)^2 \\ 0 & \left(\frac{4}{3\pi}\right)^2 & \frac{1}{4} \end{pmatrix}$$

따라서 고유방정식은 다음과 같다.

$$\det(H' - E'\mathbf{1}) = \det \begin{pmatrix} \frac{V_0}{4} - E' & 0 & 0 \\ 0 & \frac{V_0}{4} - E' & \left(\frac{4}{3\pi}\right)^2 V_0 \\ 0 & \left(\frac{4}{3\pi}\right)^2 V_0 & \frac{V_0}{4} - E' \end{pmatrix} = 0$$

그러므로 E' 는 다음 방정식의 해가 된다.

$$\left(\frac{V_0}{4} - E' \right) \left[\left(\frac{V_0}{4} - E' \right)^2 - \left(\frac{4}{3\pi} \right)^4 V_0^2 \right] = 0$$

이를 만족하는 E' 는 다음의 세 가지 값을 갖는다.

$$E' = \frac{V_0}{4}, \quad E' = \frac{V_0}{4} \pm \left(\frac{4}{3\pi} \right)^2 V_0$$

각각의 고유상태는 아래의 고유상태 방정식에서 구할 수 있다.

$$V_0 \begin{pmatrix} \frac{1}{4} & 0 & 0 \\ 0 & \frac{1}{4} & \left(\frac{4}{3\pi}\right)^2 \\ 0 & \left(\frac{4}{3\pi}\right)^2 & \frac{1}{4} \end{pmatrix} \begin{pmatrix} a \\ b \\ c \end{pmatrix} = E' \begin{pmatrix} a \\ b \\ c \end{pmatrix}$$

이는 첫 번째 들뜬상태가 다음 세 갈래의 에너지 준위로 분리됨을 뜻하며,

$$E_2 = \frac{3\pi^2\hbar^2}{ma^2} + \left[\frac{1}{4} - \left(\frac{4}{3\pi} \right)^2 \right] V_0, \quad E_3 = \frac{3\pi^2\hbar^2}{ma^2} + \frac{V_0}{4}, \quad E_4 = \frac{3\pi^2\hbar^2}{ma^2} + \left[\frac{1}{4} + \left(\frac{4}{3\pi} \right)^2 \right] V_0,$$

이때 각각의 고유상태는 다음과 같다.

$$\psi_2 = \frac{1}{\sqrt{2}} \left(\psi_{1,2,1}^{(0)} - \psi_{1,1,2}^{(0)} \right), \quad \psi_3 = \psi_{2,1,1}^{(0)}, \quad \psi_4 = \frac{1}{\sqrt{2}} \left(\psi_{1,2,1}^{(0)} + \psi_{1,1,2}^{(0)} \right)$$

9.8 위치에너지가 $V = \frac{1}{2}mw^2x^2$ 으로 주어지는 1차원 조화 떨개에 대한 상대론적 1차 보정을 구하라.

풀이: 건드림 해밀토니안으로 $H' = -\frac{1}{8}\frac{p^4}{m^3c^2} = -\frac{1}{2mc^2}(H_0 - V)^2$ 의 관계를 활용하면, 식 (9.137)에서와 같이 1차 에너지 보정은 다음과 같이 주어진다.

$$E_n^{(1)} = H'_{nn} = \left\langle \phi_n^{(0)}|H'|\phi_n^{(0)} \right\rangle = -\frac{1}{2mc^2}\left[(E_n^{(0)})^2 - 2E_n^{(0)}\langle V\rangle_n + \langle V^2\rangle_n\right]$$

여기서 $E_n^{(0)} = (n+\frac{1}{2})\hbar w$ 이고, $|\phi_n^{(0)} > = |n\rangle$ 이다. 다음으로 $< V >_n$ 과 $< V^2 >_n$ 의 계산을 위해 먼저 x^2 을 $aa^\dagger = a^\dagger a + 1 = N + 1$ 의 관계를 써서 다음과 같이 나타내자.

$$x^2 = \frac{\hbar}{2mw}\left[a^2 + aa^\dagger + a^\dagger a + (a^\dagger)^2\right] = \frac{\hbar}{2mw}\left[a^2 + 2N + 1 + (a^\dagger)^2\right]$$

그런데 $N|n> = a^\dagger a|n> = n|n>$ 이므로 $< V >_n$ 은 다음과 같이 주어진다.

$$< V >_n = < n|V|n > = \frac{1}{2}mw^2 < n|x^2|n > = \frac{\hbar w}{4}(2n+1)$$

다음으로 $< V^2 >_n$ 의 계산을 위해 x^4 을 다음과 같이 나타내어 보자.

$$\begin{aligned} x^4 &= \frac{\hbar^2}{4m^2w^2}\left[a^2 + 2N + 1 + (a^\dagger)^2\right]^2 \\ &= \frac{\hbar^2}{4m^2w^2}\left[a^4 + 4N^2 + 4N + 1 + a^2(a^\dagger)^2 + (a^\dagger)^2a^2 + (a^\dagger)^4 + 2(2N+1)(a^2 + (a^\dagger)^2)\right] \end{aligned}$$

그러면 상태 $|n>$ 에 대한 기대값에서 a 와 $a^\dagger$ 의 숫자가 같지 않은 것은 기여하지 않으므로 다음과 같이 쓸 수 있다.

$$< n|x^4|n > = \frac{\hbar^2}{4m^2w^2} < n|4N^2 + 4N + 1 + a^2(a^\dagger)^2 + (a^\dagger)^2a^2|n >$$

여기서 $N^2|n> = nN|n> = n^2|n>$ 이다. 따라서 다음 결과를 얻는다.

$$< n|x^4|n > = \frac{\hbar^2}{4m^2w^2}[4n^2+4n+1+(n+2)(n+1)+n(n-1)] = \frac{\hbar^2}{4m^2w^2}(6n^2+6n+3)$$

이로부터 상대론적 1차 보정은 다음과 같이 주어진다.

$$\begin{aligned} E_n^{(1)} &= -\frac{1}{2mc^2}\left[[(n+\frac{1}{2})\hbar w]^2 - 2(n+\frac{1}{2})\hbar w\,\frac{\hbar w}{4}(2n+1) + \frac{m^2w^4}{4}\frac{\hbar^2}{4m^2w^2}(6n^2+6n+3)\right] \\ &= -\frac{3\hbar^2w^2}{32mc^2}(2n^2+2n+1) \end{aligned}$$

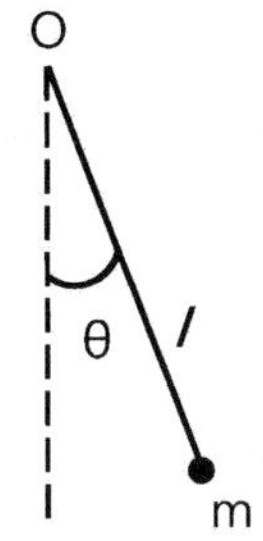

그림 6: 중력에 의한 진자 운동 (문제 9.9)

9.9 길이가 l 인 강체 막대의 한 쪽 끝이 O 점에 고정되어 있고, 질량이 m 인 물체가 반대쪽 끝에 수직으로 매달려 중력에 의해 흔들리고 있다. 여기서 강체 막대의 질량은 무시할만 하다고 하자. (그림 6)

1). 진자가 흔들리는 각도가 매우 작다고 할 때($\theta \ll 1$), 이 계의 에너지 준위를 구하라.

도움말: 위치에너지를 각도 θ 의 함수로 표현하고 그 근사값을 취하면 해밀토니안이 조화 떨개의 경우와 같은 형태로 표시됨을 보여라.

2). 흔들리는 각도가 아주 작지는 않을 때, 바닥상태 에너지에 추가되는 1차 기여를 건드림 방식으로 구하라.

풀이: 1). 이 경우 위치에너지는 다음과 같다.

$$V = mgh = mgl(1 - \cos\theta)$$

$\theta \ll 1$ 일 때 $\cos\theta = 1 - \frac{1}{2}\theta^2 + \cdots$ 이고, 운동에너지는 $\frac{1}{2}m(l\dot{\theta})^2$ 이므로 해밀토니안은 근사적으로 다음과 같이 쓸 수 있다.

$$H_0 = \frac{1}{2}m(l\dot{\theta})^2 + \frac{1}{2}mgl\theta^2$$

여기서 $x = l\theta,\ p = ml\dot{\theta}$ 로 놓으면, $H_0 = \frac{p^2}{2m} + \frac{1}{2}m\frac{g}{l}x^2$ 이 되므로, $g/l = w^2$ 으로 놓으면, 1차원 조화 떨개의 경우와 같아진다. 따라서 에너지 준위는 다음과 같다.

$$E_n^{(0)} = (n + \frac{1}{2})\hbar w, \quad w = \sqrt{\frac{g}{l}}, \quad n = 0, 1, 2, \cdots$$

2). $\cos\theta = 1 - \frac{1}{2!}\theta^2 + \frac{1}{4!}\theta^4 + \cdots$ 이므로 해밀토니안에 대한 보정은 다음과 같다.

$$H' = mgl(1 - \cos\theta) - \frac{1}{2}mgl\theta^2 = -\frac{1}{24}mgl\theta^4$$

이는 $x = l\theta$ 로 표시하면 다음과 같이 쓸 수 있다.

$$H' = -\frac{1}{24}\frac{mg}{l^3}x^4$$

따라서 바닥상태에 대한 가장 큰 기여는 다음과 같이 주어진다.

$$E_0^{(1)} = < 0|H'|0 > = -\frac{1}{24}\frac{mg}{l^3} < 0|x^4|0 >$$

한편, 앞의 문제 9.8의 풀이에서 상태 $|n>$ 에 대한 x^4 의 기대값은 다음과 같았다.

$$< n|x^4|n > = \frac{\hbar^2}{4m^2w^2}(6n^2 + 6n + 3) = \frac{\hbar^2 l}{4m^2 g}(6n^2 + 6n + 3)$$

따라서 바닥상태에 대한 1차 보정은 다음과 같다.

$$E_0^{(1)} = -\frac{1}{24}\frac{mg}{l^3} < 0|x^4|0 > = -\frac{1}{24}\frac{mg}{l^3} \cdot \frac{3\hbar^2 l}{4m^2 g} = -\frac{\hbar^2}{32ml^2}$$

9.10 관성모멘트의 성분이 I_x, I_y, I_z 인 팽이의 해밀토니안은 다음과 같이 쓸 수 있다.

$$H = \frac{1}{2}\left(\frac{L_x^2}{I_x} + \frac{L_y^2}{I_y} + \frac{L_z^2}{I_z}\right)$$

1). 축 대칭성이 있어 $I_x = I_y \equiv I \neq I_z$ 의 관계가 성립할 때, 에너지 준위를 구하라.

2). 축 대칭성이 약간 어긋나서 $I_x - I_y \equiv \alpha$ 라고 하자. $\alpha \ll I_x + I_y \equiv 2I$ 의 관계가 성립하는 경우, 각운동량 양자수 $l = 1$ 인 경우의 에너지 준위를 α 의 1차항까지 구하라. 여기서 각운동량 z 성분 양자수 m 은 0 과 ± 1 의 세 가지 값을 가짐에 유의하라.

<u>도움말</u>: 이 경우 전체 해밀토니안을 1)번에서 얻은 건드림 이전의 해밀토니안과 건드림 해밀토니안으로 분해하여 생각하라.

풀이: 1). $I_x = I_y = I$ 와 $L_x^2 + L_y^2 = \vec{L}^2 - L_z^2$ 의 관계를 써서 주어진 해밀토니안을 다음과 같이 다시 쓰자.

$$H_0 = \frac{1}{2}\left(\frac{\vec{L}^2 - L_z^2}{I} + \frac{L_z^2}{I_z}\right) = \frac{\vec{L}^2}{2I} + \frac{L_z^2}{2}\left(\frac{1}{I_z} - \frac{1}{I}\right)$$

이로부터 에너지 준위는 다음과 같이 주어짐을 알 수 있다.

$$E_{lm}^{(0)} = \frac{\hbar^2 l(l+1)}{2I} + \frac{m^2\hbar^2}{2}\left(\frac{1}{I_z} - \frac{1}{I}\right), \quad l = 0, 1, 2, \cdots, \quad -l \leq m \leq l$$

2). $I_x - I_y = \alpha$ 와 $I_x + I_y = 2I$ 의 관계로부터, 다음의 관계가 성립한다.

$$I_x = I + \frac{\alpha}{2}, \; I_y = I - \frac{\alpha}{2}$$

따라서 해밀토니안 H 는 다음과 같이 쓸 수 있다.

$$H = \frac{1}{2}\left(\frac{L_x^2}{I + \frac{\alpha}{2}} + \frac{L_y^2}{I - \frac{\alpha}{2}} + \frac{L_z^2}{I_z}\right) \simeq \frac{1}{2}\left[\frac{L_x^2}{I}\left(1 - \frac{\alpha}{2I}\right) + \frac{L_y^2}{I}\left(1 + \frac{\alpha}{2I}\right) + \frac{L_z^2}{I_z}\right]$$

이는 다시 다음과 같이 쓸 수 있다.

$$H = H_0 + \frac{L_y^2 - L_x^2}{2I}\frac{\alpha}{2I}$$

즉, 건드림 해밀토니안은 다음과 같이 쓸 수 있다.

$$H' = \frac{\alpha}{4I^2}\left(L_y^2 - L_x^2\right)$$

여기서 $L_\pm = L_x \pm iL_y$ 의 관계를 쓰면, $L_x^2 - L_y^2 = \frac{1}{2}\left(L_+^2 + L_-^2\right)$ 의 관계를 얻는다. 1)번의 결과에서 $l = 1$ 인 경우, $m = 0$ 인 $|\, lm> = |1, 0>$ 상태는 겹치지 않았지만, $m = \pm 1$ 인 경우는 $|1, \pm 1>$ 의 두 겹의 겹친 상태임을 알 수 있다. 따라서 1차 보정은 각각 겹치지 않은 경우와 겹친 경우의 건드림으로 나누어 다음과 같이 구할 수 있다.

먼저 $|1, 0>$ 상태의 경우:

$$E_{1,0}^{(1)} = <1,0|H'|1,0> = -\frac{\alpha}{8I^2} <1,0|L_+^2 + L_-^2|1,0> = 0$$

따라서 이 경우의 에너지 준위는 $E_{1,0} = E_{1,0}^{(0)} + E_{1,0}^{(1)} = \hbar^2/I$ 이다.

다음으로 $|1,\pm1>$ 상태들의 경우 겹친 상태들이므로, 건드림 해밀토니안에 대한 다음의 행렬 표현을 구해야 한다.

$$H' = -\frac{\alpha}{8I^2}\begin{pmatrix} \langle 1,1|\, L_+^2 + L_-^2\, |1,1\rangle & \langle 1,1|\, L_+^2 + L_-^2\, |1,-1\rangle \\ \langle 1,-1|\, L_+^2 + L_-^2\, |1,1\rangle & \langle 1,-1|\, L_+^2 + L_-^2\, |1,-1\rangle \end{pmatrix}$$

여기서 $L_\pm|lm> = \sqrt{l(l+1)-m(m\pm1)}\hbar|l,m\pm1>$ 이므로, 다음 관계가 성립한다.

$$\begin{aligned} \left(L_+^2 + L_-^2\right)|1,1\rangle &= 2\hbar^2\,|1,-1\rangle \\ \left(L_+^2 + L_-^2\right)|1,-1\rangle &= 2\hbar^2\,|1,1\rangle \end{aligned}$$

따라서 이 겹친 상태들 $|1,\pm1>$ 에 대한 건드림 해밀토니안의 행렬 표현은 다음과 같다.

$$H' = -\frac{\alpha}{8I^2}\begin{pmatrix} 0 & 2\hbar^2 \\ 2\hbar^2 & 0 \end{pmatrix} = -\frac{\alpha\hbar^2}{4I^2}\begin{pmatrix} 0 & 1 \\ 1 & 0 \end{pmatrix}$$

여기서 $\frac{\alpha\hbar^2}{4I^2} \equiv \lambda$ 로 놓으면, 다음의 고유방정식을 얻는다.

$$\det(H' - E'\mathbf{1}) = \det\begin{pmatrix} -E' & -\lambda \\ -\lambda & -E' \end{pmatrix} = 0$$

그러므로 $E' = \pm\lambda$ 가 된다. 즉, $|1,\pm1>$ 의 겹친 상태들은 다음의 두 에너지 준위로 분리된다.

$$E_{1,\pm} = E_{1,\pm1}^{(0)} \pm \lambda = \frac{\hbar^2}{I} + \frac{\hbar^2}{2}\left(\frac{1}{I_z} - \frac{1}{I}\right) \pm \lambda = \frac{\hbar^2}{2}\left(\frac{1}{I_z} + \frac{1}{I} \pm \frac{\alpha}{2I^2}\right)$$

참고로 각 고유상태는 다음의 고유상태 방정식으로부터 얻을 수 있다.

$$\begin{pmatrix} 0 & -\lambda \\ -\lambda & 0 \end{pmatrix}\begin{pmatrix} a \\ b \end{pmatrix} = E'\begin{pmatrix} a \\ b \end{pmatrix},$$

$E' = +\lambda$ 인 경우는 $a = -b = 1/\sqrt{2}$, $E' = -\lambda$ 인 경우는 $a = b = 1/\sqrt{2}$ 이 되어야 하므로, $E_{1,+}$ 의 고유상태는 $\psi_{1,+} = \frac{1}{\sqrt{2}}(|1,1> - |1,-1>)$, $E_{1,-}$ 의 고유상태는 $\psi_{1,-} = \frac{1}{\sqrt{2}}(|1,1> + |1,-1>)$ 이다.

9.11 1차원 조화 떨개에서 아래와 같이 주어진 시험 파동함수를 써서 변분 원리 방식을 적용하여 바닥상태 에너지의 근사값을 구하라.

1). $\psi(x;a,c) = c - a|x|, \quad |x| \le \frac{c}{a} \quad (a,c>0)$

<u>도움말</u>: 문제 2.11에서 보인 계단함수의 미분은 델타함수가 됨을 써라.

2). $\psi(x;a,c) = c - ax^2, \quad |x| \le \sqrt{\frac{c}{a}} \quad (a,c>0)$

풀이: 1). 문제에서 주어진 1차원 조화 떨개 해밀토니안을 다음과 같이 쓰자.

$$H = \frac{p^2}{2m} + \frac{1}{2}mw^2x^2$$

참고로 앞의 문제 2.11에서 계단함수 $\theta(x)$ 는 다음과 같이 정의되었고,

$$\theta(x) \equiv \begin{cases} 1, & x>0 \text{ 일 때} \\ 0, & x<0 \text{ 일 때} \end{cases}$$

계단함수의 미분은 디락 델타함수가 되었다.

$$\frac{d}{dx}\theta(x) = \delta(x)$$

변분원리를 적용하기 전에 파동함수의 규격화 조건을 쓰면,

$$<\psi|\psi> = \int_{-\frac{c}{a}}^{\frac{c}{a}} dx\,(c-a|x|)^2 = 2\int_0^{\frac{c}{a}} dx\,(c-ax)^2 = \frac{2c^3}{3a} = 1,$$

$c = (3a/2)^{1/3}$ 의 관계가 만족되어야 한다. 다음으로 해밀토니안의 기대값은 다음과 같이 주어진다.

$$<\psi|H|\psi> \;=\; \int_{-\frac{c}{a}}^{\frac{c}{a}} dx\,(c-a|x|)\left(-\frac{\hbar^2}{2m}\frac{d^2}{dx^2} + \frac{1}{2}mw^2x^2\right)(c-a|x|)$$

여기서 파동함수의 1차 미분은 계단함수가 되므로,

$$\frac{d}{dx}(c-a|x|) = \begin{cases} -a, & x>0 \\ a, & x<0 \end{cases},$$

파동함수의 2차 미분은 문제 2.11의 결과를 쓰면 디락 델타함수가 된다.

$$\frac{d^2}{dx^2}(c-a|x|) = \frac{d}{dx}(-2a\theta(x)) = -2a\delta(x)$$

따라서 기대값은 다음과 같아진다.

$$\begin{aligned} <\psi|H|\psi> &= \int_{-\frac{c}{a}}^{\frac{c}{a}} dx \left((c-a|x|)\frac{\hbar^2 a}{m}\delta(x) + (c-a|x|)\frac{1}{2}mw^2x^2(c-a|x|) \right) \\ &= \frac{\hbar^2 ac}{m} + mw^2 \int_0^{\frac{c}{a}} dx\, x^2(c-ax)^2 \;=\; \frac{\hbar^2 ac}{m} + mw^2\frac{c^5}{30a^3} \end{aligned}$$

앞에서 구한 $c = (3a/2)^{1/3}$ 의 관계를 적용하면 기대값은 다음과 같이 쓸 수 있다.

$$<\psi|H|\psi> = (3/2)^{1/3}\frac{\hbar^2 a^{4/3}}{m} + \frac{(3/2)^{5/3}mw^2}{30}a^{-4/3} \equiv E(a)$$

따라서 $E(a) = <\psi|H|\psi>$ 의 최소값을 주는 a 는 다음 조건식을 만족한다.

$$\frac{dE}{da} = \frac{4}{3}(3/2)^{1/3}\frac{\hbar^2 a^{1/3}}{m} - \frac{4}{3}mw^2\frac{(3/2)^{5/3}}{30}a^{-7/3} = 0$$

즉, a 는 다음과 같이 주어진다.

$$a = \left(\frac{3}{2}\right)^{1/2}\frac{1}{30^{3/8}}\left(\frac{mw}{\hbar}\right)^{3/4}$$

이 값을 $E(a) = <\psi|H|\psi>$ 에 대입하면, 바닥상태 에너지의 근사값은 다음과 같다.

$$E(a)_{\min} = <\psi|H|\psi> = \frac{3}{2}\frac{1}{\sqrt{30}}\hbar w + \frac{3}{2}\frac{1}{\sqrt{30}}\hbar w = \sqrt{\frac{3}{10}}\hbar w \simeq 0.5477\hbar w$$

이는 예상했던 대로 정확한 풀이에 의한 바닥상태 에너지 $\frac{1}{2}\hbar w$ 보다는 크지만, 상당히 근접함을 보여준다.

2). 변분원리를 적용하기 전에 파동함수의 규격화 조건을 쓰면,

$$<\psi|\psi> = \int_{-\sqrt{\frac{c}{a}}}^{\sqrt{\frac{c}{a}}} dx\,(c-ax^2)^2 = 2\int_0^{\sqrt{\frac{c}{a}}} dx\,(c-ax^2)^2 = \frac{16c^{5/2}}{15a^{1/2}} = 1,$$

$c = (15/16)^{2/5}a^{1/5}$ 의 관계가 만족되어야 한다. 다음으로 해밀토니안의 기대값은 다음과 같이 주어진다.

$$<\psi|H|\psi> \;=\; \int_{-\sqrt{\frac{c}{a}}}^{\sqrt{\frac{c}{a}}} dx\,(c-ax^2)\left(-\frac{\hbar^2}{2m}\frac{d^2}{dx^2} + \frac{1}{2}mw^2x^2\right)(c-ax^2)$$

따라서 기대값은 다음과 같아진다.

$$\begin{aligned} <\psi|H|\psi> &= \int_{-\sqrt{\frac{c}{a}}}^{\sqrt{\frac{c}{a}}} dx\ \left((c-ax^2)\frac{\hbar^2 a}{m} + \frac{1}{2}mw^2x^2(c-ax^2)^2 \right) \\ &= \frac{4}{3}\frac{\hbar^2 a}{m}\frac{c^{3/2}}{a^{1/2}} + \frac{8mw^2}{105}\frac{c^{7/2}}{a^{3/2}} \end{aligned}$$

앞에서 구한 $c = (15/16)^{2/5}a^{1/5}$ 의 관계를 적용하면 기대값은 다음과 같이 쓸 수 있다.

$$<\psi|H|\psi> = \frac{4}{3}(15/16)^{3/5}\frac{\hbar^2 a^{4/5}}{m} + (15/16)^{7/5}\frac{8mw^2}{105}a^{-4/5} \equiv E(a)$$

따라서 $E(a) = <\psi|H|\psi>$ 의 최소값을 주는 a 는 다음 조건식을 만족한다.

$$\frac{dE}{da} = (15/16)^{-2/5}\frac{\hbar^2 a^{-1/5}}{m} - \frac{4}{5}(15/16)^{7/5}\frac{8mw^2}{105}a^{-9/5} = 0$$

즉, a 는 다음과 같이 주어진다.

$$a = \left(\frac{32}{525}\right)^{5/8}\left(\frac{15}{16}\right)^{9/8}\left(\frac{mw}{\hbar}\right)^{5/4}$$

이 값을 $E(a) = <\psi|H|\psi>$ 에 대입하면, 바닥상태 에너지의 근사값은 다음과 같다.

$$E(a)_{\min} = <\psi|H|\psi> = \sqrt{\frac{5}{56}}\hbar w + \sqrt{\frac{5}{56}}\hbar w = \sqrt{\frac{5}{14}}\hbar w \simeq 0.5976\hbar w$$

이는 정확한 바닥상태 에너지 $\frac{1}{2}\hbar w$ 에 근접하기는 하지만, 1)번의 경우보다 더 벗어난 값을 준다. 이는 이 시험 파동함수가 1)번의 시험 파동함수보다 정확한 바닥상태 파동함수에 덜 유사하기 때문이라고 할 수 있다.

9.12 1차원 위치에너지 우물($V < 0$)에서는 반드시 속박상태가 존재함을 보여라.

<u>도움말</u>: 적절한 시험 파동함수를 택하여 변분원리를 적용하고, 그 에너지 기대값이 음($E < 0$)이 됨을 보여라.

풀이: 본문에서 사용한 규격화된 가우스꼴 파동함수를 사용하자.

$$\psi(x;\lambda) = Ae^{-\lambda x^2} \quad (\lambda > 0), \quad A = \left(\frac{2\lambda}{\pi}\right)^{\frac{1}{4}}$$

1차원 위치에너지 우물의 해밀토니안은 다음과 같이 쓸 수 있으므로,

$$H = \frac{p^2}{2m} + V(x), \quad V(x) < 0,$$

그 바닥상태 에너지 E_0 는 변분원리에 의해 다음 관계를 만족한다.

$$E_0 \le E(\lambda) = < \psi|H|\psi > = \int_{-\infty}^{\infty} dx\, \psi^*(x;\lambda) \left(-\frac{\hbar^2}{2m}\frac{d^2}{dx^2} + V(x) \right) \psi(x;\lambda)$$

주어진 파동함수 $\psi(x;\lambda)$를 대입하면 첫 번째 항은 다음과 같다.

$$-\frac{\hbar^2}{2m}\sqrt{\frac{2\lambda}{\pi}} \int_{-\infty}^{\infty} dx\, e^{-\lambda x^2} \left(-2\lambda + 4\lambda^2 x^2\right) e^{-\lambda x^2} = \frac{\hbar^2\lambda}{m} - \frac{\hbar^2\lambda}{2m} = \frac{\hbar^2\lambda}{2m}$$

즉, $E(\lambda)$는 다음과 같이 주어진다.

$$E(\lambda) = \frac{\hbar^2\lambda}{2m} + \sqrt{\frac{2\lambda}{\pi}} \int_{-\infty}^{\infty} dx\, e^{-2\lambda x^2} V(x)$$

따라서 그 최소값은 다음의 관계식을 만족한다.

$$\frac{dE(\lambda)}{d\lambda} = 0 = \frac{\hbar^2}{2m} + \sqrt{\frac{1}{2\lambda\pi}} \int_{-\infty}^{\infty} dx\, e^{-2\lambda x^2} V(x) - \sqrt{\frac{2\lambda}{\pi}} \int_{-\infty}^{\infty} dx\, 2x^2 e^{-2\lambda x^2} V(x)$$

이로부터 λ 에 대한 다음 관계식을 얻는다.

$$\frac{\hbar^2}{2m} = \sqrt{\frac{2\lambda}{\pi}} \int_{-\infty}^{\infty} dx \left(2x^2 - \frac{1}{2\lambda}\right) e^{-2\lambda x^2} V(x)$$

따라서 $E(\lambda)$의 최소값 $E_{\min}$ 은 다음과 같이 주어진다.

$$E_{\min} = \sqrt{\frac{\lambda}{2\pi}} \int_{-\infty}^{\infty} dx\, e^{-2\lambda x^2} \left(1 + 4\lambda x^2\right) V(x)$$

여기서 $\lambda > 0$, $e^{-2\lambda x^2}\left(1 + 4\lambda x^2\right) > 0$ 이고 $V(x) < 0$ 이므로, $E_{\min} < 0$ 이다. 변분원리에 의해서 바닥상태 에너지 E_0 는 $E_0 \le E_{\min}$ 의 관계를 만족하므로, 바닥상태는 속박상태가 된다.

9.13 변분 원리를 적용하여, 구간이 $0 \le x \le a$ 로 주어진 1차원 상자에 대해 아래와 같이 삼각형 형태로 주어진 시험 파동함수를 써서 바닥상태 에너지의 근사값을 구하라. 아래에 주어진 파동함수에서 C 는 파동함수의 규격화에 의해 결정되는 상수이다.

$$\psi(x) = \begin{cases} Cx, & 0 \leq x \leq \frac{a}{2} \\ C(a-x), & \frac{a}{2} \leq x \leq a \end{cases}$$

풀이: 먼저 파동함수의 규격화 조건에서 다음의 관계가 만족되어야 한다.

$$< \psi|\psi > = \int_0^{\frac{a}{2}} dx\, |C|^2 x^2 + \int_{\frac{a}{2}}^a dx\, |C|^2 (a-x)^2 = |C|^2 \left(\frac{a^3}{24} + \frac{a^3}{24}\right) = |C|^2 \frac{a^3}{12} = 1$$

따라서 $C = \sqrt{12}/a^{3/2}$ 이다. 이 경우 해밀토니안은 $H = \frac{p^2}{2m}$ 이므로, 그 기대값은 다음과 같이 주어진다.

$$< H >_\psi = < \psi|H|\psi > = \int_0^a dx\, \psi^*(x) \frac{-\hbar^2}{2m} \frac{d^2}{dx^2} \psi(x)$$

여기서 파동함수의 1차 미분은 다음과 같다.

$$\frac{d\psi}{dx} = \begin{cases} C, & 0 \leq x \leq \frac{a}{2} \\ -C, & \frac{a}{2} \leq x \leq a \end{cases}$$

따라서 앞에서 썼던 문제 2.11의 결과를 다시 쓰면, 그 2차 미분은 다음과 같이 된다.

$$\frac{d^2\psi}{dx^2} = -2\, C\, \delta(x - \frac{a}{2})$$

따라서 해밀토니안의 기대값은 다음과 같이 된다.

$$< \psi|H|\psi > = \int_0^a dx\, \psi^*(x) \frac{\hbar^2 C}{m}\, \delta(x - \frac{a}{2}) = \frac{\hbar^2 C^2}{m} \frac{a}{2} = \frac{6\hbar^2}{ma^2}$$

이는 본문의 식 (3.46)에서 주어진 바닥상태의 정확한 에너지 값 $\frac{\pi^2\hbar^2}{2ma^2}$ 에 근접하지만, 예상했던 대로 그 값보다는 큼을 보여준다.

9.14 위치에너지가 아래와 같이 주어졌을 때, 가우스꼴 시험 파동함수 $\psi(x) = Ae^{-\lambda x^2}$ 을 써서 바닥상태 에너지의 근사값을 구하라. 여기서 A 는 규격화 상수이고 $\lambda > 0$ 이다.

$$V(x) = a|x|, \quad a > 0$$

풀이: 본문에서 주어진 바와 같이 시험 파동함수의 규격화 조건에서 $A = \left(\frac{2\lambda}{\pi}\right)^{\frac{1}{4}}$ 이다. 따라서 해밀토니안 기대값은 다음과 같이 쓸 수 있다.

$$< \psi|H|\psi > = \sqrt{\frac{2\lambda}{\pi}} \int_{-\infty}^{\infty} dx\, e^{-\lambda x^2} \left(\frac{-\hbar^2}{2m} \frac{d^2}{dx^2} + a|x| \right) e^{-\lambda x^2}$$

우변의 첫 번째 항은 앞서 문제 9.12의 풀이에서 보인 바와 같이 다음과 같이 된다.

$$-\frac{\hbar^2}{2m} \sqrt{\frac{2\lambda}{\pi}} \int_{-\infty}^{\infty} dx\, e^{-\lambda x^2} \left(-2\lambda + 4\lambda^2 x^2\right) e^{-\lambda x^2} = \frac{\hbar^2 \lambda}{2m}$$

두 번째 항은 우함수에 대한 적분이므로 다음과 같이 쓸 수 있다.

$$2\sqrt{\frac{2\lambda}{\pi}} \int_{0}^{\infty} dx\, e^{-2\lambda x^2} ax = \frac{a}{\sqrt{2\lambda\pi}}$$

따라서 해밀토니안 기대값의 최소값은 다음 조건을 만족해야 한다.

$$0 = \frac{d}{d\lambda} \left(\frac{\hbar^2 \lambda}{2m} + \frac{a}{\sqrt{2\lambda\pi}} \right) = \left(\frac{\hbar^2}{2m} - \frac{a}{2\sqrt{2\pi}\lambda^{3/2}} \right)$$

즉, $\lambda = \left(\frac{ma}{\sqrt{2\pi}\hbar^2}\right)^{2/3}$ 이다. 따라서 $< H >_{\min}$ 은 다음과 같다.

$$< H >_{\min} = \frac{\hbar^2 \left(\frac{ma}{\sqrt{2\pi}\hbar^2}\right)^{2/3}}{2m} + \frac{a}{\sqrt{2\pi}} \left(\frac{ma}{\sqrt{2\pi}\hbar^2} \right)^{-1/3} = \frac{3}{2} \left(\frac{a^2 \hbar^2}{2\pi m} \right)^{1/3}$$

제10장 시간에 의존하는 건드림 이론

10.1 질량이 m 인 입자가 구간이 $0 < x < a$ 인 1차원 상자의 바닥상태에 있는데, 시간 $t = 0$ 에 위치에너지가 아래와 같이 갑자기 변화하였다.

$$V(x) = \begin{cases} \infty, & x < 0 \\ V_0, & 0 \le x \le \frac{a}{2} \\ -V_0, & \frac{a}{2} \le x \le a \\ \infty, & a < x \end{cases}$$

이후 시간 $t = T$ 에 다시 원상으로 복구되었다. V_0 의 크기가 기존 바닥상태의 에너지보다 매우 작다고 할 때, 시간 $t = T$ 이후에 첫 번째 들뜬 상태에 있을 확률을 구하라.
<u>도움말</u>: 건드림이 매우 작으니 1차항까지의 기여를 구한다.

풀이: 이 경우는 건드림 기간 동안 시간 의존이 없으므로, 식 (10.23)에서 $f(t) = 1$ 이다. 따라서 첫 번째 들뜬 상태로의 전이 확률은 식 (10.27)에서 다음과 같이 주어진다.

$$P_{1\to 2} \simeq |c_2^{(1)}(T)|^2 = \frac{4}{\hbar^2}|V_{21}|^2 \frac{\sin^2(\frac{w_{21}}{2}T)}{w_{21}^2}, \quad w_{21} = \frac{E_2^{(0)} - E_1^{(0)}}{\hbar}$$

여기서 행렬 요소 V_{21}은 $\psi_n^{(0)} = \sqrt{\frac{2}{a}}\sin\frac{n\pi x}{a}$, $(0 \le x \le a)$에서, 다음과 같이 주어진다.

$$V_{21} = <\psi_2^{(0)}|V|\psi_1^{(0)}> = \frac{2V_0}{a}\left(\int_0^{a/2} dx \sin\frac{2\pi x}{a}\sin\frac{\pi x}{a} - \int_{a/2}^{a} dx \sin\frac{2\pi x}{a}\sin\frac{\pi x}{a}\right)$$

위의 적분을 하면 $V_{21} = \frac{8V_0}{3\pi}$ 이고, $w_{21} = \left(\frac{4\pi^2\hbar^2}{2ma^2} - \frac{\pi^2\hbar^2}{2ma^2}\right)/\hbar = \frac{3\pi^2\hbar}{2ma^2}$ 이므로, 전이 확률은 다음과 같이 주어진다.

$$P_{1\to 2} = \frac{4}{\hbar^2}\left|\frac{8V_0}{3\pi}\right|^2 \frac{\sin^2(\frac{3\pi^2\hbar}{4ma^2}T)}{\left(\frac{3\pi^2\hbar}{2ma^2}\right)^2} = \left(\frac{32ma^2V_0}{9\pi^3\hbar^2}\right)^2 \sin^2(\frac{3\pi^2\hbar}{4ma^2}T)$$

10.2 다음 관계식이 성립함을 보여라.

$$\lim_{t\to\infty}\frac{\sin^2(\frac{wt}{2})}{w^2 t} = \frac{\pi}{2}\delta(w)$$

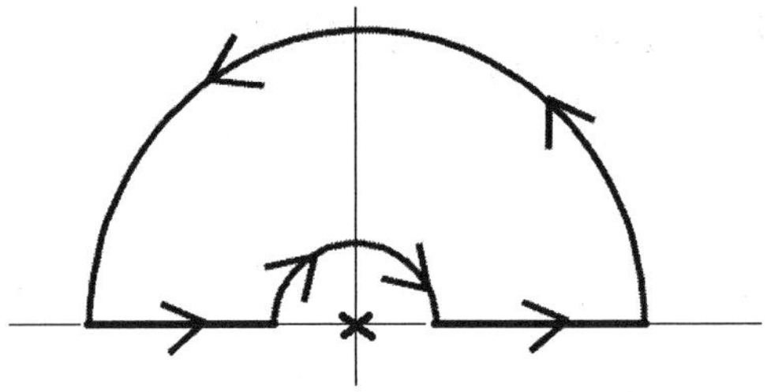

그림 7: 적분 경로(contour)

풀이: 여기서 우리가 사용할 적분 결과식 $\int_{-\infty}^{\infty} dx\, \frac{\sin^2 x}{x^2} = \pi$ 는 교재의 참고문헌 [12] 또는 [14-16]에 나오는 복소 평면에서의 경로 적분 contour integral 을 써서 얻을 수 있다. 먼저 $\sin^2 x = \frac{1-\cos 2x}{2}$ 의 관계를 쓰면 주어진 적분은 복소 평면 상의 경로 적분에서의 실수부로 다음과 같이 바꾸어 쓸 수 있다.

$$\int_{-\infty}^{\infty} dx\, \frac{\sin^2 x}{x^2} \longrightarrow \mathrm{Re} \oint dz\, \frac{1-e^{2iz}}{2z^2}$$

여기서 실수축 $x = -\infty$ 에서 시작하여 $z = 0$ 의 2차 특이점을 지나 $x = +\infty$ 로 가서 복소 평면 상반부에서 무한 반원을 그리며 시계 반대 방향으로 돌아 다시 $x = -\infty$ 로 가는 경로 적분을 생각하면(그림 7 참조), 그 경로 적분값은 다음과 같이 주어진다.

$$2\pi i \cdot \frac{1}{2} \cdot \mathrm{residue}|_{z=0} = \pi i\, \frac{d}{dz}\left(\frac{1-e^{2iz}}{2}\right)\Big|_{z=0} = \pi i \cdot (-i) = \pi$$

위의 인자 1/2 은 아래에서 보이겠지만, 적분 경로가 특이점 $z = 0$ 에서는 실수축 위나 아래로 ('반원'을 이루며) 특이점을 돌아가야 하기 때문이다. 이 경로 적분값의 실수부가 원래 적분값과 같아야 하므로 주어진 적분 결과(π)를 얻는다.

위에서 얻은 레지듀의 계산은 $z \to 0$ 일 때 적분인자를 다음과 같이 쓸 수 있으므로,

$$\frac{1-e^{2iz}}{2z^2} = \frac{1-(1+2iz+\frac{(2iz)^2}{2!}+\cdots)}{2z^2} = -\frac{i}{z} + 1 - \frac{2iz}{3} + O(z^2),$$

그 레지듀 값이 $-i$ 가 됨을 확인할 수 있다.

이해를 위해 실제로 적분 경로를 그림 7에서처럼 $z = 0$ 에서는 $r \to 0$ 인 시계 방향 반원으로, $z = \infty$ 에서는 $r \to \infty$ 인 시계 반대 방향 반원으로 잡고 경로 적분을

수행해보자. 반원 구간들에서의 적분은 $z = re^{i\theta}$ 로 놓고 수행하겠다. 먼저 특이점 $z = 0$ 을 우회하는 $r \to 0$ 인 반원 경로의 기여도는 아래와 같이 주어진다.

$$\int dz \frac{1-e^{2iz}}{2z^2} = -\int \frac{idz}{z} = -\lim_{r\to 0} i \int_{\pi}^{0} \frac{re^{i\theta} id\theta}{re^{i\theta}} = -\pi$$

다음으로 $z = \infty$ 에서 시계 반대 방향 반원 경로에 대한 적분은 아래와 같이 $r \to \infty$ 일 때 그 값이 0 이 된다.

$$\int dz \frac{1-e^{2iz}}{2z^2} = \lim_{r\to\infty} \int_0^{\pi} \frac{re^{i\theta} id\theta(1-e^{2ire^{i\theta}})}{2r^2e^{2i\theta}} = 0$$

한편, 위의 경로 적분 영역 안에는 특이점이 없으므로, 실수축에서의 적분을 포함한 전체 경로 적분값은 0 이 되어야 한다. 따라서 우리가 구하고자 하는 실수축에서의 적분인 $\int_{-\infty}^{\infty} dx\, \frac{\sin^2 x}{x^2}$ 의 주요값 Cauchy principal value 은 위에서 얻은 $z = 0$ 특이점에서의 반원 경로에 대한 적분값과 상쇄되어야 하므로, 그 값의 음의 값이 되어 우리가 앞서 유수 residue 를 구해서 얻은 것과 같은 결과를 준다.

다음으로 주어진 함수가 델타함수임을 보이자. 함수 $\lim_{t\to\infty} \frac{\sin^2 tx}{\pi t x^2}$ 가 $x \neq 0$ 에서는 0 이고, $x = 0$ 에서만 0 이 아님은 쉽게 알 수 있다. 델타함수가 만족 해야 할 다른 조건은 $tx \equiv y$ 로 변수 변환하여 쉽게 보일 수 있다.

$$\int_{-\infty}^{\infty} dx \lim_{t\to\infty} \frac{\sin^2 tx}{\pi t x^2} = \lim_{t\to\infty} \int_{-\infty}^{\infty} dy\, \frac{1}{\pi} \frac{\sin^2 y}{y^2} = \frac{1}{\pi} \cdot \pi = 1$$

따라서 $\lim_{t\to\infty} \frac{\sin^2 tx}{\pi t x^2} = \delta(x)$ 이다. 여기서 $x = \frac{w}{2}$ 로 놓으면 다음 식이 성립한다.

$$\lim_{t\to\infty} \frac{\sin^2 tx}{\pi t x^2} = \lim_{t\to\infty} \frac{\sin^2(\frac{wt}{2})}{\pi t (w/2)^2} = \delta\left(\frac{w}{2}\right) = 2\delta(w)$$

그러므로 $\lim_{t\to\infty} \frac{\sin^2(\frac{wt}{2})}{w^2 t} = \frac{\pi}{2}\delta(w)$ 의 관계가 성립한다.

10.3 바닥상태에 있는 수소 원자에 다음과 같이 균일한 전기장이 시간 $t = 0$ 에 걸렸다.

$$\vec{E} = \begin{cases} 0, & t < 0 \\ \hat{z} E_0\, e^{-\alpha t}, & t > 0 \end{cases}$$

여기서 α 와 E_0 는 양의 상수이다. 시간이 오래 지난 후에($t \to \infty$), 수소 원자가 $2s$ ($n=2,\ l=0$) 상태나 $2p$ ($n=2,\ l=1$) 상태에 있을 확률은 각각 얼마인가?

풀이: 통상 하듯이 1차항까지 근사하면, 전이 확률을 다음과 같이 쓸 수 있다.

$$P_{l\to m} = |c_m|^2 \simeq |c_m^{(1)}|^2, \quad c_m^{(1)}(t) = \frac{1}{i\hbar}\int_0^t dt' e^{iw_{ml}t'} H'_{ml}$$

위에서 $H'_{ml} = <\psi_m^{(0)}\,|\,H'(\vec{x},\ t)\,|\,\psi_l^{(0)}>$ 이다. 여기서 $H'(\vec{x},\ t) = V(\vec{x})f(t)$ 로 쓸 수 있으므로, 전이 확률은 다음과 같이 쓸 수 있다.

$$P_{l\to m} \simeq \left|\frac{V_{ml}}{\hbar}\right|^2 \left|\int_0^\infty dt' e^{iw_{ml}t'} f(t')\right|^2, \quad V_{ml} = <\psi_m^{(0)}\,|\,V(\vec{x})\,|\,\psi_l^{(0)}>$$

전기장 내의 전하 q 가 갖는 위치에너지는 $V = -\int^{\vec{x}} q\vec{E}\cdot d\vec{x}$ 이므로, 전위의 기준점을 $z=0$ 으로 잡으면, 위의 $V(\vec{x}) = -qE_0 z,\ f(t) = e^{-\alpha t}$ 가 된다.

수소 원자 바닥상태($1s$)의 파동함수는 ψ_{100} 이고, $2s$ 상태의 파동함수는 ψ_{200}, $2p$ 상태의 파동함수들은 $\psi_{21\pm1}$, ψ_{210} 이다. 바닥상태의 에너지는 $E_1^{(0)} \equiv E_{100} = -\frac{me^4}{2\hbar^2}$ 이며, $2s$ 나 $2p$ 상태의 에너지는 서로 같으며, $E_2^{(0)} = \frac{1}{4}E_1^{(0)}$ 이다. 이로부터 w_{ml} 는 $w_{21} = \frac{E_2^{(0)}-E_1^{(0)}}{\hbar} = -\frac{3}{4}\frac{E_1^{(0)}}{\hbar} = \frac{3me^4}{8\hbar^3}$ 이 되고, 시간에 대한 적분은 다음과 같다.

$$\int_0^\infty dt' e^{iw_{21}t'} e^{-\alpha t'} = \frac{1}{\alpha - iw_{21}}$$

다음으로 행렬 요소 V_{ml} 을 구해 보자. 전자의 전하를 $q=-e$ 로 나타내면($e>0$), $V(\vec{x}) = eE_0 z = eE_0 r\cos\theta$ 가 되어 $2s$ 상태로의 전이는 다음과 같다.

$$<\psi_{200}\,|\,eE_0 z\,|\,\psi_{100}> = eE_0 <R_{20}(r)|r|R_{10}(r)><Y_0^0|\cos\theta|Y_0^0> = 0$$

다음으로 $2p$ 상태로의 전이는 다음과 같다.

$$<\psi_{21m}\,|\,eE_0 z\,|\,\psi_{100}> = eE_0 <R_{21}(r)|r|R_{10}(r)><Y_1^m|\cos\theta|Y_0^0>$$

위에서 식 (9.163)에서 주어진 $\cos\theta Y_0^0 = \sqrt{\frac{1}{3}}Y_1^0$ 의 관계를 사용하였으며, 각도에 대한 적분은 $<Y_1^m|\cos\theta|Y_0^0> = \sqrt{\frac{1}{3}}\delta_{m0}$ 이 된다.

따라서 $2p$ 상태 중 $m=0$ 인 상태로만 전이 가능하며, 지름 방향 적분은 다음과 같다.

$$\begin{aligned}
< R_{21}(r)|r|R_{10}(r) > &= \int_0^\infty r^2 dr R_{21}^*(r)\; r\; R_{10}(r) \\
&= \int_0^\infty r^3 dr \frac{1}{\sqrt{3}(2a_0)^{3/2}} \frac{r}{a_0} e^{-\frac{r}{2a_0}} \cdot \frac{2}{a_0^{3/2}} e^{-\frac{r}{a_0}} \\
&= \int_0^\infty dr \frac{1}{\sqrt{6}a_0^4} r^4 e^{-\frac{3r}{2a_0}} = \frac{2^8}{\sqrt{6}\,3^4} a_0
\end{aligned}$$

이상으로부터 바닥상태에서 $2s$ 나 $2p$ 상태로 전이할 확률은 각각 다음과 같다.

$$\begin{aligned}
P_{1s\to 2s} &= 0 \\
P_{1s\to 2p} &= \frac{e^2 E_0^2}{\hbar^2} \left(\frac{2^8 a_0}{\sqrt{6}\,3^4} \sqrt{\frac{1}{3}} \right)^2 \frac{1}{\alpha^2 + w_{21}^2} = \frac{2^{15}}{3^{10}} \frac{e^2 E_0^2 a_0^2}{\alpha^2 \hbar^2 + (\frac{3me^4}{8\hbar^2})^2}
\end{aligned}$$

10.4 질량이 m 이고 각진동수가 w_0 인 1차원 조화 떨개에 다음과 같이 시간에 의존하는 건드림이 추가되었다.

$$\lambda H'(x,t) = \lambda\, x \cos wt$$

처음에($t=0$) 계가 바닥상태에 있었다면, 전이 가능한 상태와 그 전이 확률을 구하고, 시간이 많이 흘렀을 때의 전이율을 구하라. (λ 의 가장 낮은 차수까지만 계산하라.)

풀이: 바닥상태($n=0$)에서 다른 상태($n=l$)로 전이 확률은 λ 의 1차항까지 고려하면 다음과 같다.

$$P_{0\to l} \simeq \left| \frac{\lambda V_{l0}}{\hbar} \right|^2 \left| \int_0^t dt' e^{iw_{l0}t'} \cos wt' \right|^2, \; V_{l0} = < l\,|\,x\,|\,0 >, \; w_{l0} = (E_l - E_0)/\hbar = lw_0$$

여기서 V_{l0} 은 $x = \frac{1}{\sqrt{2}\alpha}(a + a^\dagger), \quad \alpha \equiv \sqrt{\frac{mw_0}{\hbar}}$ 의 관계를 사용하면 다음과 같다.

$$V_{l0} = < l\,|\,x\,|\,0 > = \frac{1}{\sqrt{2}\alpha} < l\,|\,a + a^\dagger\,|\,0 > = \frac{1}{\sqrt{2}\alpha}\delta_{l1}$$

위에서 l 은 1 만 허용되므로, 시간에 대한 적분은 다음과 같이 된다.

$$\int_0^t dt' e^{iw_0t'} \cos wt' = \int_0^t dt' \frac{e^{i(w_0+w)t'} + e^{i(w_0-w)t'}}{2} = \frac{1}{2} \left(\frac{e^{i(w_0+w)t} - 1}{i(w_0+w)} + \frac{e^{i(w_0-w)t} - 1}{i(w_0-w)} \right)$$

따라서 전이 확률은 다음과 같다.

$$\begin{aligned} P_{0\to l} &= \frac{\lambda^2}{2\alpha^2\hbar^2}\delta_{l1}\frac{1}{4}\left|\frac{e^{i(w_0+w)t}-1}{i(w_0+w)}+\frac{e^{i(w_0-w)t}-1}{i(w_0-w)}\right|^2 \\ &= \frac{\lambda^2}{2\alpha^2\hbar^2}\left[\frac{\sin^2\frac{w_0+w}{2}t}{(w_0+w)^2}+\frac{\sin^2\frac{w_0-w}{2}t}{(w_0-w)^2}+\frac{(\cos wt-\cos w_0t)\cos wt}{w_0^2-w^2}\right]\delta_{l1} \\ &= \frac{\lambda^2}{2\alpha^2\hbar^2}\left[\frac{\sin^2\frac{w_0+w}{2}t}{(w_0+w)^2}+\frac{\sin^2\frac{w_0-w}{2}t}{(w_0-w)^2}+\frac{2\sin\frac{w_0+w}{2}t\sin\frac{w_0-w}{2}t\cos wt}{w_0^2-w^2}\right]\delta_{l1} \end{aligned}$$

시간이 많이 흐른 $t\to\infty$ 의 경우, 문제 2.13과 10.2에서 얻은 다음 관계들을 사용하여,

$$\delta(x)=\lim_{t\to\infty}\frac{\sin tx}{\pi x},\quad \lim_{t\to\infty}\frac{\sin^2\frac{tx}{2}}{tx^2}=\frac{\pi}{2}\delta(x),$$

다음과 같이 $P_{0\to l}$ 을 쓸 수 있다.

$$P_{0\to l}=\frac{\lambda^2}{2\alpha^2\hbar^2}\left[\frac{\pi t}{2}\delta(w_0+w)+\frac{\pi t}{2}\delta(w_0-w)+2\pi^2\delta(w_0+w)\delta(w_0-w)\cos wt\right]\delta_{l1}$$

우변의 세 번째 항은 $w=w_0$ 과 $w=-w_0$ 이 동시에 성립될 수 없으므로 0 이다. 따라서 시간이 많이 흐른 후의 전이 확률은 최종적으로 다음과 같이 쓸 수 있다.

$$P_{0\to l}=\frac{\pi\lambda^2 t}{4mw_0\hbar}\left[\delta(w_0+w)+\delta(w_0-w)\right]\delta_{l1}$$

즉, 전이는 첫 번째 들뜬 상태로만 가능하며, 전이율은 다음과 같다.

$$W_{0\to 1}=\frac{\pi\lambda^2}{4mw_0\hbar}\left[\delta(w_0+w)+\delta(w_0-w)\right]$$

10.5 구간이 $0<x<a$ 인 1차원 상자 안에 질량이 m 인 입자가 있다. 처음에($t=0$) 바닥상태에 있던 계에 다음과 같은 건드림이 추가되었다.

$$H'(x,t)=\alpha\, e^{\frac{i\pi x}{a}}\, e^{-\alpha^2t^2}$$

시간이 오래 흐른 후에 계가 들뜬 상태($n\geq 2$)로 전이할 확률을 구하라. $\hbar\alpha \ll E_1^{(0)}$ 일 때, 계가 전이할 확률이 가장 높은 상태는 무엇인가? ($E_1^{(0)}$ 은 바닥상태 에너지이다.)

풀이: 구간이 $0<x<a$ 인 1차원 상자의 고유상태와 에너지는 다음과 같이 주어진다.

$$\psi_n^{(0)} = \sqrt{\frac{2}{a}}\sin\frac{n\pi x}{a} \equiv |n>, \quad E_n^{(0)} = \frac{n^2\pi^2\hbar^2}{2ma^2}, \quad n = 1, 2, 3, \cdots$$

한편, 바닥상태에서 n 번째 상태로의 전이 확률은 다음과 같다.

$$P_{1\to n} \simeq \left|\frac{V_{n1}}{\hbar}\right|^2 \left|\int_0^t dt' e^{iw_{n1}t'} e^{-\alpha^2(t')^2}\right|^2, \; V_{n1} = < n\,|\,\alpha\, e^{\frac{i\pi x}{a}}\,|\,1 >, \; w_{n1} = \frac{E_n^{(0)} - E_1^{(0)}}{\hbar}$$

따라서 V_{n1} 과 w_{n1} 은 각각 다음과 같다.

$$\begin{aligned}
V_{n1} &= \frac{2\alpha}{a}\int_0^a dx \sin\frac{n\pi x}{a}\left(\cos\frac{\pi x}{a} + i\sin\frac{\pi x}{a}\right)\sin\frac{\pi x}{a} \\
&= \frac{2\alpha}{a}\left[\frac{a}{4}\delta_{n,2} + i\frac{a}{\pi}\left(\frac{1}{n} - \frac{n}{n^2-4}\right)\delta_{n,\mathrm{odd}}\right] \\
&= \frac{\alpha}{2}\delta_{n,2} + i\frac{2\alpha}{\pi}\left(\frac{1}{n} - \frac{n}{n^2-4}\right)\delta_{n,\mathrm{odd}} \\
w_{n1} &= \frac{(n^2-1^2)\pi^2\hbar}{2ma^2}
\end{aligned}$$

시간이 많이 흐른 후의($t \to \infty$) 시간에 대한 적분은 다음과 같다.

$$\int_0^\infty dt' e^{iw_{n1}t'} e^{-\alpha^2(t')^2} = e^{-\frac{w_{n1}^2}{\alpha^2}} \int_0^\infty dt' e^{-\alpha^2\left(t' - i\frac{w_{n1}}{2\alpha^2}\right)^2} = e^{-\frac{w_{n1}^2}{\alpha^2}} \frac{\sqrt{\pi}}{2\alpha}$$

이상의 결과에서 전이 확률은 다음과 같이 주어진다.

$$\begin{aligned}
n{=}\text{짝수}:\quad P_{1\to n} &= \frac{\pi}{16\hbar^2} e^{-2\frac{w_{n1}^2}{\alpha^2}}\,\delta_{n,2} \\
n{=}\text{홀수}:\quad P_{1\to n} &= \frac{1}{\pi\hbar^2}\left|\frac{1}{n} - \frac{n}{n^2-4}\right|^2 e^{-2\frac{w_{n1}^2}{\alpha^2}}, \quad n \ge 3
\end{aligned}$$

여기서 $\hbar\alpha \ll E_1^{(0)}$ 는 $n \ge 2$ 일 때, $\frac{w_{n1}}{\alpha} = \frac{(n^2-1)E_1^{(0)}}{\hbar\alpha} \gg 1$ 임을 뜻한다. 따라서 계가 전이할 확률이 가장 높은 상태는 $n = 2$ 인 첫 번째 들뜬 상태이다.

10.6 질량이 m 인 입자가 구간이 $0 < x < a$ 인 1차원 상자 안에 있다. 상자의 오른쪽 벽이 $x = a$ 에서 $x = 2a$ 로 아주 천천히 이동하였다. 이 단열 과정에서 벽이 이동하는 속력은 일정한 값 v 로 주어졌다. 이 단열 과정에 의해서 발생하는, 식 (10.69)와 식 (10.70)으로 주어지는 기하학적 위상과 동역학적 위상의 변화를 각각 구하라.

<u>도움말</u>: 여기서 식 (10.71)에 나타난 매개변수는 상자의 길이(l)에 해당하고, 동역학적

위상 계산에서 시간에 대한 적분도 매개변수(l)로 바꾸어 할 수 있음에 유의하라.

풀이: 1차원 상자의 길이가 l 일 때, 그 고유상태와 에너지는 다음과 같다.

$$\psi_n(x) = \sqrt{\frac{2}{l}} \sin \frac{n\pi x}{l}, \quad E_n = \frac{n^2\pi^2\hbar^2}{2ml^2}, \quad n = 1, 2, 3, \cdots$$

먼저 식 (10.71)로 주어지는 기하학적 위상 변화는 다음과 같다.

$$\begin{aligned}
\delta_g(t) &= i \int_0^t < \psi_n | \frac{\partial}{\partial l} \psi_n > \frac{dl}{dt'} dt' \\
&= i \int_{l_0=a}^{l_t=2a} dl \int_{x=0}^{x=l} dx\, \psi_n^*(l,x) \frac{\partial \psi_n(l,x)}{\partial l} \\
&= -i \int_a^{2a} dl \int_0^l dx \sqrt{\frac{2}{l}} \sin \frac{n\pi x}{l} \left[\frac{\sqrt{2} n\pi x}{l^{5/2}} \cos \frac{n\pi x}{l} + \frac{1}{\sqrt{2} l^{3/2}} \sin \frac{n\pi x}{l} \right] \\
&= -i \int_a^{2a} dl \int_0^l dx \left[\frac{n\pi}{l^3} x \sin \frac{2n\pi x}{l} + \frac{1}{2l^2} \left(1 - \cos \frac{2n\pi x}{l} \right) \right] \\
&= -i \int_a^{2a} dl \left[-\frac{n\pi}{l^3} \frac{l^2}{2n\pi} + \frac{1}{2l^2} l \right] = 0
\end{aligned}$$

기하학적 위상을 주는 $< \psi_l | \dot{\psi}_l >$가 순허수이므로, 이 결과는 파동함수가 실함수라는 점에서 예상과 일치한다. 참고로 우리는 위에서 다음의 적분 관계식을 사용하였다.

$$\int dx\; x \sin Ax = -\frac{x}{A} \cos Ax + \frac{1}{A} \int dx\; \cos Ax$$

다음으로 식 (10.70)으로 주어지는 동역학적 위상 변화는 다음과 같다.

$$\delta_d = -\frac{1}{\hbar} \int_0^t E_n(t') dt' = -\frac{1}{\hbar} \int_0^t \frac{n^2\pi^2\hbar^2}{2m[l(t')]^2} \frac{dt'}{dl} dl$$

여기서 $\frac{dl}{dt} = v$ 의 관계를 써서 위의 적분을 수행하면 그 결과는 다음과 같다.

$$\delta_d = -\frac{1}{\hbar} \int_{l_0=a}^{l_t=2a} dl \frac{n^2\pi^2\hbar^2}{2ml^2} \frac{1}{v} = \frac{n^2\pi^2\hbar}{2mv} \frac{1}{l} \bigg|_a^{2a} = \frac{n^2\pi^2\hbar}{2mv} \left(\frac{1}{2a} - \frac{1}{a} \right) = -\frac{n^2\pi^2\hbar}{4mva}$$

10.7 질량이 m인 입자가 위치에너지가 $V(x) = -\lambda\delta(x)$로 주어지는 1차원 델타함수 우물에 속박되어 있다. 여기서 λ 는 양의 상수이다.

1). 이제 위치에너지의 속박 강도를 나타내는 상수 λ 가 λ_i 에서 시작하여 λ_f 로 아주

천천히 증가했고 그 변화율은 일정한 값 α 로 주어졌다. 이 단열 과정에 의한 기하학적 위상과 동역학적 위상의 변화를 각각 구하라. 여기서 식 (10.71)에 나타난 매개변수는 λ 에 해당함에 유의하라.

2). 다시 λ 값이 λ_f 에서 λ_i 로 더 천천히 변하며 원상으로 복귀하였다. 그리고 이때 변화율은 $-\alpha/2$ 였다. 이제 시작할 때부터 다시 원상으로 복귀할 때까지의 과정 전체에 대한 기하학적 위상과 동역학적 위상을 구하고, 기하학적 위상의 경우 매개변수 1 차원의 닫힌 경로에 해당하므로 본문에서 언급된 바와 같이 베리의 위상이 0 이 되는지 확인하라.

풀이: 1). 5장에서 1차원 델타함수 우물의 고유상태와 에너지는 다음과 같이 주어졌다.

$$\psi(x) = \frac{\sqrt{m\lambda}}{\hbar} e^{-\frac{m\lambda}{\hbar^2}|x|}, \quad E = -\frac{m\lambda^2}{2\hbar^2}$$

따라서 기하학적 위상 변화는 다음과 같이 쓸 수 있다.

$$\begin{aligned}
\delta_g(t) &= i\int_0^t <\psi|\frac{\partial}{\partial\lambda}\psi> \frac{d\lambda}{dt'}dt' \\
&= i\int_{\lambda_i}^{\lambda_f} d\lambda \int_{-\infty}^{\infty} dx\, \frac{\sqrt{m\lambda}}{\hbar}\, e^{-\frac{m\lambda}{\hbar^2}|x|}\frac{\partial}{\partial\lambda}\left[\frac{\sqrt{m\lambda}}{\hbar}\, e^{-\frac{m\lambda}{\hbar^2}|x|}\right] \\
&= 2i\int_{\lambda_i}^{\lambda_f} d\lambda \int_0^{\infty} dx\, \frac{m}{\hbar^2}\, e^{-2\frac{m\lambda x}{\hbar^2}}\left[\frac{1}{2} - \frac{m\lambda x}{\hbar^2}\right] \\
&= i\int_{\lambda_i}^{\lambda_f} d\lambda\, \frac{m}{\hbar^2}\left[\frac{\hbar^2}{2m\lambda} - \frac{2m\lambda}{\hbar^2}\frac{1}{\left(\frac{2m\lambda}{\hbar^2}\right)^2}\right] \\
&= i\int_{\lambda_i}^{\lambda_f} d\lambda\left[\frac{1}{2\lambda} - \frac{1}{2\lambda}\right] = 0
\end{aligned}$$

이는 파동함수가 실함수라는 점에서도 예상할 수 있다.

다음으로 동역학적 위상 변화는 다음과 같다.

$$\delta_d = -\frac{1}{\hbar}\int_0^t E_n(t')dt' = \frac{1}{\hbar}\int_0^t \frac{m[\lambda(t')]^2}{2\hbar^2}\frac{dt'}{d\lambda}d\lambda$$

여기서 $\frac{d\lambda}{dt} = \alpha$ 의 관계를 써서 위의 적분을 수행하면 그 결과는 다음과 같다.

$$\delta_d = \frac{1}{\hbar}\int_{\lambda_i}^{\lambda_f} d\lambda\, \frac{m\lambda^2}{2\hbar^2}\frac{1}{\alpha} = \frac{m}{6\hbar^3\alpha}\left(\lambda_f^3 - \lambda_i^3\right)$$

2). 기하학적 위상 변화는 다음과 같다.

$$\begin{aligned}\delta_g(t) &= i\int_0^t <\psi|\frac{\partial}{\partial\lambda}\psi> \frac{d\lambda}{dt'}dt' \\ &= i\oint d\lambda <\psi|\frac{\partial}{\partial\lambda}\psi> \\ &= i\left[\alpha\int_0^{t_1} dt' <\psi|\frac{\partial}{\partial\lambda}\psi> - \frac{\alpha}{2}\int_{t2>t_1}^{t} dt' <\psi|\frac{\partial}{\partial\lambda}\psi>\right]\end{aligned}$$

여기서 λ 의 변화율과 상관 없이 1)번과 마찬가지로 기대값 $<\psi|\frac{\partial}{\partial\lambda}\psi>$ 가 0 이므로, 기하학적 위상 변화는 0 이다. 이는 매개변수가 1차원인 경우의 닫힌 경로에서 베리의 위상이 0 이 되어야 함과 일치한다.

다음으로 동역학적 위상 변화는 다음과 같다.

$$\begin{aligned}\delta_d &= -\frac{1}{\hbar}\int_0^t E_n(t')dt' = \frac{1}{\hbar}\int_0^t \frac{m[\lambda(t')]^2}{2\hbar^2}\frac{dt'}{d\lambda}d\lambda \\ &= \frac{1}{\hbar}\left[\frac{1}{\alpha}\int_{\lambda_i}^{\lambda_f} d\lambda\,\frac{m\lambda^2}{2\hbar^2} - \frac{2}{\alpha}\int_{\lambda_f}^{\lambda_i} d\lambda\,\frac{m\lambda^2}{2\hbar^2}\right] \\ &= \frac{m}{2\hbar^3\alpha}\left(\lambda_f^3 - \lambda_i^3\right)\end{aligned}$$

10.8 자기장의 크기는 변하지 않고 자기장 벡터의 방위각만 $\phi = wt$ 로 시간에 따라 천천히 단열 과정으로 아래와 같이 바뀌는 경우를 생각하자.

$$\vec{B}(t) = B\{\hat{i}\sin\theta\cos\phi + \hat{j}\sin\theta\sin\phi + \hat{k}\cos\theta\}, \quad \phi = wt$$

전자가 이러한 자기장 안에 있을 때, 그 해밀토니안은 8.3절에서 주어진 바와 같이 아래처럼 주어진다.

$$H = -\vec{\mu}\cdot\vec{B}, \quad \text{여기서} \ \ \vec{\mu} = \frac{e}{m_e c}\vec{S} \equiv -\mu_b\vec{\sigma}$$

위에서 μ_b 는 식 (8.123)으로 주어진 보어 자기량이다.

1). 식 (8.120)의 관계를 써서 다음의 관계가 성립함을 보여라.

$$\exp(i\phi\hat{n}\cdot\vec{\sigma}) = \cos\phi + i\hat{n}\cdot\vec{\sigma}\sin\phi$$

2). $+z$ 방향으로 향한 스핀을 구좌표계 상의 (θ, ϕ) 방향으로 향하게 했을 때 그 상태는 식 (8.280)으로 주어진 회전 연산자를 써서 다음과 같이 쓸 수 있다.

$$|\theta, \phi> = R_z(\phi) R_y(\theta) |\hat{k}>$$

여기서 $\vec{J} = \frac{\hbar}{2}\vec{\sigma}$ 이므로 회전 연산자는 각각 다음과 같이 주어진다.

$$R_y(\theta) = \exp\left(-\frac{i\theta}{2}\sigma_y\right), \quad R_z(\phi) = \exp\left(-\frac{i\phi}{2}\sigma_z\right)$$

이로부터 $|\hat{k}> = \begin{pmatrix} 1 \\ 0 \end{pmatrix}$ 임을 써서, 스핀의 방향이 (θ, ϕ)인 상태 $|\theta, \phi>$ 는 다음과 같이 주어짐을 보여라.

$$|\theta, \phi> = \begin{pmatrix} \cos(\theta/2) e^{-i\phi/2} \\ \sin(\theta/2) e^{i\phi/2} \end{pmatrix} = e^{-i\phi/2} \begin{pmatrix} \cos(\theta/2) \\ \sin(\theta/2) e^{i\phi} \end{pmatrix}$$

3). 이제 식 (10.72)를 써서 $\theta = \pi/2$ 로 고정된 경우, 베리의 위상이 $-\pi$ 임을 보여라. <u>도움말</u>: 여기서 매개변수들은 θ 와 ϕ 이다. 따라서 베리의 위상 계산에 필요한 내적 $< \psi | \nabla_{\vec{y}} \psi >$ 에서 켓-스피너 $|\psi> = |\theta, \phi>$ 의 매개변수 기울기벡터 $|\nabla_{\vec{y}} \psi>$는 $r = 1$ 인 구면좌표계에서의 기울기벡터와 동일하게 구하고, 상태 $|\psi>$에 임의의 위상을 곱해도 같은 상태이므로, 전체적인 위상 $e^{-i\phi/2}$ 는 제거하고 구해도 된다.

풀이: 1). 식 (8.120)에서 주어진 다음의 관계를 사용하면,

$$(\vec{\sigma} \cdot \hat{n})^m = \begin{cases} 1 \,, & m = \text{짝수} \\ \vec{\sigma} \cdot \hat{n} \,, & m = \text{홀수} \end{cases} \,,$$

우리는 다음의 관계식을 얻는다.

$$\begin{aligned} \exp(i\phi \hat{n} \cdot \vec{\sigma}) &= \sum_{m=0}^{\infty} \frac{(i\phi \hat{n} \cdot \vec{\sigma})^m}{m!} = \sum_{m=0}^{\infty} \frac{(i\phi)^{2m}}{(2m)!} + \sum_{m=1}^{\infty} \frac{(i\phi)^{2m-1}}{(2m-1)!} \vec{\sigma} \cdot \hat{n} \\ &= \left(1 - \frac{\phi^2}{2!} + \frac{\phi^4}{4!} - \cdots\right) + i\vec{\sigma} \cdot \hat{n} \left(\frac{\phi}{1!} - \frac{\phi^3}{3!} + \frac{\phi^5}{5!} - \cdots\right) \\ &= \cos\phi + i\vec{\sigma} \cdot \hat{n} \sin\phi \end{aligned}$$

2). 위에서 얻은 1)번의 결과를 쓰면, $R_y(\theta)$ 와 $R_z(\phi)$ 는 각각 다음과 같이 쓸 수 있다.

$$\begin{aligned}
R_y(\theta) &= \exp(-\frac{i\theta}{2}\sigma_y) = \cos\frac{\theta}{2} - i\sigma_y \sin\frac{\theta}{2} \\
&= \begin{pmatrix} \cos\frac{\theta}{2} & -\sin\frac{\theta}{2} \\ \sin\frac{\theta}{2} & \cos\frac{\theta}{2} \end{pmatrix} \\
R_z(\phi) &= \exp(-\frac{i\phi}{2}\sigma_z) = \cos\frac{\phi}{2} - i\sigma_z \sin\frac{\phi}{2} \\
&= \begin{pmatrix} \cos\frac{\phi}{2} - i\sin\frac{\phi}{2} & 0 \\ 0 & \cos\frac{\phi}{2} + i\sin\frac{\phi}{2} \end{pmatrix}
\end{aligned}$$

따라서 $|\theta, \phi>$ 는 다음과 같이 주어진다.

$$\begin{aligned}
|\theta, \phi> &= R_z(\phi)R_y(\theta)|\hat{k}> \\
&= \begin{pmatrix} \cos\frac{\phi}{2} - i\sin\frac{\phi}{2} & 0 \\ 0 & \cos\frac{\phi}{2} + i\sin\frac{\phi}{2} \end{pmatrix} \begin{pmatrix} \cos\frac{\theta}{2} & -\sin\frac{\theta}{2} \\ \sin\frac{\theta}{2} & \cos\frac{\theta}{2} \end{pmatrix} \begin{pmatrix} 1 \\ 0 \end{pmatrix} \\
&= \begin{pmatrix} e^{-i\frac{\phi}{2}} & 0 \\ 0 & e^{i\frac{\phi}{2}} \end{pmatrix} \begin{pmatrix} \cos\frac{\theta}{2} \\ \sin\frac{\theta}{2} \end{pmatrix} = \begin{pmatrix} \cos\frac{\theta}{2}\, e^{-i\phi/2} \\ \sin\frac{\theta}{2}\, e^{i\phi/2} \end{pmatrix} \\
&= e^{-i\phi/2} \begin{pmatrix} \cos\frac{\theta}{2} \\ \sin\frac{\theta}{2}\, e^{i\phi} \end{pmatrix}
\end{aligned}$$

3). 닫힌 매개변수 경로 C 에 대해 식 (10.72)에서 주어진 베리의 위상 $\Gamma(C)$ 는 다음과 같다.

$$\delta_g = i \oint_C < \psi | \nabla_{\vec{y}} \psi > \cdot d\vec{y} \equiv \Gamma(C)$$

여기서 상태함수 ψ 는 앞에서 주어진 켓-스피너 $|\theta, \phi>$ 에 해당하며, 매개변수 벡터 $\vec{y}$ 는 실제 3차원 공간 구좌표계의 변수 θ, ϕ 에 해당한다. 한편, 구좌표계의 지름 좌표 r 은 이 계산과 무관하므로, $r = 1$ 로 놓고 계산하겠다. 그러면 전체적인 위상 $e^{-i\phi/2}$ 를 무시한 켓-스피너 $|\theta, \phi>$ 에 대한 매개변수 기울기벡터는 다음과 같이 쓸 수 있다.

$$\nabla_{\vec{y}} \psi = \left(\hat{\theta}\frac{\partial}{\partial\theta} + \hat{\phi}\frac{1}{\sin\theta}\frac{\partial}{\partial\phi}\right) \begin{pmatrix} \cos\frac{\theta}{2} \\ \sin\frac{\theta}{2}\, e^{i\phi} \end{pmatrix} = \begin{pmatrix} -\frac{1}{2}\sin\frac{\theta}{2}\,\hat{\theta} \\ \frac{1}{2}\cos\frac{\theta}{2}\, e^{i\phi}\,\hat{\theta} + i\,\frac{\sin\frac{\theta}{2}}{\sin\theta}\, e^{i\phi}\,\hat{\phi} \end{pmatrix}$$

따라서 스피너에 대한 기대값은 다음과 같다.

$$< \psi|\nabla_{\vec{y}}\psi > = \left(\cos\frac{\theta}{2},\, \sin\frac{\theta}{2}\, e^{-i\phi}\right)\begin{pmatrix} -\frac{1}{2}\sin\frac{\theta}{2}\,\hat{\theta} \\ \frac{1}{2}\cos\frac{\theta}{2}\, e^{i\phi}\,\hat{\theta} + i\,\frac{\sin\frac{\theta}{2}}{\sin\theta}\, e^{i\phi}\,\hat{\phi} \end{pmatrix} = \frac{i}{2}\,\tan\frac{\theta}{2}\,\hat{\phi}$$

그러므로 $\theta = \pi/2$ 로 고정했을 때, 닫힌 매개변수 경로 C 에 대한 베리의 위상 $\Gamma(C)$ 는 다음과 같다.

$$\Gamma(C) = i\oint_C < \psi|\nabla_{\vec{y}}\psi > \cdot d\vec{y} = i\int_{\phi=0}^{2\pi} d\phi\ \frac{i}{2}\,\tan\frac{\theta}{2}\bigg|_{\theta=\frac{\pi}{2}} = -\pi$$

10.9 토마스-라이히-쿤 합 규칙 Thomas-Reiche-Kuhn sum rule:
식 (10.82)에 나오는 원자의 상태에 대한 위치 x_i 의 행렬 요소 $< n'l'm'|x_i|nlm >$ 을 간단히 $< n'|x_i|n >$ 으로 표시하자. 그러면 $H_0|n> = E_n^{(0)}|n>$ 의 관계가 성립할 때, 떨개 세기 oscillator strength 로 알려진 다음과 같이 정의된 $f_{n'n}$ 에 대해

$$f_{n'n} \equiv \frac{2m}{\hbar^2}(E_{n'}^{(0)} - E_n^{(0)})| < n'|x_i|n > |^2$$

토마스-라이히-쿤 합 규칙이라 불리는 다음의 관계가 성립함을 보여라.

$$\sum_{n'} f_{n'n} = 1$$

<u>도움말</u>: $\sum_{n'}|n'><n'| = 1$ 과 $[x_j, H_0] = \frac{i\hbar}{m}p_j$ 의 관계를 활용하라.

풀이: $< n'|x_i|n >^* = < n|x_i|n' >$ 이므로, 구하고자 하는 합은 다음과 같이 쓸 수 있다.

$$\begin{aligned}\sum_{n'} f_{n'n} &= \sum_{n'}\frac{2m}{\hbar^2}(E_{n'}^{(0)} - E_n^{(0)})| < n'|x_i|n > |^2 \\ &= \sum_{n'}\frac{2m}{\hbar^2}(E_{n'}^{(0)} - E_n^{(0)}) < n|x_i|n' >< n'|x_i|n >\end{aligned}$$

그런데 $< n|x_iH_0|n' > = E_{n'}^{(0)} < n|x_i|n' >,\ \ < n|H_0x_i|n' > = E_n^{(0)} < n|x_i|n' >$ 으로 쓸 수 있으므로, 다음의 관계들이 성립한다.

$$\begin{aligned}(E_{n'}^{(0)} - E_n^{(0)}) < n|x_i|n' > &= < n|x_iH_0 - H_0x_i|n' > = < n|[x_i, H_0]|n' > \\ (E_{n'}^{(0)} - E_n^{(0)}) < n'|x_i|n > &= < n'|H_0x_i - x_iH_0|n > = < n|[H_0, x_i]|n' >\end{aligned}$$

따라서 구하고자 하는 합은 다음과 같이 다시 쓸 수 있다.

$$\begin{aligned}\sum_{n'} f_{n'n} &= \sum_{n'} \frac{m}{\hbar^2}(< n|[x_i, H_0]|n' >< n'|x_i|n > - < n|x_i|n' >< n'|[x_i, H_0]|n >) \\ &= \sum_{n'} \frac{i}{\hbar}(< n|p_i|n' >< n'|x_i|n > - < n|x_i|n' >< n'|p_i|n >) \\ &= \frac{i}{\hbar} < n|[p_i, x_i]|n > \\ &= 1\end{aligned}$$

위에서 우리는 각 단계에서 다음의 관계를 각각 사용하였고, 첨자 i 에 대한 합은 없다.

$$[x_i, H_0] = i\hbar\,\frac{p_i}{m}, \qquad \sum_{n'} |n' >< n'| = 1, \qquad < n|[x_i, p_i]|n > = i\hbar$$

참고로 이 증명은 고정된 i 에 대한 $[x_i, [x_i, H_0]] = -\frac{\hbar^2}{m}$ 의 관계를 써서도 할 수 있다.

$$\begin{aligned}&< n|[x_i, [x_i, H_0]]|n > = < n|x_i^2 H_0 - 2x_i H_0 x_i + H_0 x_i^2|n > \\ &= \sum_{n'} < n|x_i|n' >< n'|x_i H_0|n > -2\sum_{n'} < n|x_i|n' >< n'|H_0 x_i|n > \\ &\qquad + \sum_{n'} < n|H_0 x_i|n' >< n'|x_i|n > \\ &= \sum_{n'} E_n^{(0)}| < n|x_i|n' > |^2 - 2\sum_{n'} E_{n'}^{(0)}| < n|x_i|n' > |^2 + \sum_{n'} E_n^{(0)}| < n|x_i|n' > |^2 \\ &= -\frac{\hbar^2}{m}\end{aligned}$$

위의 마지막 두 줄의 관계에서 원하는 관계식이 나온다.

$$\sum_{n'} \frac{2m}{\hbar^2}(E_{n'}^{(0)} - E_n^{(0)})| < n'|x_i|n > |^2 = 1$$

10.10 전자기장이 존재할 때의 건드림 해밀토니안을 식 (10.96)처럼 벡터 퍼텐셜로 다음과 같이 나타내자.

$$H' = \frac{e}{mc}\vec{A}\cdot\vec{p}$$

1). 여기서 벡터 퍼텐셜을 식 (10.97)과 같이 평면파로 나타내고,

$$\vec{A} = \vec{A}_0 e^{i(\vec{k}\cdot\vec{x}-wt)} + \vec{A}_0^* e^{-i(\vec{k}\cdot\vec{x}-wt)},$$

평면파의 위치 부분을 식 (10.101)처럼 다음과 같이 전개했을 때,

$$e^{\pm i\vec{k}\cdot\vec{x}} = 1 \pm i\vec{k}\cdot\vec{x} + \cdots,$$

전개된 우변의 두 번째 항은 전기 사중극자와 자기쌍극자로 기여함을 보여라.

도움말: $\vec{A}_0^* \equiv A_0^* \hat{\epsilon}$ 으로 놓고, $|n\rangle$ 과 $|f\rangle$ 를 각각 초기와 최종 상태라고 하면, 전이 행렬 요소 부분이 다음과 같이 쓰여질 수 있음을 보이고,

$$\left\langle f|\vec{k}\cdot\vec{x}\,\hat{\epsilon}\cdot\vec{p}|n\right\rangle = \frac{k_i\epsilon_j}{2}\left\{\langle f|x_i\,p_j + x_j\,p_i|n\rangle + \langle f|x_i\,p_j - x_j\,p_i|n\rangle\right\}$$

우변의 첫 번째 항은 전기 사중극자, 두 번째 항은 자기쌍극자로 기여함을 보인다.

첫 번째 항의 경우, $[x_i x_j, H_0]$ 와 $\vec{k}\cdot\hat{\epsilon} = 0$ 을 고려하여 다음이 성립함을 보이고,

$$k_i\epsilon_j\,\langle f|x_i\,p_j + x_j\,p_i|n\rangle = \frac{m}{i\hbar}(E_n^{(0)} - E_f^{(0)})k_i\epsilon_j\,\langle f|x_i x_j|n\rangle$$

전기 사중극자 퍼텐셜은 전기 사중극자 텐서 Q_{ij} 로 다음과 같이 표시됨을 활용하라.

$$\begin{aligned} V_{quad}(\vec{x}) &= \frac{1}{r^3}\hat{x}_i\hat{x}_j Q_{ij}, \quad r = |\vec{x}| \text{ 이고, } \hat{x}_i \text{ 와 } \hat{x}_j \text{ 는 } \vec{x} \text{ 의 단위 벡터 성분들} \\ Q_{ij} &\equiv \frac{1}{2}\int (3x_i' x_j' - r'^2\delta_{ij})\rho(\vec{x}\,')d^3x' \end{aligned}$$

두 번째 항의 경우, $\epsilon_{ijk}L_k = \epsilon_{ijk}(\vec{x}\times\vec{p})_k = x_i\,p_j - x_j\,p_i$ 의 관계가 성립함을 보이고, 궤도 각운동량에 의한 자기쌍극자는 $\vec{\mu}_l = \frac{-e}{2mc}\vec{L}$ 로 주어짐을 활용하라.

2). 이러한 전기 사중극자나 자기쌍극자 전이에서는 전기쌍극자 전이에서 불가능했던 $\triangle l = 0$ 전이가 가능함을 보여라. 하지만, $2S \to 1S$ 전이와 같은 $(l = 0) \to (l = 0)$ 전이는 여전히 불가능함을 보여라.

도움말: 구면조화함수의 곱 product of spherical harmonics 에 대한 다음의 관계를 활용하라.

$$Y_{l_1}^{m_1} Y_{l_2}^{m_2} = \sum_l \sqrt{\frac{(2l_1+1)(2l_2+1)}{4\pi(2l+1)}}\,\langle l_1 l_2 0 0|l_1 l_2 l 0\rangle\,\langle l_1 l_2 m_1 m_2|l_1 l_2 l m_1 + m_2\rangle\,Y_l^{m_1+m_2}$$

여기서 $\langle j_1 j_2 m_1 m_2 | j_1 j_2 j m\rangle$ 들은 식 (8.164)의 클렙시-고단 계수들이며, Y_l^m 들은 동일한 (θ,ϕ)의 함수들이다. 그리고 클렙시-고단 계수의 다음 특성을 활용하라.

$$\langle j_1 j_2 m_1 m_2 | j_1 j_2 j m\rangle = (-1)^{j_1+j_2-j}\langle j_1 j_2 - m_1 - m_2 | j_1 j_2 j - m\rangle$$

풀이: 1). 유도/자발 방출의 경우 두 번째 전개항의 전이 행렬 요소는 다음과 같이 된다.

$$< f|\frac{e}{mc}\vec{A}\cdot\vec{p}|n > \rightarrow \ \frac{e}{mc} < f|e^{-i\vec{k}\cdot\vec{x}}\vec{A}_0^*\cdot\vec{p}|n > \Rightarrow -\frac{ie}{mc} < f|\vec{k}\cdot\vec{x}\,\vec{A}_0^*\cdot\vec{p}|n >$$

여기서 $|n\rangle$ 과 $|f\rangle$ 는 각각 초기와 최종 상태를 나타낸다. 이제 $\vec{A}_0^* \equiv A_0^*\,\hat{\epsilon}$ 으로 놓고, 행렬 요소의 기대값 부분만 다음과 같이 다시 쓰자.

$$\left\langle f|\vec{k}\cdot\vec{x}\,\hat{\epsilon}\cdot\vec{p}|n\right\rangle = k_i\epsilon_j\langle f|x_i\,p_j|n\rangle \ = \frac{k_i\epsilon_j}{2}\left\{\langle f|x_i\,p_j + x_j\,p_i|n\rangle + \langle f|x_i\,p_j - x_j\,p_i|n\rangle\right\}$$

우변의 첫 번째 항을 이해하기 위해 먼저 다음의 관계를 살펴보자.

$$\begin{aligned}[x_ix_j, H_0] &= [x_ix_j, \frac{\vec{p}^2}{2m} + V(\vec{x})] \\ &= \frac{1}{2m}\left\{[x_i, p_kp_k]x_j + x_i[x_j, p_kp_k]\right\} \\ &= \frac{i\hbar}{m}\left\{\delta_{ik}p_kx_j + x_i\delta_{jk}p_k\right\} \ = \ \frac{i\hbar}{m}\left\{p_ix_j + x_ip_j\right\} \\ &= \frac{i\hbar}{m}\left\{x_ip_j + x_jp_i - i\hbar\delta ij\right\}\end{aligned}$$

그래서 자발 방출의 조건 $\delta(E_f^{(0)} - E_n^{(0)} + \hbar w)$ 에서 나오는 $E_n^{(0)} - E_f^{(0)} = \hbar w$ 의 관계를 쓰면 다음의 관계가 성립한다.

$$\begin{aligned}\langle f|x_ip_j + x_jp_i - i\hbar\delta ij|n\rangle &= \frac{m}{i\hbar}\langle f|[x_ix_j, H_0]|n\rangle \\ &= \frac{m}{i\hbar}(E_n^{(0)} - E_f^{(0)})\langle f|x_ix_j|n\rangle \\ &= -imw\langle f|x_ix_j|n\rangle\end{aligned}$$

한편, $\vec{k}\cdot\hat{\epsilon} = 0$ 의 관계에서 $k_i\epsilon_i = 0$ 이므로 우리는 다음의 관계를 얻는다.

$$\begin{aligned}k_i\epsilon_j\langle f|x_i\,p_j + x_j\,p_i|n\rangle &= k_i\epsilon_j\langle f|x_ip_j + x_jp_i - i\hbar\delta ij|n\rangle \\ &= -imwk_i\epsilon_j\langle f|x_ix_j|n\rangle \\ &= -imwk_i\epsilon_j < f|x_ix_j - \frac{1}{3}r^2\delta_{ij}|n >\end{aligned}$$

이 항은 전기 사중극자로 기여하는데 이것은 다음과 같이 보일 수 있다.

전기 사중극자에 의한 전기 퍼텐셜은 다음과 같이 정의된다.

$$\begin{aligned} V_{quad}(\vec{x}) &= \frac{1}{r^3}\int r'^2 P_2(\cos\gamma)\rho(\vec{x}\,')d^3x' \\ &= \frac{1}{r^3}\int r'^2(\frac{3}{2}\cos^2\gamma - \frac{1}{2})\rho(\vec{x}\,')d^3x' \end{aligned}$$

여기서 $P_2(\cos\gamma)$는 2차 르장드르 다항식이고, $r = |\vec{x}|$, $r' = |\vec{x}\,'|$ 인데 $\vec{x}$ 와 $\vec{x}\,'$ 는 각각 관찰자와 전하의 위치 벡터이다. γ 는 $\vec{x}$ 와 $\vec{x}\,'$ 사이의 각이다. 따라서 $\vec{x}$ 의 단위 벡터를 $\hat{x}$ 라 하면, $\hat{x}\cdot\vec{x}\,' = \hat{x}_i x'_i = r'\cos\gamma$ 이므로, 전기 사중극자 퍼텐셜은 전기 사중극자 텐서 Q_{ij}를 도입하여 다음과 같이 쓸 수 있다.

$$\begin{aligned} V_{quad}(\vec{x}) &= \frac{1}{r^3}\hat{x}_i\hat{x}_j Q_{ij} \\ Q_{ij} &\equiv \frac{1}{2}\int(3x'_i x'_j - r'^2\delta_{ij})\rho(\vec{x}\,')d^3x' \end{aligned}$$

이상에서 전이 행렬 요소의 첫 번째 항은 다음과 같이 전기 사중극자로서 기여한다.

$$\begin{aligned} -\frac{ieA_0^*}{2mc}k_i\epsilon_j\langle f|x_i\,p_j + x_j\,p_i|n\rangle &= -\frac{ewA_0^*}{2c}k_i\epsilon_j < f|x_i x_j - \frac{1}{3}r^2\delta_{ij}|n> \\ &= \frac{wA_0^*}{3c}k_i\epsilon_j < f|Q_{ij}|n> \end{aligned}$$

위에서 전하 분포는 $\rho(\vec{x}\,') = -e\delta^3(\vec{x}\,' - \vec{x})$ 로 놓을 수 있으므로, Q_{ij}는 다음과 같다.

$$\begin{aligned} Q_{ij} &= -\frac{e}{2}\int(3x'_i x'_j - r'^2\delta_{ij})\delta^3(\vec{x}\,' - \vec{x})d^3x' \\ &= -\frac{e}{2}(3x_i x_j - r^2\delta_{ij}) \end{aligned}$$

다음으로 전이 행렬 요소의 두 번째 항에 대해서는 먼저 다음의 관계를 주목하자.

$$\epsilon_{ijk}L_k = \epsilon_{ijk}(\vec{x}\times\vec{p})_k = \epsilon_{ijk}\epsilon_{klm}x_l p_m = (\delta_{il}\delta_{jm} - \delta_{im}\delta_{jl})x_l p_m = x_i\,p_j - x_j\,p_i$$

따라서 전이 행렬 요소의 두 번째 항은 $\vec{A}_0^* \equiv A_0^*\,\hat{\epsilon}$ 의 관계를 쓰면 다음과 같이 된다.

$$-\frac{ieA_0^*}{2mc}k_i\epsilon_j\langle f|x_i\,p_j - x_j\,p_i|n\rangle = -\frac{ieA_0^*}{2mc}\epsilon_{ijk}k_i\epsilon_j\langle f|L_k|n\rangle = -\frac{ie}{2mc}(\vec{k}\times\vec{A}_0^*)\cdot\left\langle f|\vec{L}|n\right\rangle$$

한편, 식 (10.99)에서 광자가 방출되는 경우 $-i\vec{k}\times\vec{A}_0^*$ 가 자기장 $\vec{B}$ 에 해당하고, 식 (8.127)에서 궤도 각운동량에 의한 전자의 자기쌍극자 모멘트는 $\vec{\mu}_l = \frac{-e}{2mc}\vec{L}$ 이므로, 전이 행렬 요소의 두 번째 항은 최종적으로 다음과 같이 쓸 수 있다.

$$-\frac{ieA_0^*}{2mc}k_i\epsilon_j\langle f|x_i\,p_j - x_j\,p_i|n\rangle = -\vec{B}\cdot\langle f|\vec{\mu}_l|n\rangle$$

이는 자기쌍극자 모멘트에 의한 전이 행렬 요소에 해당함을 보여준다.
2). 앞에서 보았듯이 전기 사중극자는 2차 르장드르 다항식 $P_2(\cos\gamma)$로 표현되므로, 구면조화함수 $Y_2^m(\theta,\phi)$들을 준다. 따라서 전이 행렬 요소는 다음과 같이 된다.

$$< f|Q_{ij}|n > \sim < Y_{l_f}^{m_f}|Y_2^m|Y_{l_n}^{m_n} >$$

한편 도움말에 주어진 구면조화함수의 곱의 관계에서 다음의 관계가 성립한다.

$$< Y_l^m|Y_{l_1}^{m_1}Y_{l_2}^{m_2} > = \sqrt{\frac{(2l_1+1)(2l_2+1)}{4\pi(2l+1)}}\langle l_1l_200|l_1l_2l0\rangle\langle l_1l_2m_1m_2|l_1l_2lm\rangle$$

그리고 클렙시-고단 계수는 다음 특성을 만족한다.

$$\langle l_1l_200|l_1l_2l0\rangle = (-1)^{l_1+l_2-l}\langle l_1l_200|l_1l_2l0\rangle$$

즉, $\langle l_1l_200|l_1l_2l0\rangle$ 이 0 이 되지 않으려면, l_1+l_2-l 은 우수가 되어야 한다. 그런데 전이 행렬 요소는 다음과 같으므로,

$$< f|Q_{ij}|n > \sim < Y_{l_f}^{m_f}|Y_2^m|Y_{l_n}^{m_n} > \sim \langle l_n200|l_n2l_f0\rangle\langle l_n2m_nm|l_n2l_fm_f\rangle$$

클렙시-고단 계수 $\langle l_n2m_nm|l_n2l_fm_f\rangle$ 가 0 이 되지 않으려면, $l_f-l_n=0,\pm1,\pm2$ 가 되어야 한다. 하지만, $\langle l_n200|l_n2l_f0\rangle$ 도 0 이 되지 않아야 하므로, $l_f-l_n=0,\pm2$ 만 가능하다. 이는 반전성(parity)이 보존되는 것과 상응한다. 즉, 전기 사중극자 전이의 경우 $\triangle l=0$ 도 가능하다. 다만, $l_f=l_n=0$ 인 경우, $Y_0^0\sim1$ 이므로 전이 행렬 요소가 다음과 같이 되어 불가능하다.

$$< Y_{l_f}^{m_f}|Y_2^m|Y_{l_n}^{m_n} > \sim < Y_0^0|Y_2^m|Y_0^0 > \sim < Y_0^0|Y_2^m > = 0$$

자기쌍극자 전이의 경우는 $\vec{\mu}_l = \frac{-e}{2mc}\vec{L}$ 에서 전이 행렬 요소가 다음과 같이 된다.

$$-\vec{B}\cdot\langle f|\vec{\mu}_l|n\rangle \sim B_i\langle f|L_i|n\rangle$$

여기서 $L_\pm \equiv L_x \pm iL_y$ 이므로, L_x, L_y 는 $L_\pm$ 들로 나타낼 수 있다. 따라서 자기쌍극자 전이의 행렬 요소는 다음과 같이 쓸 수 있다.

$$-\vec{B}\cdot\langle f|\vec{\mu}_l|n\rangle \sim \langle f|c_+L_+ + c_-L_- + c_zL_z|n\rangle$$

한편, $L_\pm$ 와 L_z 는 구면조화함수에 다음과 같이 작용하므로,

$$L_\pm|Y_l^m\rangle \sim |Y_l^{m\pm1}\rangle, \quad L_z|Y_l^m\rangle = m\hbar\,|Y_l^m\rangle$$

전이 행렬 요소는 다음 요소들의 1차 결합으로 주어진다.

$$\left\langle Y_{l_f}^{m_f}|L_\pm|Y_{l_n}^{m_n}\right\rangle \sim \delta_{l_f,l_n}\delta_{m_f,m_n\pm1}, \quad \left\langle Y_{l_f}^{m_f}|L_z|Y_{l_n}^{m_n}\right\rangle = m_n\hbar\,\delta_{l_f,l_n}\delta_{m_f,m_n}$$

따라서 $\triangle l = l_f - l_n = 0$ 과 $\triangle m = m_f - m_n = 0, \pm1$ 의 경우에 전이 가능하다. 그러나 $l_f = l_n = 0$ 의 경우, 다음과 같이 되어 전이가 불가능하다.

$$\left\langle Y_0^0|L_\pm|Y_0^0\right\rangle = 0, \quad \left\langle Y_0^0|L_z|Y_0^0\right\rangle = 0$$

10.11 수소 원자 $2P$ 상태의 전기쌍극자 전이에 의한 (붕괴) 수명을 구하라.

풀이: $2P$ 상태에서 가능한 전기쌍극자 전이는 $2P \to 1S$ 전이이고, 식 (10.115)에서 전이율은 $W_{2p\to1s} \simeq 6.2\times10^8 s^{-1}$ 로 주어졌으므로, 그 붕괴 수명은 다음과 같다.

$$\tau = \frac{1}{W} = 1.6\times10^{-9}s$$

제11장 전자기장과의 상호작용

11.1 고전적으로 전자기장이 존재할 때 전하 q, 속도 $\vec{v}$ 인 입자가 받는 힘은 식 (11.2)로 주어진 로렌츠 힘, $\vec{F} = q\vec{E} + \frac{q}{c}\vec{v} \times \vec{B}$ 이다.

1). 전기장이 $\vec{E} = -\nabla\phi$ 일 때, 이 관계는 양자역학적으로 다음과 같이 표현될 수 있다.

$$m\frac{d < \vec{v} >}{dt} = q < \vec{E} > + \frac{q}{2mc} < \vec{p} \times \vec{B} - \vec{B} \times \vec{p} > - \frac{q^2}{mc^2} < \vec{A} \times \vec{B} >$$

여기서 $< \vec{v} > = \frac{d<\vec{x}>}{dt}$ 이다. 먼저 식 (11.26)에서와 같이 $\vec{p} \rightarrow \vec{p} - \frac{q}{c}\vec{A}$ 가 될 때, 아래의 관계가 성립함을 보인 후에 위의 관계가 성립함을 보여라.

$$m\frac{d < \vec{x} >}{dt} = < \vec{p} > - \frac{q}{c} < \vec{A} >$$

<u>도움말</u>: 시간과 무관한 관측가능량 A 의 기대값에 대한 다음 관계식을 이용하라.

$$\frac{d < A >}{dt} = \frac{i}{\hbar} < [H, A] >$$

2). 전자기장이 균일한 경우, 에렌페스트 정리에서와 같이 다음처럼 표현됨을 보여라.

$$m\frac{d < \vec{v} >}{dt} = q\vec{E} + \frac{q}{c} < \vec{v} > \times\vec{B}$$

풀이: 1). 시간과 무관한 위치 $\vec{x}$ 기대값의 시간 변화는 다음과 같이 나타낼 수 있다.

$$\frac{d < \vec{x} >}{dt} = \frac{i}{\hbar} < [H, \vec{x}] >$$

이때 해밀토니안은 식 (11.24)에 나온 아래 표현으로 주어진다.

$$H = \frac{1}{2m}(\vec{p} - \frac{q}{c}\vec{A})^2 + q\phi$$

벡터 포텐셜 $\vec{A}$ 와 스칼라 포텐셜 ϕ 는 $\vec{x}$ 의 함수이므로, $[H, x_j]$ 는 다음과 같다.

$$\left[\frac{1}{2m}(\vec{p} - \frac{q}{c}\vec{A})^2 + q\phi, x_j\right] = \left[\frac{1}{2m}\left\{\vec{p}^2 - \frac{q}{c}(\vec{A}\cdot\vec{p} + \vec{p}\cdot\vec{A})\right\}, x_j\right] = \frac{-i\hbar}{m}\left(p_j - \frac{q}{c}A_j\right)$$

이로부터 우리는 보이고자 하는 첫 번째 결과를 얻는다.

$$m\frac{d<\vec{x}>}{dt} = m\frac{i}{\hbar}<[H,\vec{x}]> = \frac{mi}{\hbar}<\frac{-i\hbar}{m}\left(\vec{p}-\frac{q}{c}\vec{A}\right)> = <\vec{p}> - \frac{q}{c}<\vec{A}>$$

다음으로 $<\vec{v}> = \frac{d<\vec{x}>}{dt}$ 이므로, 앞의 결과로부터 $m\frac{d<\vec{v}>}{dt}$ 는 다음과 같이 쓸 수 있다.

$$m\frac{d<\vec{v}>}{dt} = \frac{d}{dt}\left(<\vec{p}> - \frac{q}{c}<\vec{A}>\right) = \frac{i}{\hbar}<[H,\vec{p}]> - \frac{q}{c}\frac{i}{\hbar}<[H,\vec{A}]>$$

먼저 우변의 첫 번째 항에서 $[H,\vec{p}]$ 은 다음과 같이 된다.

$$[H,\vec{p}] = [\frac{1}{2m}(\vec{p}-\frac{q}{c}\vec{A})^2 + q\phi,\ \vec{p}] = [-\frac{q}{2mc}(\vec{A}\cdot\vec{p}+\vec{p}\cdot\vec{A}) + \frac{q^2}{2mc^2}\vec{A}^2 + q\phi,\ \vec{p}]$$

여기서 $\vec{A}$ 와 ϕ 는 모두 $\vec{x}$ 의 함수이므로, 문제 1.11에서 얻은 $[p_j, V(\vec{x})] = -i\hbar\frac{\partial V}{\partial x_j}$ 결과와 같은 관계를 사용할 수 있다.

$$[H,p_j] = -\frac{i\hbar q}{2mc}\left(\frac{\partial A_i}{\partial x_j}p_i + p_i\frac{\partial A_i}{\partial x_j}\right) + \frac{i\hbar q^2}{mc^2}A_i\frac{\partial A_i}{\partial x_j} + i\hbar q\frac{\partial\phi}{\partial x_j}$$

다음으로 $[H,\vec{A}]$ 는 $[\phi(\vec{x}),\vec{A}(\vec{x})] = 0$ 이므로, 다음과 같이 쓸 수 있다.

$$\begin{aligned}[H,A_j] &= [\frac{1}{2m}(\vec{p}-\frac{q}{c}\vec{A})^2 + q\phi, A_j] = \left[\frac{1}{2m}\left\{\vec{p}^2 - \frac{q}{c}(A_ip_i + p_iA_i)\right\}, A_j\right] \\ &= -\frac{i\hbar}{2m}\left(\frac{\partial A_j}{\partial x_i}p_i + p_i\frac{\partial A_j}{\partial x_i}\right) + \frac{i\hbar q}{2mc}\left(A_i\frac{\partial A_j}{\partial x_i} + \frac{\partial A_j}{\partial x_i}A_i\right)\end{aligned}$$

따라서 $m\frac{d<v_j>}{dt}$ 는 다음과 같이 쓸 수 있다.

$$\begin{aligned}m\frac{d<v_j>}{dt} &= \frac{i}{\hbar}<[H,p_j]> - \frac{q}{c}\frac{i}{\hbar}<[H,A_j]> \\ &= \left\langle\frac{q}{2mc}\left(\frac{\partial A_i}{\partial x_j}p_i + p_i\frac{\partial A_i}{\partial x_j}\right) - \frac{q^2}{mc^2}A_i\frac{\partial A_i}{\partial x_j} - q\frac{\partial\phi}{\partial x_j}\right\rangle \\ &\quad -\frac{q}{2mc}\left\langle\frac{\partial A_j}{\partial x_i}p_i + p_i\frac{\partial A_j}{\partial x_i}\right\rangle + \frac{q^2}{mc^2}\left\langle A_i\frac{\partial A_j}{\partial x_i}\right\rangle \\ &= \frac{q}{2mc}\left\langle\left(\frac{\partial A_i}{\partial x_j} - \frac{\partial A_j}{\partial x_i}\right)p_i + p_i\left(\frac{\partial A_i}{\partial x_j} - \frac{\partial A_j}{\partial x_i}\right)\right\rangle \\ &\quad +\frac{q^2}{mc^2}\left\langle A_i\left(\frac{\partial A_j}{\partial x_i} - \frac{\partial A_i}{\partial x_j}\right)\right\rangle + q\left\langle-\frac{\partial\phi}{\partial x_j}\right\rangle\end{aligned}$$

여기서 $-\frac{\partial \phi}{\partial x_j} = E_j$ 이고, $\frac{\partial}{\partial x_j} \equiv \partial_j$ 로 쓰면 다음의 관계가 성립한다.

$$\begin{aligned}\left(\vec{p}\times\vec{B}\right)_j &= \epsilon_{jmn}p_m B_n = \epsilon_{jmn}p_m\epsilon_{nik}\partial_i A_k \\ &= \left(\delta_{ji}\delta_{mk} - \delta_{jk}\delta_{mi}\right)p_m\partial_i A_k \\ &= p_k\partial_j A_k - p_i\partial_i A_j = p_i\frac{\partial A_i}{\partial x_j} - p_i\frac{\partial A_j}{\partial x_i}\end{aligned}$$

그러므로 다음의 관계들도 성립한다.

$$\begin{aligned}\left(\vec{B}\times\vec{p}\right)_j &= \frac{\partial A_j}{\partial x_i}p_i - \frac{\partial A_i}{\partial x_j}p_i \\ \left(\vec{A}\times\vec{B}\right)_j &= A_i\frac{\partial A_i}{\partial x_j} - A_i\frac{\partial A_j}{\partial x_i}\end{aligned}$$

따라서 다음의 관계식이 얻어져, 보이고자 하는 관계식이 성립함을 알 수 있다.

$$m\frac{d < v_j >}{dt} = \frac{q}{2mc}\left\langle\left(\vec{p}\times\vec{B}\right)_j - \left(\vec{B}\times\vec{p}\right)_j\right\rangle - \frac{q^2}{mc^2}\left\langle\left(\vec{A}\times\vec{B}\right)_j\right\rangle + q\left\langle E_j\right\rangle$$

2). 전자기장이 균일한 경우, $\vec{E}$ 와 $\vec{B}$ 는 공간적으로 상수로 취급될 수 있다.

$$< \vec{E} > = < \psi|\vec{E}|\psi > = \vec{E} < \psi|\psi > = \vec{E}$$

$\vec{B}$ 도 마찬가지, 따라서 1)에서 보인 결과식은 다음과 같이 쓰여질 수 있다.

$$m\frac{d < \vec{v} >}{dt} = q\vec{E} + \frac{q}{2mc}(< \vec{p} > \times\vec{B} - \vec{B}\times < \vec{p} >) - \frac{q^2}{mc^2} < \vec{A} > \times\vec{B}$$

여기서 $\vec{p} = m\vec{v} + \frac{q}{c}\vec{A}$ 이므로, 위 식은 다시 다음과 같이 쓰여져서 증명된다.

$$\begin{aligned}m\frac{d < \vec{v} >}{dt} &= q\vec{E} + \frac{q}{2c}\left\{\left(< \vec{v} > + \frac{q}{mc} < \vec{A} >\right)\times\vec{B} - \vec{B}\times\left(< \vec{v} > + \frac{q}{mc} < \vec{A} >\right)\right\} \\ &\quad - \frac{q^2}{mc^2} < \vec{A} > \times\vec{B} \\ &= q\vec{E} + \frac{q}{c} < \vec{v} > \times\vec{B}\end{aligned}$$

11.2 전자기장 내의 질량 m, 전하 q 인 입자의 해밀토니안이 다음과 같이 주어졌다.

$$H = \frac{\left(\vec{p} - \frac{q}{c}\vec{A}\right)^2}{2m} + V(\vec{x})$$

여기서 $H^\dagger = H$ 이며, 식 (5.4)처럼 확률을 보존하는 아래의 연속방정식이 만족될 때,

$$\frac{\partial}{\partial t}(\psi^*\psi) + \nabla\cdot\vec{J} = 0,$$

확률흐름밀도 $\vec{J}$ 는 다음과 같이 주어짐을 보여라.

$$\vec{J} = \frac{\hbar}{2im}\left[\psi^*(\nabla\psi) - (\nabla\psi^*)\psi - \frac{2iq}{\hbar c}\vec{A}\psi^*\psi\right]$$

풀이: 먼저 연속방정식 좌변의 첫 번째 항은 다음과 같이 쓸 수 있다.

$$\frac{\partial}{\partial t}(\psi^*\psi) = \frac{\partial\psi^*}{\partial t}\psi + \psi^*\frac{\partial\psi}{\partial t},$$

그리고 $H^\dagger = H$ 에서 $V^*(\vec{x}) = V(\vec{x})$ 이며, 슈뢰딩거 방정식은 다음과 같이 쓸 수 있다.

$$\frac{\partial\psi}{\partial t} = -\frac{i}{\hbar}H\psi, \quad \frac{\partial\psi^*}{\partial t} = \frac{i}{\hbar}(H\psi)^*$$

따라서 확률밀도의 시간에 대한 미분은 $V^* = V$ 임을 쓰면 아래와 같이 된다.

$$\begin{aligned}
\frac{\partial}{\partial t}(\psi^*\psi) &= \frac{i}{\hbar}(H\psi)^*\psi - \frac{i}{\hbar}\psi^* H\psi \\
&= \frac{i}{\hbar}\frac{\left[\left(\vec{p} - \frac{q}{c}\vec{A}\right)^2\psi + V(\vec{x})\,\psi\right]^*}{2m}\psi - \frac{i}{\hbar}\psi^*\frac{\left(\vec{p} - \frac{q}{c}\vec{A}\right)^2\psi + V(\vec{x})\,\psi}{2m} \\
&= \frac{i}{2m\hbar}\left\{(\vec{p}^2\psi)^*\psi - \psi^*\vec{p}^2\psi - \frac{q}{c}\left[(\vec{p}\cdot\vec{A} + \vec{A}\cdot\vec{p})\psi\right]^*\psi + \frac{q}{c}\psi^*(\vec{p}\cdot\vec{A} + \vec{A}\cdot\vec{p})\psi\right\}
\end{aligned}$$

여기서 $\vec{p} = \frac{\hbar}{i}\nabla$ 이므로, 위 식은 다시 아래와 같이 된다.

$$\begin{aligned}
\frac{\partial}{\partial t}(\psi^*\psi) &= \frac{i}{2m\hbar}\left\{-\hbar^2(\nabla^2\psi^*)\psi + \hbar^2\psi^*\nabla^2\psi\right\} \\
&\quad -\frac{iq}{2mc\hbar}\left\{\left[\frac{\hbar}{i}\nabla\cdot(\vec{A}\psi) + \frac{\hbar}{i}\vec{A}\cdot\nabla\psi\right]^*\psi - \psi^*\left[\frac{\hbar}{i}\nabla\cdot(\vec{A}\psi) + \frac{\hbar}{i}\vec{A}\cdot\nabla\psi\right]\right\} \\
&= \frac{i\hbar}{2m}\nabla\cdot\{-(\nabla\psi^*)\psi + \psi^*\nabla\psi\} \\
&\quad +\frac{q}{2mc}\left\{\left[\nabla\cdot(\vec{A}\psi^*)\right]\psi + \vec{A}\cdot(\nabla\psi^*)\psi + \psi^*\nabla\cdot(\vec{A}\psi) + \psi^*\vec{A}\cdot\nabla\psi\right\} \\
&= \nabla\cdot\left[\frac{i\hbar}{2m}\{\psi^*\nabla\psi - (\nabla\psi^*)\psi\} + \frac{q}{mc}\vec{A}\psi^*\psi\right]
\end{aligned}$$

그런데 $\frac{\partial}{\partial t}(\psi^*\psi) = -\nabla\cdot\vec{J}$ 이므로, $\vec{J}$ 는 다음과 같이 주어진다.

$$\begin{aligned}\vec{J} &= -\frac{i\hbar}{2m}\{\psi^*\nabla\psi - (\nabla\psi^*)\psi\} - \frac{q}{mc}\vec{A}\psi^*\psi \\ &= \frac{\hbar}{2im}\left[\psi^*(\nabla\psi) - (\nabla\psi^*)\psi - \frac{2iq}{\hbar c}\vec{A}\psi^*\psi\right]\end{aligned}$$

11.3 자기장이 반지름이 a 인 원통형 영역($\rho < a$) 안에만 존재하고 그 자속(magnetic flux)은 Φ 이다. $\rho > a$ 인 영역에는 자기장이 없으니, $\vec{A} = \nabla f$ 로 쓸 수 있을 것이다. 여기서 f 는 $f = f(\rho, \phi, z)$인 임의의 함수이다.

1). $\nabla\cdot\vec{A} = 0$ 인 쿨롱 게이지의 경우, 원통 영역의 밖에서는 $\nabla^2 f = 0$ 이 만족되어야 한다. 이 조건을 만족하는 함수 f 를 구하라.

<u>도움말</u>: 특정한 z 에서 $\rho > a$ 인 원통 영역을 둘러싸는 닫힌 경로 C 를 통과하는 자속은 스토크스 정리를 써서 다음과 같이 쓸 수 있다.

$$\Phi = \int_S \vec{B}\cdot d\vec{a} = \oint_{C=\partial S}\vec{A}\cdot d\vec{l} = \oint_{C=\partial S}\nabla f\cdot d\vec{x}$$

위의 적분은 좌표 z 에 무관한 것으로 볼 수 있으므로, 여기서 z 의존성은 무시해도 될 것이다. 변수분리 방법을 써서 $f = H(\rho)G(\phi)$로 놓고 경로 C 는 원으로 하여 $\frac{\partial G}{\partial\phi}$ 는 상수 임을 보이고 f 를 구하라.

2). 원통의 중심축에 대한 궤도 각운동량은 다음과 같이 주어지므로,

$$L_z = (\vec{x}\times\vec{p})_z = \left(\vec{x}\times\left\{\frac{\hbar}{i}\nabla - \frac{q}{c}\vec{A}\right\}\right)_z,$$

앞에서 구한 함수 f 로 벡터 퍼텐셜을 표현하면 다음과 같이 됨을 보여라.

$$L_z = \frac{\hbar}{i}\frac{\partial}{\partial\phi} - \frac{q}{c}\frac{\Phi}{2\pi}$$

3). 위에서 얻은 L_z 의 고유상태를 구하여, 그 함수가 단일한 값을 갖기 위해서는 자속이 아래와 같이 양자화되어 식 (11.68)에서 주어진 관계와 동일함을 보여라.

$$\frac{q\Phi}{2\pi\hbar c} = \text{정수}$$

풀이: 1). 교재의 식 (7.74)에서 라플라시안은 다음과 같이 주어졌다.

$$\nabla^2 = \frac{1}{h_1h_2h_3}\left[\frac{\partial}{\partial q_1}\left(\frac{h_2h_3}{h_1}\frac{\partial}{\partial q_1}\right) + \frac{\partial}{\partial q_2}\left(\frac{h_1h_3}{h_2}\frac{\partial}{\partial q_2}\right) + \frac{\partial}{\partial q_3}\left(\frac{h_1h_2}{h_3}\frac{\partial}{\partial q_3}\right)\right]$$

따라서 게이지 조건 $\nabla^2 f = 0$ 은 원통좌표계에서 다음과 같이 주어진다.

$$\nabla^2 f = \frac{1}{\rho}\left[\frac{\partial}{\partial\rho}\left(\rho\frac{\partial f}{\partial\rho}\right) + \frac{\partial}{\partial\phi}\left(\frac{1}{\rho}\frac{\partial f}{\partial\phi}\right) + \frac{\partial}{\partial z}\left(\rho\frac{\partial f}{\partial z}\right)\right] = 0$$

함수 f 는 z 에 의존하지 않는다고 보고 $f = H(\rho)G(\phi)$로 놓으면, 다음의 변수 분리된 방정식이 나온다.

$$\nabla^2 f = \frac{1}{\rho}\frac{\partial}{\partial\rho}\left(\rho\frac{\partial H}{\partial\rho}\right)G + \frac{H}{\rho^2}\frac{\partial^2 G}{\partial\phi^2} = 0 \implies \frac{\rho}{H}\frac{\partial}{\partial\rho}\left(\rho\frac{\partial H}{\partial\rho}\right) + \frac{1}{G}\frac{\partial^2 G}{\partial\phi^2} = 0$$

이제 $\rho > a$ 인 영역에서 z 값이 상수인 평면 상의 원형의 닫힌 경로 적분을 생각하자. 원형 경로에서는 ρ 값이 고정되므로 $d\rho = 0$ 이다. 기울기벡터는 다음과 같이 주어진다.

$$d\vec{x} = \hat{\rho}d\rho + \hat{\phi}\rho d\phi + \hat{z}dz = \hat{\phi}\rho d\phi, \quad \nabla f = \hat{\rho}\frac{\partial H}{\partial\rho}G + H\frac{\hat{\phi}}{\rho}\frac{\partial G}{\partial\phi}$$

따라서 원형 경로 적분은 다음과 같이 쓸 수 있다.

$$\oint_C \nabla f \cdot d\vec{x} = H(\rho)\int_0^{2\pi} d\phi\left(\frac{\partial G}{\partial\phi}\right) = \Phi$$

$\rho > a$ 인 영역에서 이 적분값은 항상 상수인 Φ 이다. 따라서 $H(\rho)$는 상수가 되어야 한다. 이렇게 되면, 위의 변수 분리된 방정식에서 $\frac{1}{G}\frac{\partial^2 G}{\partial\phi^2} = 0$ 이 되어야 한다. 즉, $\frac{\partial G}{\partial\phi}$ 가 상수가 되어야 한다. 여기서 $H(\rho) = \Phi$ 로 놓으면, $\frac{\partial G}{\partial\phi} = \frac{1}{2\pi}$ 가 되어 $G = \frac{\phi}{2\pi} + const.$ 가 된다. 간편하게 이 상수를 0 으로 놓으면 $f(\phi) = \frac{\Phi}{2\pi}\phi$ 가 된다.

2). 위에서 $\vec{A} = \nabla f = \hat{\phi}\frac{\Phi}{2\pi\rho}$ 이고, 원통좌표계에서 단위벡터들의 외적은 다음과 같다.

$$\hat{\rho}\times\hat{\phi} = \hat{z}, \quad \hat{\phi}\times\hat{z} = \hat{\rho}, \quad \hat{z}\times\hat{\rho} = \hat{\phi}$$

그리고 다음의 관계가 성립한다.

$$\vec{x} = \rho\hat{\rho} + z\hat{z}$$

따라서 다음의 결과를 얻는다.

$$\begin{aligned} L_z &= \left(\vec{x} \times \left\{\frac{\hbar}{i}\nabla - \frac{q}{c}\vec{A}\right\}\right)_z \\ &= \left[(\rho\hat{\rho} + z\hat{z}) \times \left\{\frac{\hbar}{i}\left(\hat{\rho}\frac{\partial}{\partial\rho} + \frac{\hat{\phi}}{\rho}\frac{\partial}{\partial\phi} + \hat{z}\frac{\partial}{\partial z}\right) - \hat{\phi}\frac{q}{c}\frac{\Phi}{2\pi\rho}\right\}\right]_z \\ &= \rho\left(\frac{\hbar}{i}\frac{1}{\rho}\frac{\partial}{\partial\phi} - \frac{q}{c}\frac{\Phi}{2\pi\rho}\right) = \frac{\hbar}{i}\frac{\partial}{\partial\phi} - \frac{q}{c}\frac{\Phi}{2\pi} \end{aligned}$$

3). 이제 L_z 의 고유상태 방정식은 다음과 같이 쓸 수 있다.

$$L_z\psi(\rho,\phi) = \left(\frac{\hbar}{i}\frac{\partial}{\partial\phi} - \frac{q}{c}\frac{\Phi}{2\pi}\right)\psi(\rho,\phi) = \lambda\psi(\rho,\phi)$$

따라서 L_z 의 고유상태 함수는 다음과 같이 쓸 수 있다.

$$\psi(\rho,\phi) = K(\rho)e^{\frac{i}{\hbar}\left(\lambda + \frac{q}{c}\frac{\Phi}{2\pi}\right)\phi}$$

이 함수가 단일한 값을 가지려면, $\psi(\rho,\phi) = \psi(\rho,\phi+2\pi)$가 성립되어야 하므로, 다음 관계가 만족되어야 한다.

$$\left(\frac{\lambda}{\hbar} + \frac{q}{c}\frac{\Phi}{2\pi\hbar}\right)2\pi = 2\pi m, \quad m = \text{정수}$$

이는 $\Phi = 0$ 인 경우에도 성립해야 하므로, $\frac{\lambda}{\hbar}$ 는 정수가 되어야 한다. 이는 통상의 결과와 같다. 따라서 $\Phi \neq 0$ 인 경우에는 $\frac{q\Phi}{2\pi\hbar c}$ 도 정수가 되어야 한다.

11.4 스핀이 없는 질량 m, 전하 q 인 입자가 상수의 균일한 자기장 $\vec{B} = B_0\hat{i}$ 안에 놓여 있다. 이 경우 해밀토니안은 다음과 같이 쓸 수 있다.

$$H = \frac{[\vec{p} - q\vec{A}/c]^2}{2m}$$

여기서 $\vec{A} = -zB_0\hat{j}$ 로 쓸 수 있으므로, 운동량 p_x 와 p_y 가 해밀토니안 H 와 가환임을 보이고, 이를 써서 슈뢰딩거 방정식을 풀어서 계의 에너지 준위를 구하라.

도움말: 슈뢰딩거 방정식의 z 성분이 조화 떨개의 경우와 같아짐을 이용하라.

풀이: 먼저 해밀토니안은 다음과 같이 쓸 수 있다.

$$H = \frac{1}{2m}\left[\vec{p} + \frac{q}{c}zB_0\hat{j}\right]^2 = \frac{1}{2m}\left[p_x^2 + \left(p_y + \frac{qB_0}{c}z\right)^2 + p_z^2\right]$$

따라서 p_x 와 p_y 는 해밀토니안 H 와 가환이다.

$$[H, p_x] = 0, \quad [H, p_y] = 0$$

이는 p_x 와 p_y 의 고유상태들이 해밀토니안의 고유상태임도 의미한다. 따라서 해밀토니안 H 의 고유상태를 ψ 라 하면,

$$H\psi = E\psi,$$

ψ 는 다음 방정식들도 만족한다.

$$p_x\psi = \frac{\hbar}{i}\frac{\partial}{\partial x}\psi = p'_x\psi, \quad p_y\psi = \frac{\hbar}{i}\frac{\partial}{\partial y}\psi = p'_y\psi$$

여기서 p'_x 와 p'_y 는 각각 p_x 와 p_y 의 고유값들로서 상수이다. 따라서 ψ 는 다음과 같이 쓸 수 있다.

$$\psi(x, y, z) = e^{\frac{i}{\hbar}\left(xp'_x + yp'_y\right)}\phi(z)$$

이제 슈뢰딩거 방정식에서 p_x 와 p_y 를 운동상수들인 p'_x 와 p'_y 로 바꾸어 쓰고, $p_z = \frac{\hbar}{i}\frac{\partial}{\partial z}$ 로 쓰면, 다음 미분방정식을 얻는다.

$$\left[\frac{1}{2m}(p'_x)^2 + \frac{1}{2m}\left(p'_y + \frac{qB_0}{c}z\right)^2 - \frac{\hbar^2}{2m}\frac{\partial^2}{\partial z^2}\right]\psi(x, y, z) = E\psi(x, y, z)$$

이로부터 z 에 대한 다음 미분방정식을 얻는다.

$$-\frac{\hbar^2}{2m}\frac{d^2\phi}{dz^2} + \frac{q^2B_0^2}{2mc^2}\left(z + \frac{c\,p'_y}{qB_0}\right)^2\phi = \left(E - \frac{(p'_x)^2}{2m}\right)\phi$$

여기서 $\tilde{z} \equiv z + \frac{c\,p'_y}{qB_0}$ 로 놓고, $w \equiv \frac{|q|B_0}{mc}$ 로 놓으면, 이 방정식은 $\tilde{z}$ 에 대한 1차원 조화 떨개 방정식이 된다.

$$-\frac{\hbar^2}{2m}\frac{d^2\phi}{d\tilde{z}^2} + \frac{mw^2}{2}\tilde{z}^2\phi = \tilde{E}\phi, \quad \tilde{E} = E - \frac{(p'_x)^2}{2m}$$

1차원 조화 떨개의 에너지 $\tilde{E}$ 는 다음과 같이 주어지므로,

$$\tilde{E}_n = \left(n + \frac{1}{2}\right)\hbar w, \quad n = 0, 1, 2, \cdots,$$

계의 에너지 준위는 다음과 같이 주어진다.

$$E_n = \left(n + \frac{1}{2}\right) \frac{|q|B_0\hbar}{mc} + \frac{(p'_x)^2}{2m}, \quad n = 0, 1, 2, \cdots$$

11.5 상수의 균일한 전기장과 자기장이 다음과 같이 주어졌다.

$$\vec{E} = E_0\hat{i}, \quad \vec{B} = B_0\hat{j}$$

여기서 스핀이 없는 질량 m, 전하 q 인 입자의 해밀토니안이 다음과 같이 주어졌다.

$$H = \frac{[\vec{p} - q\vec{A}/c]^2}{2m} - qE_0x$$

위 해밀토니안에서 전기장에 의한 위치에너지는 9.3.4절의 슈타르크 효과에서와 같은 방식으로 나왔다. 이와 같이 주어진 계의 에너지 준위를 구하라.

<u>도움말</u>: 여기서 벡터 퍼텐셜은 $\vec{A} = -\hat{k}B_0x$ 로 쓸 수 있으므로, 이를 대입하면 해밀토니안은 x 성분의 경우 1차원 조화 떨개로, y 와 z 성분은 자유입자 꼴과 같이 된다.

풀이: 먼저 $\vec{A} = -\hat{k}B_0x$ 의 관계를 쓰면, 해밀토니안은 다음과 같이 쓸 수 있다.

$$H = \frac{[\vec{p} - q\vec{A}/c]^2}{2m} - qE_0x = \frac{1}{2m}\left[p_x^2 + p_y^2 + \left(p_z + \frac{qB_0}{c}x\right)^2\right] - qE_0x$$

따라서 p_y 와 p_z 는 해밀토니안 H 와 가환이 되어, p_y 와 p_z 의 고유상태들은 해밀토니안의 고유상태가 된다. 즉, 해밀토니안 H 의 고유상태가 ψ 이면, $p_y\psi = p'_y\psi, \;\; p_z\psi = p'_z\psi$ 의 관계가 성립한다. 여기서 p'_y 와 p'_z 는 운동 상수이다. 앞 문제에서와 마찬가지로 $\psi(x, y, z) = e^{\frac{i}{\hbar}(yp'_y + zp'_z)}\phi(x)$의 형태로 쓸 수 있으므로, 슈뢰딩거 방정식은 다음과 같이 된다.

$$\left[\frac{1}{2m}\left\{-\hbar^2\frac{d^2}{dx^2} + (p'_y)^2 + \left(p'_z + \frac{qB_0}{c}x\right)^2\right\} - qE_0x\right]\phi(x) = E\phi(x)$$

이는 다음과 같이 다시 쓸 수 있다.

$$\left[-\frac{\hbar^2}{2m}\frac{d^2}{dx^2} + \frac{q^2B_0^2}{2mc^2}\left(x + \frac{cp'_z}{qB_0} - \frac{mc^2E_0}{qB_0^2}\right)^2 - \frac{mc^2E_0^2}{2B_0^2} + \frac{cE_0p'_z}{B_0}\right]\phi = \left(E - \frac{(p'_y)^2}{2m}\right)\phi$$

여기서 $\tilde{x} \equiv x + \frac{cp'_z}{qB_0} - \frac{mc^2E_0}{qB_0^2}$ 로 놓고, $w \equiv \frac{|q|B_0}{mc}$ 로 놓으면, 이 방정식은 $\tilde{x}$ 에 대한 다음의 1차원 조화 떨개 방정식이 된다.

$$-\frac{\hbar^2}{2m}\frac{d^2\phi}{d\tilde{x}^2} + \frac{mw^2}{2}\tilde{x}^2\,\phi = \tilde{E}\phi, \quad \tilde{E} = E - \frac{(p'_y)^2}{2m} + \frac{mc^2E_0^2}{2B_0^2} - \frac{cE_0p'_z}{B_0}$$

1차원 조화 떨개 에너지 $\tilde{E}$ 는 다음과 같이 주어지므로,

$$\tilde{E}_n = \left(n + \frac{1}{2}\right)\hbar w, \quad n = 0, 1, 2, \cdots,$$

따라서 계의 에너지 E 는 다음과 같다.

$$E_n = \left(n + \frac{1}{2}\right)\frac{\hbar|q|B_0}{mc} + \frac{(p'_y)^2}{2m} - \frac{mc^2E_0^2}{2B_0^2} + \frac{cE_0p'_z}{B_0}, \quad n = 0, 1, 2, \cdots$$

11.6 스핀이 없는 질량 m, 전하 q 인 입자가 반경이 a 인 원주 위을 돌고 있다. 그 원주 안에 동심의 매우 긴 솔레노이드가 통과하고 솔레노이드 안의 자속이 Φ 일 때, 에너지 준위와 그에 해당하는 고유상태들을 구하라. 전자기파 방사에 의한 에너지 손실은 없다고 가정하라.

도움말: 참고로 자속은 다음과 같이 쓸 수 있으므로,

$$\Phi = \int(\nabla \times \vec{A}) \cdot d\vec{S} = \oint_C \vec{A} \cdot d\vec{l} = 2\pi a A_\phi,$$

반경이 a 인 원주 위에서의 벡터 퍼텐셜은 다음과 같이 쓸 수 있다.

$$\vec{A} = \nabla\left(\frac{\Phi}{2\pi}\phi\right) = \frac{\Phi}{2\pi a}\hat{\phi}$$

여기서 ϕ 는 원통좌표계에서의 방위각이다. 입자가 원주 위에서만 운동하므로, 슈뢰딩거 방정식은 다음과 같이 기술된다.

$$H\psi = E\psi \quad \longrightarrow \quad -\frac{\hbar^2}{2m}(\nabla - \frac{iq}{\hbar c}\vec{A})^2\psi = -\frac{\hbar^2}{2ma^2}\left(\frac{d}{d\phi} - \frac{iq\Phi}{2\pi\hbar c}\right)^2\psi = E\psi$$

그리고 다음의 관계를 참고하라.

$$\left(\frac{d}{dx} - C\right)f(x) = e^{Cx}\frac{d}{dx}\left(e^{-Cx}f(x)\right)$$

풀이: 도움말에 나온 관계를 쓰면, 반경이 a 인 원주 위에서 다음의 관계가 성립하고,

$$\oint_C \vec{A}\cdot d\vec{l} = \oint_C \nabla\left(\frac{\Phi}{2\pi}\phi\right)\cdot d\vec{l} = \oint_C A_\phi a d\phi = \int_0^{2\pi}\frac{1}{a}\frac{\Phi}{2\pi}a d\phi = \Phi,$$

벡터 포텐셜은 $\vec{A} = \hat{\phi}A_\phi = \hat{\phi}\frac{1}{a}\frac{\Phi}{2\pi}$ 이 되어, 도움말에 주어진 슈뢰딩거 방정식이 나옴을 알 수 있다.

$$-\frac{\hbar^2}{2ma^2}\left(\frac{d}{d\phi} - \frac{iq\Phi}{2\pi\hbar c}\right)^2\psi = E\psi$$

여기서 $C \equiv \frac{iq\Phi}{2\pi\hbar c}$ 로 놓으면, 슈뢰딩거 방정식은 다음과 같이 쓸 수 있다.

$$-\frac{\hbar^2}{2ma^2}\left(\frac{d}{d\phi} - C\right)^2\psi = E\psi$$

여기서 다음의 관계가 성립하므로,

$$\left(\frac{d}{d\phi} - C\right)^2\psi = \left(\frac{d}{d\phi} - C\right)\left[e^{C\phi}\frac{d}{d\phi}\left(e^{-C\phi}\psi\right)\right] = e^{C\phi}\frac{d}{d\phi}\left[\left(e^{-C\phi}\right)e^{C\phi}\frac{d}{d\phi}\left(e^{-C\phi}\psi\right)\right],$$

슈뢰딩거 방정식은 다음과 같이 된다.

$$-\frac{\hbar^2}{2ma^2}\frac{d^2}{d\phi^2}\left(e^{-C\phi}\psi\right) = Ee^{-C\phi}\psi$$

여기서 $ma^2 \equiv I$ 는 회전운동에서의 관성모멘트 moment of inertia 이고, $\tilde{\psi} \equiv e^{-C\phi}\psi$ 로 놓으면, 이는 통상의 회전운동에서의 슈뢰딩거 방정식을 만족함을 알 수 있다.

$$-\frac{\hbar^2}{2I}\frac{d^2}{d\phi^2}\tilde{\psi} = E\tilde{\psi}$$

따라서 파동함수 해는 다음과 같다.

$$\tilde{\psi} = e^{\pm i\sqrt{\frac{2IE}{\hbar^2}}\phi} \longrightarrow \psi = Ne^{C\phi}e^{\pm i\sqrt{\frac{2IE}{\hbar^2}}\phi} = Ne^{i\left(\frac{q\Phi}{2\pi\hbar c}\pm\sqrt{\frac{2IE}{\hbar^2}}\right)\phi}$$

여기서 N 은 규격화 상수이고, 파동함수는 다음의 경계조건을 만족해야 한다.

$$\psi(\phi + 2\pi) = \psi(\phi)$$

따라서 에너지 E 에 대한 다음의 조건이 나온다.

$$\frac{q\Phi}{2\pi\hbar c} \pm \sqrt{\frac{2IE}{\hbar^2}} = n, \quad n = \text{정수}$$

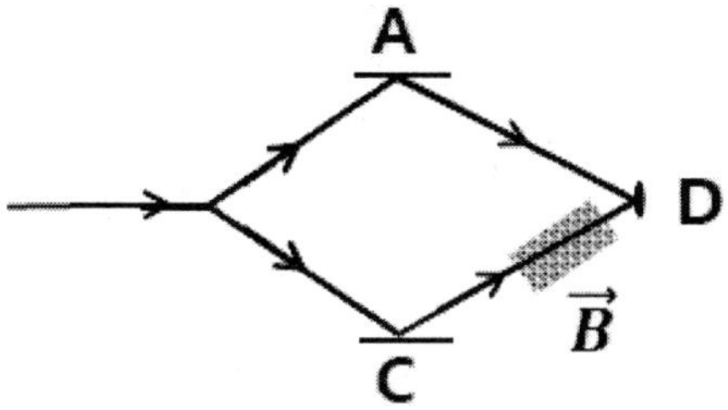

그림 8: 중성자 빔의 자기장에 의한 위상(간섭 효과)의 변화 (문제 11.7)

이로부터 에너지와 고유상태는 각각 다음과 같이 주어짐을 알 수 있다.

$$
\begin{aligned}
E_n &= \frac{\hbar^2}{2I}\left(n - \frac{q\Phi}{2\pi\hbar c}\right)^2, \quad I = ma^2 \\
\psi_n(\phi) &= \frac{1}{\sqrt{2\pi}}e^{in\phi}, \qquad n = \text{정수} = 0, \pm1, \pm2, \cdots
\end{aligned}
$$

11.7 파장이 λ 인 단색광의 중성자 빔이 그림 8에서와 같이 간섭계에서 분리되어 기하학적으로 대칭인 두 경로 A 와 C 를 통하여 D 점에서 다시 만난다. 두 경로의 다른 점은 경로 C 의 일부에 두 경로가 이루는 면과 수직 방향인 균일한 자기장 $\vec{B}$ 가 존재한다는 것이다. 경로 C 에서 자기장이 존재하는 구간의 거리는 l 이고, 경로 C 에 자기장이 존재한다는 것 외에는 두 경로의 차이점은 없다. 경로 C 에서 자기장에 의한 효과 만이 간섭 현상에 실질적 영향을 준다고 할 때, 위치 D 에서 두 경로를 통해 온 빔들이 합쳤을 때 빔의 세기(D 점에서 파동함수 절대값의 제곱)를 구하라. 계산의 편의를 위해 중성자 스핀의 방향과 자기장의 방향은 모두 $+z$ 축을 향한다고 가정하라. 여기서 중성자는 전하가 0 이므로 그 자기쌍극자 모멘트 magnetic dipole moment 는 식 (8.128)처럼 생각하면 0 이 되어야 하지만, 실제로는 쿼크들로 이루어진 구조를 가진 입자이므로 자기쌍극자 모멘트가 존재한다. 그리고 중성자의 스핀도 1/2 이므로, 그 자기쌍극자 모멘트는 식 (8.122)처럼 다음과 같이 표시될 수 있다.[7]

$$
\vec{\mu}_n = \mu_n\vec{\sigma}, \quad \mu_n = -1.9\mu_N, \quad \mu_N = \frac{|e|\hbar}{2m_p c}
$$

[7] μ_N 은 핵 마그네톤 nuclear magneton 이며, m_p 는 양성자의 질량

도움말: 파동함수의 위상 변화를 알기 위해서는 중성자의 자기쌍극자 모멘트와 자기장 사이의 상호작용에 의한 효과를 생각해야 한다. 자기장 $\vec{B}$ 안에서 자기쌍극자 모멘트 $\vec{\mu}$ 가 갖는 위치에너지는 $-\vec{\mu}\cdot\vec{B}$ 로 주어지므로, 그 해밀토니안은 식 (8.121)처럼 다음과 같이 쓸 수 있다.

$$H_{\text{spin}} = -\vec{\mu}\cdot\vec{B} = -\mu_n\vec{\sigma}\cdot\vec{B}$$

이 해밀토니안을 써서 자기장이 존재하는 구간(거리 l)에서 파동함수의 변화를 아래와 같이 구할 수 있다(식 (4.64) 참조).

$$\psi(t_2) = \exp\left[-\frac{i}{\hbar}(t_2-t_1)H\right]\psi(t_1) = \exp\left[\frac{i}{\hbar}\mu_n\vec{\sigma}\cdot\vec{B}(t_2-t_1)\right]\psi(t_1)$$

여기서 중성자빔의 파장 λ 는 작용 거리 l, 작용 시간 t_2-t_1 과 $t_2-t_1 = \frac{l}{v} = \frac{lm}{\hbar k} = \frac{lm\lambda}{h}$ 의 관계에 있으며(m 은 중성자의 질량), 경로 C 에 의한 파동함수는 $\psi(t_2)$, 경로 A 에 의한 파동함수는 $\psi(t_1)$에 해당한다고 볼 수 있다. 두 파동을 합하여 D 지점에서의 전체 파동함수를 구한다. 계산 과정에서 문제 10.8의 1)번에 주어진 아래의 관계를 참고하라.

$$\exp(i\phi\hat{n}\cdot\vec{\sigma}) = \cos\phi + i\hat{n}\cdot\vec{\sigma}\sin\phi$$

풀이: D 점에서 경로 A를 통해 온 파동함수를 ψ_A, 경로 C를 통해 온 파동함수를 ψ_C 라고 하자. 자기장 $\vec{B}$ 가 존재하는 구간을 제외하고는 파동함수의 위상변화가 같기 때문에 ψ_C 와 ψ_A 는 다음의 관계에 있다.

$$\psi_C = \exp\left[-\frac{i}{\hbar}(t_2-t_1)H\right]\psi_A = \exp\left[\frac{i}{\hbar}\mu_n\vec{\sigma}\cdot\vec{B}\,\frac{lm\lambda}{h}\right]\psi_A$$

여기서 $\vec{B} = B_0\hat{z}$ 로 놓으면, $\vec{\sigma}\cdot\vec{B} = \sigma_z B_0$ 이므로 위 식은 다음과 같이 된다.

$$\psi_C = \exp\left[i\,\frac{2\pi lm\lambda\mu_n B_0}{h^2}\sigma_z\right]\psi_A = \left[\cos\frac{2\pi lm\lambda\mu_n B_0}{h^2} + i\sigma_z\sin\frac{2\pi lm\lambda\mu_n B_0}{h^2}\right]\psi_A$$

따라서 D 점에서의 전체 파동함수는 다음과 같다.

$$\psi_D = \psi_A + \psi_C = \left[1 + \cos\frac{2\pi lm\lambda\mu_n B_0}{h^2} + i\sigma_z\sin\frac{2\pi lm\lambda\mu_n B_0}{h^2}\right]\psi_A$$

그러므로 D 점에서 빔의 세기는 $|\psi_A|^2 \propto 1$ 의 관계를 쓰면 다음과 같다.

$$\begin{aligned} |\psi_D|^2 &\propto \left(1+\cos\frac{2\pi l m\lambda\mu_n B_0}{h^2}\right)^2 + (\sigma_z)^2 \sin^2\frac{2\pi l m\lambda\mu_n B_0}{h^2} \\ &\propto 4\cos^2\frac{\pi l m\lambda\mu_n B_0}{h^2} \end{aligned}$$

위에서 $(\sigma_z)^2 \propto 1$ 의 관계를 썼으며, D 점에서 빔의 세기는 $|\psi_D|^2 \propto \cos^2\frac{\pi l m\lambda\mu_n B_0}{h^2}$ 이다.

제12장 동일입자들

12.1 구간이 $0 < x < a$ 인 1차원 상자 안에 질량이 m 인 스핀이 없는($s = 0$) 두 개의 동일입자 보존이 있다. 두 입자 간에 상호작용이 없다고 할 때, 바닥상태와 첫 번째 들뜬 상태의 에너지와 상태함수를 각각 구하라.

풀이: 먼저 두 동일입자 보존의 전체 파동함수는 다음과 같이 쓸 수 있다.

$$\psi_+(x_1, x_2) = \frac{1}{\sqrt{2}}\{\psi_n(x_1)\psi_m(x_2) + \psi_n(x_2)\psi_m(x_1)\}, \quad n, m = 1, 2, 3, \cdots$$

여기서 x_1 과 x_2 는 각각 입자 1과 입자 2의 위치를 나타내고, 개별 입자의 파동함수는 다음과 같다.

$$\psi_n(x) = \sqrt{\frac{2}{a}}\sin\frac{n\pi x}{a}$$

한편, 전체 해밀토니안은 다음과 같이 주어진다.

$$H(1,2) = \frac{p_1^2}{2m} + \frac{p_2^2}{2m}$$

1차원 상자 안에서 각 입자의 파동함수는 다음의 에너지 고유값을 가지므로,

$$\frac{p_i^2}{2m}\psi_n(x_i) = \frac{n^2\hbar^2\pi^2}{2ma^2}\psi_n(x_i), \quad i = 1, 2, \quad n = 1, 2, 3, \cdots,$$

이제 전체 바닥상태는 위의 전체 파동함수 ψ_+ 에서 $n = m = 1$ 인 경우이고, 그 첫 번째 들뜬 상태는 $n = 1, m = 2$ 인 경우이다. 즉, 전체 바닥상태 파동함수는 다음과 같고,

$$\psi_+^{1+1} = \psi_1(x_1)\psi_1(x_2) = \frac{2}{a}\sin\frac{\pi x_1}{a}\sin\frac{\pi x_2}{a},$$

첫 번째 들뜬 상태의 파동함수는 다음과 같다.

$$\psi_+^{1+2} = \frac{1}{\sqrt{2}}\{\psi_1(x_1)\psi_2(x_2)+\psi_1(x_2)\psi_2(x_1)\} = \frac{\sqrt{2}}{a}\{\sin\frac{\pi x_1}{a}\sin\frac{2\pi x_2}{a}+\sin\frac{\pi x_2}{a}\sin\frac{2\pi x_1}{a}\}$$

그러므로 전체 바닥상태의 고유상태 방정식은 다음과 같고,

$$\left(\frac{p_1^2}{2m} + \frac{p_2^2}{2m}\right)\psi_1(x_1)\psi_1(x_2) \;=\; \frac{\hbar^2\pi^2}{ma^2}\psi_1(x_1)\psi_1(x_2),$$

첫 번재 들뜬 상태의 고유상태 방정식은 다음과 같다.

$$\left(\frac{p_1^2}{2m}+\frac{p_2^2}{2m}\right)\frac{1}{\sqrt{2}}\{\psi_a(x_1)\psi_b(x_2)+\psi_a(x_2)\psi_b(x_1)\}$$
$$=\frac{5\hbar^2\pi^2}{2ma^2}\frac{1}{\sqrt{2}}\{\psi_a(x_1)\psi_b(x_2)+\psi_a(x_2)\psi_b(x_1)\}$$

즉, 바닥상태와 첫 번째 들뜬 상태의 에너지는 각각 다음과 같다.

$$E_{1+1}=\frac{\hbar^2\pi^2}{ma^2},\quad E_{1+2}=\frac{5\hbar^2\pi^2}{2ma^2}$$

12.2 문제 12.1에서 두 입자 사이에 상호작용이 다음과 같이 존재한다고 하자.

$$V(x_1,x_2)=\epsilon\delta(x_1-x_2),\quad |\epsilon|\ll 1$$

이 상호작용에 의한 바닥상태 에너지의 변화를 ϵ 의 1차항까지 구하라.

풀이: 문제 12.1에서 건드림 이전 해밀토니안 H_0 와 바닥상태는 각각 다음과 같다.

$$H_0=\frac{p_1^2}{2m}+\frac{p_2^2}{2m},\quad \psi_{1+1}^{(0)}(x_1,x_2)=\frac{2}{a}\sin\frac{\pi x_1}{a}\sin\frac{\pi x_2}{a}$$

위에 주어진 상호작용을 건드림 해밀토니안으로 보고 1차항까지의 기여를 구하면 되겠다. 이 경우, 바닥상태는 겹친 상태가 아니므로, 1차항까지의 변화는 다음과 같다.

$$\begin{aligned}
E_{1+1}^{(1)} &= <\psi_{1+1}^{(0)}|V|\psi_{1+1}^{(0)}> \\
&= \int_0^a dx_1\int_0^a dx_2\,\epsilon\,\delta(x_1-x_2)\left(\frac{2}{a}\right)^2\sin^2\frac{\pi x_1}{a}\sin^2\frac{\pi x_2}{a} \\
&= \epsilon\left(\frac{2}{a}\right)^2\int_0^a dx_1\,\sin^4\frac{\pi x_1}{a} \\
&= \epsilon\left(\frac{2}{a}\right)^2\frac{a}{\pi}\int_0^\pi dy\left[\frac{3}{8}-\frac{1}{2}\cos 2y+\frac{1}{8}\cos 4y\right] \\
&= \epsilon\left(\frac{2}{a}\right)^2\frac{a}{\pi}\frac{3\pi}{8} = \frac{3\epsilon}{2a}
\end{aligned}$$

앞 문제 풀이에서 $E_{1+1}^{(0)}=\frac{\hbar^2\pi^2}{ma^2}$ 이었으므로, 1차항까지 바닥상태의 전체 에너지는 다음과 같다.

$$E_{1+1}=E_{1+1}^{(0)}+E_{1+1}^{(1)}=\frac{\hbar^2\pi^2}{ma^2}+\frac{3\epsilon}{2a}$$

12.3 $0 < x < a$ 의 구간을 갖는 1차원 상자 안에 전자 2 개가 존재한다. 여기서 전자들 사이에 작용하는 전기적 척력 외에는 다른 상호작용이 없다고 가정한다.

1). 전자들의 공간(spatial) 파동함수가 전하가 없는 페르미온의 경우와 같다고 가정하고, 두 전자 간의 상호작용(전자기적 척력)을 무시하였을 때, 바닥상태에서 전자들의 공간 파동함수와 에너지, 전체 스핀 각운동량을 구하라.

2). 다음으로 두 전자 사이에 작용하는 척력의 기대값 $< \frac{e^2}{r} >$ 은 (r 은 두 전자 사이의 거리) $\frac{\hbar^2\pi^2}{2ma^2}$ 보다 작으며, ψ_+ 와 ψ_- 가 각각 대칭과 반대칭 전체 공간 파동함수라고 할 때, $< \frac{e^2}{r} >_{\psi_-}$ 는 $< \frac{e^2}{r} >_{\psi_+}$ 보다 작다고 한다. 두 전자 사이의 척력까지 고려하였을 때, 첫 번째 들뜬 상태의 전체 공간 파동함수와 전체 스핀 각운동량을 구하라.

풀이: 1). 이 경우 해밀토니안과 각 전자의 공간적인 고유상태는 다음과 같다.

$$H_0 = \frac{p_1^2}{2m} + \frac{p_2^2}{2m}, \quad \psi_{n_i}(x_i) = \sqrt{\frac{2}{a}} \sin \frac{n_i \pi x_i}{a}, \quad n_i = 1, 2, 3, \cdots, \quad i = 1, 2$$

따라서 전체 바닥상태는 $n_1 = n_2 = 1$ 이 되어야 하고, 전체 공간 파동함수와 전체 에너지는 다음과 같다.

$$\psi_{1,1}(x_1, x_2) = \frac{2}{a} \sin \frac{\pi x_1}{a} \sin \frac{\pi x_2}{a}, \quad E_{1,1}^{(0)} = \frac{\hbar^2 \pi^2}{ma^2}$$

이 공간 파동함수는 대칭이므로, 스핀 파동함수는 반대칭이 되어야 한다. 즉, 전체 스핀 파동함수는 단일항이 되어야 하므로 전체 스핀은 0 이다.

$$\xi_-(1, 2) = \sqrt{\frac{1}{2}} \left(\chi_1^+ \chi_2^- - \chi_1^- \chi_2^+ \right), \quad s = 0$$

2). 두 전자 사이에 작용하는 전기적인 척력은 다음과 같다.

$$V(x_1, x_2) = \frac{e^2}{r}, \quad r = |x_1 - x_2|$$

첫 번째 들뜬 상태는 $n_1 = 1,\ n_2 = 2$ 또는 $n_1 = 2,\ n_2 = 1$ 이 되어야 한다. 따라서 이 경우, 대칭과 반대칭 공간 파동함수 $\psi_\pm$ 는 각각 다음과 같다.

$$\psi_\pm(x_1, x_2) = \sqrt{\frac{1}{2}} \left[\psi_1(x_1)\psi_2(x_2) \pm \psi_2(x_1)\psi_1(x_2) \right]$$

이제 전체 에너지는 $E_{1,2}^{(0)} = E_{2,1}^{(0)}$ 에 전기적인 척력의 기대값 $< \frac{e^2}{r} >$ 값을 더한 값이 될 텐데, $< \frac{e^2}{r} >_{\psi_-}$ 가 $< \frac{e^2}{r} >_{\psi_+}$ 보다 작다고 하였으므로, 첫 번째 들뜬 상태의 공간 파동함수는 반대칭인 ψ_- 가 되어야 한다. 즉, 스핀 파동함수는 대칭 함수인 삼중항이 되어 전체 스핀은 1 이다.

따라서 첫 번째 들뜬 상태의 공간 파동함수는 다음과 같고,

$$\begin{aligned}\psi_-(x_1, x_2) &= \sqrt{\frac{1}{2}}\left[\psi_1(x_1)\psi_2(x_2) - \psi_2(x_1)\psi_1(x_2)\right] \\ &= \frac{\sqrt{2}}{a}\left[\sin\frac{\pi x_1}{a}\sin\frac{2\pi x_2}{a} - \sin\frac{2\pi x_1}{a}\sin\frac{\pi x_2}{a}\right],\end{aligned}$$

스핀 파동함수는 다음 삼중항 중의 한 상태가 된다.

$$\xi_+(1,2) = \begin{cases} \chi_1^+\chi_2^+, & s=1, \quad m=1 \\ \sqrt{\frac{1}{2}}\left(\chi_1^+\chi_2^- + \chi_1^-\chi_2^+\right), & s=1, \quad m=0 \\ \chi_1^-\chi_2^-, & s=1, \quad m=-1 \end{cases}$$

12.4 1차원 조화 떨개의 위치에너지를 가진 계 안에 두 개의 동일입자가 존재한다. 두 동일입자 간의 상호작용이 없다고 할 때, 두 입자 간의 거리의 제곱에 대한 기대값 $< (x_1 - x_2)^2 >$ 을 아래의 조건을 만족하는 가장 낮은 에너지를 갖는 상태에 대하여 각각 구하라.

1). 두 입자가 보존이고, 전체 스핀 상태함수가 대칭일 경우.

2). 두 입자가 보존이고, 전체 스핀 상태함수가 반대칭일 경우.

3). 두 입자가 페르미온이고, 전체 스핀 상태함수가 대칭일 경우.

4). 두 입자가 페르미온이고, 전체 스핀 상태함수가 반대칭일 경우.

풀이: 먼저 전체 공간 파동함수는 다음 상태들의 1차 결합으로 표시될 수 있다.

$$|n_1, n_2> \equiv |n_1> \otimes |n_2>, \quad n_1, n_2 = 0, 1, 2, \cdots$$

1). 보존의 경우 전체 파동함수가 대칭이어야 하므로, 이 경우 공간 파동함수는 대칭이 되어야 한다. 따라서 가장 낮은 에너지 상태는 $n_1 = n_2 = 0$ 인 경우이다.

$$\psi_+ = |0, 0>$$

따라서 두 입자 간 거리의 제곱의 기대값은 다음과 같이 쓸 수 있다.

$$\begin{aligned} <(x_1-x_2)^2> &= <0,0|x_1^2-2x_1x_2+x_2^2|0,0> \\ &= <0|x_1^2|0>^2<0|0>-2<0|x_1|0><0|x_2|0>+<0|0><0|x_2^2|0> \end{aligned}$$

$x_i = \sqrt{\frac{\hbar}{2mw}}(a_i + a_i^\dagger)$ 의 관계에서 $<x_i>$ 와 $<x_i^2>$ 은 각각 다음과 같다(문제 3.10).

$$<0|x_i|0>=0, \quad <0|x_i^2|0> = \frac{\hbar}{2mw}<0|a_i^2+a_i^\dagger a_i+a_i a_i^\dagger+(a_i^\dagger)^2|0> = \frac{\hbar}{2mw}$$

그러므로 $<(x_1-x_2)^2>$ 은 다음과 같다.

$$<(x_1-x_2)^2> = \frac{\hbar}{mw}$$

2). 두 보존의 스핀 상태함수가 반대칭인 경우, 공간 파동함수도 반대칭이 되어야 한다. 가장 낮은 에너지 상태는 $n_1=1, n_2=0$ 또는 $n_1=0, n_2=1$ 인 경우이므로 그 공간 파동함수는 아래와 같다.

$$\psi_- = \frac{1}{\sqrt{2}}(|1,0>-|0,1>)$$

따라서 두 입자 간 거리의 제곱의 기대값은 다음과 같이 된다.

$$\begin{aligned} <(x_1-x_2)^2> &= <\psi_-|x_1^2-2x_1x_2+x_2^2|\psi_-> \\ &= \frac{1}{2}\{<1,0|-<0,1|\}|x_1^2-2x_1x_2+x_2^2|\{|1,0>-|0,1>\} \\ &= \frac{1}{2}\{<1,0|x_1^2-2x_1x_2+x_2^2|1,0>-<1,0|x_1^2-2x_1x_2+x_2^2|0,1> \\ &\quad -<0,1|x_1^2-2x_1x_2+x_2^2|1,0>+<0,1|x_1^2-2x_1x_2+x_2^2|0,1>\} \\ &= <1|x^2|1>+<0|x^2|0>+2<1|x|0><0|x|1> \end{aligned}$$

위에서 우리는 다음의 관계식 등을 사용하였다.

$$<1,0|x_1x_2|0,1> = <1|x_1|0><0|x_2|1>, \; <1,0|x_1^2|0,1> = <1|x_1^2|0><0|1> = 0$$

그리고 $<1|x_1|0> = <1|x_2|0> \equiv <1|x|0>$ 과 같이 표시하였다.

이제 기대값의 각 항들은 다음과 같다. 먼저 1)번의 풀이에서 $< 0|x^2|0 > = \frac{\hbar}{2mw}$ 임을 얻었고, $a|n> = \sqrt{n}|n-1>, \quad a^\dagger|n> = \sqrt{n+1}|n+1>$ 의 관계에서 나머지 항들은 다음과 같이 된다.

$$
\begin{aligned}
< 1|x^2|1 > &= \frac{\hbar}{2mw} < 1|a_i^2 + a_i^\dagger a_i + a_i a_i^\dagger + (a_i^\dagger)^2|1 > = \frac{3\hbar}{2mw} \\
< 0|x|1 > &= \sqrt{\frac{\hbar}{2mw}} < 0|a_i + a_i^\dagger|1 > = \sqrt{\frac{\hbar}{2mw}}
\end{aligned}
$$

그리고 $< 1|x|0 > = < 0|x|1 >^*$ 이므로, 기대값은 다음과 같다.

$$
\begin{aligned}
< (x_1 - x_2)^2 > &= < 1|x^2|1 > + < 0|x^2|0 > + 2 < 1|x|0 >< 0|x|1 > \\
&= \frac{3\hbar}{2mw} + \frac{\hbar}{2mw} + 2\,\frac{\hbar}{2mw} = \frac{3\hbar}{mw}
\end{aligned}
$$

3). 두 페르미온의 스핀 상태함수가 대칭일 경우, 전체 상태함수가 반대칭이 되어야 하므로, 공간 파동함수는 반대칭이 되어야 한다. 이 경우, 가장 낮은 에너지 상태는 $n_1 = 1, n_2 = 0$ 또는 $n_1 = 0, n_2 = 1$ 인 경우이므로 그 공간 파동함수는 아래와 같다.

$$
\psi_- = \frac{1}{\sqrt{2}}\,(|1,0> - |0,1>)
$$

따라서 두 입자 간 거리의 제곱의 기대값은 다음과 같이 된다.

$$
< (x_1 - x_2)^2 > = < \psi_-|x_1^2 - 2x_1x_2 + x_2^2|\psi_- >
$$

이 계산은 2)번의 경우와 같다. 따라서 기대값은 다음과 같다.

$$
< (x_1 - x_2)^2 > = \frac{3\hbar}{mw}
$$

4). 두 페르미온의 스핀 상태함수가 반대칭일 경우, 전체 상태함수가 반대칭이 되어야 하므로, 공간 파동함수는 대칭이 되어야 한다. 따라서 가장 낮은 에너지 상태는 $n_1 = n_2 = 0$ 인 경우이다.

$$
\psi_+ = |0,0>
$$

이 경우의 기대값은 1)번의 경우와 같다.

$$
< 0,0|(x_1 - x_2)^2|0,0 > = \frac{\hbar}{mw}
$$

12.5 한 변의 길이가 각각 a, b, c 로 주어진 3차원 상자 안에 서로 상호작용이 없는 동일입자 페르미온들이 있다. 페르미온의 질량은 m 이고, 단위체적당 갯수인 밀도는 ρ 이다. 우리는 이러한 페르미온들을 페르미 가스 Fermi gas 라고 부른다.

1). 이 페르미 가스에서의 페르미 에너지를 구하라.

2). 이 페르미 가스에서 배타원리에 따른 축퇴 압력 degeneracy pressure 을 구하라.

도움말: 페르미 가스의 압축에 반발하는 축퇴 압력은 다음과 같이 주어진다.

$$P_{dg} = -\frac{\partial E_{tot}}{\partial V}, \quad V \text{ 는 체적}$$

풀이: 1). 7.1.1절에서 나온 3차원 상자에서의 해는 다음과 같다.

$$\psi_{n_x,n_y,n_z}(x,y,z) = \frac{2\sqrt{2}}{\sqrt{abc}} \sin\frac{n_x\pi x}{a} \sin\frac{n_y\pi y}{b} \sin\frac{n_z\pi z}{c}$$

$$k_x = \frac{n_x\pi}{a}, \quad k_y = \frac{n_y\pi}{b}, \quad k_z = \frac{n_z\pi}{c}, \quad \{n_x,\ n_y,\ n_z\} = 1,2,3,\cdots$$

$$E = \frac{\hbar^2}{2m}(k_x^2+k_y^2+k_z^2) = \frac{\pi^2\hbar^2}{2m}\left(\frac{n_x^2}{a^2}+\frac{n_y^2}{b^2}+\frac{n_z^2}{c^2}\right) \equiv \frac{\hbar^2k^2}{2m}$$

파수 벡터 $\vec{k} = (k_x, k_y, k_z)$ 공간의 격자는 (n_x, n_y, n_z)로 표시할 수 있는데, 이 격자 공간 단위 블록의 파수 벡터 공간에서의 크기는 $\frac{\pi^3}{abc} = \frac{\pi^3}{V}$ 이다. 여기서 V 는 체적이다. 이제 N 개의 동일입자 페르미온들이 있다고 하면, 파울리 배타원리에 의해서 파수 벡터 공간에서의 격자들을 아래서부터 차례로 채워나가게 된다. N 이 매우 크면, 이렇게 채워진 k-공간에서의 구의 반지름을 k_F 라고 하면, $\{n_x, n_y, n_z\}$는 모두 양수여야 하므로 구의 1/8 만 채워서 다음의 관계가 성립한다.

$$\frac{1}{8}\times\frac{4}{3}\pi k_F^3 = \frac{N}{2}\times\frac{\pi^3}{V}$$

여기서 N 을 2 로 나눈 이유는 격자점 하나에 스핀 업과 다운의 두 상태가 가능하기 때문이다. 따라서 페르미 에너지 E_F 는 다음과 같이 주어진다.

$$E_F = \frac{\hbar^2k_F^2}{2m} = \frac{\hbar^2}{2m}\left(3\pi^2\frac{N}{V}\right)^{2/3} = \frac{\hbar^2}{2m}\left(3\pi^2\rho\right)^{2/3}$$

2). 파수 벡터의 크기가 $k \sim k+dk$ 사이인 페르미온들의 에너지 총합을 먼저 구하자. 우선 이 구간에 있는 페르미온의 갯수는 파수 공간에서의 체적을 격자점당 파수 벡터 공간으로 나누고 2 를 곱한 것이 된다.

$$\frac{1}{8} \times 4\pi k^2 dk \div \left(\frac{\pi^3}{V}\right) \times 2 = \frac{V}{\pi^2} k^2 dk$$

따라서 이 구간에 있는 페르미온 에너지의 합은 다음과 같다.

$$dE = \frac{\hbar^2 k^2}{2m} \times \frac{V}{\pi^2} k^2 dk = \frac{\hbar^2 V}{2\pi^2 m} k^4 dk$$

이로부터 페르미온 에너지의 총합은 다음과 같다.

$$E_{tot} = \frac{\hbar^2 V}{2\pi^2 m} \int_0^{k_F} k^4 dk = \frac{\hbar^2 V k_F^5}{10\pi^2 m}$$

앞에서 $k_F = \left(3\pi^2 \frac{N}{V}\right)^{1/3}$ 로 주어졌으므로, E_{tot} 의 체적 의존도는 다음과 같다.

$$E_{tot} = \frac{\hbar^2 V}{10\pi^2 m} \left(3\pi^2 \frac{N}{V}\right)^{5/3} = \frac{\hbar^2 \left(3\pi^2 N\right)^{5/3}}{10\pi^2 m} V^{-2/3}$$

따라서 축퇴 압력은 다음과 같다.

$$P_{dg} = -\frac{\partial E_{tot}}{\partial V} = \frac{2}{3} \frac{\hbar^2 \left(3\pi^2 N\right)^{5/3}}{10\pi^2 m} V^{-5/3} = \frac{\left(3\pi^2\right)^{2/3} \hbar^2}{5m} \rho^{5/3}$$

12.6 계의 상태가 분광학적 기호 ^{2S+1}L 로 아래와 같이 표시될 때, 각각의 경우에 가능한 전체 각운동량 값들을 구하라.

$$^1P,\ ^3D,\ ^2F$$

풀이: ^1P 의 경우, $S=0$, $L=1$ 이므로 가능한 $J=1$ 이다.

^3D 의 경우, $S=1$, $L=2$ 이므로 가능한 $J=3,2,1$ 이다.

^2F 의 경우, $S=1/2$, $L=3$ 이므로 가능한 $J=7/2, 5/2$ 이다.

12.7 두 개의 동일입자들이 모여 아래의 상내를 이루는 경우들을 생각하지. 여기서 전체 스핀은 가능한 가장 큰 값을 가졌다고 할 때, 스핀-통계 정리에 의해 허용이 되는 상태인지 아닌지를 구분하라.

$$^3P,\ ^3D,\ ^5F,\ ^5D$$

풀이: ^3P 의 가능한 가장 큰 전체 스핀 값이 $S = 1$ 이므로, 각 입자의 스핀은 $s = 1/2$ 이다. 이 입자들은 페르미온이고 스핀 함수는 대칭이다. P 는 궤도 각운동량이 $L = 1$ 이므로 공간 파동함수는 반대칭이다. 페르미온들의 전체 파동함수는 반대칭이어야 하므로 이 상태는 허용된다.

^3D 의 경우, 가능한 가장 큰 전체 스핀 값이 $S = 1$ 이므로, 각 입자의 스핀은 $s = 1/2$ 이다. 이 입자들은 페르미온이고 스핀 함수는 대칭이다. D 는 궤도 각운동량이 $L = 2$ 이므로 공간 파동함수는 대칭이다. 페르미온들의 전체 파동함수는 반대칭이어야 하므로 이 상태는 허용되지 않는다.

^5F 의 경우, 가능한 가장 큰 전체 스핀 값이 $S = 2$ 이므로, 각 입자의 스핀은 $s = 1$ 이다. 이 입자들은 보존이고 스핀 함수는 대칭이다. F 는 궤도 각운동량이 $L = 3$ 이므로 공간 파동함수는 반대칭이다. 보존들의 전체 파동함수는 대칭이어야 하므로 이 상태는 허용되지 않는다.

^5D 의 경우, 가능한 가장 큰 전체 스핀 값이 $S = 2$ 이므로, 각 입자의 스핀은 $s = 1$ 이다. 이 입자들은 보존이고 스핀 함수는 대칭이다. D 는 궤도 각운동량이 $L = 2$ 이므로 공간 파동함수는 대칭이다. 보존들의 전체 파동함수는 대칭이어야 하므로 이 상태는 허용된다.

12.8 아래 주어진 각각의 경우에 가능한 상태들을 분광학적 기호 $^{2S+1}L_J$ 로 표시하라.

1). $S = 1,\ L = 2$ 2). $S = 1/2,\ L = 2$ 3). $S_1 = 1/2,\ S_2 = 1/2,\ L = 1$

풀이: 1)의 경우, 가능한 $J = 3, 2, 1$ 이므로, 그 분광학적 기호는 다음과 같다.

$$^3D_3,\ ^3D_2,\ ^3D_1$$

2)의 경우, 가능한 $J = 5/2, 3/2$ 이므로, 그 분광학적 기호는 다음과 같다.

$$^2D_{5/2},\ ^2D_{3/2}$$

3)의 경우, 가능한 스핀 값은 $S = 1, 0$ 이므로 가능한 $J = 2, 1, 0$ 이다. 여기서 $S = 1$ 의 경우 스핀 함수는 대칭이고, $S = 0$ 의 경우 스핀 함수는 반대칭이다. 그리고 $L = 1$

의 공간 파동함수는 반대칭이다. 페르미온의 전체 파동함수는 반대칭이어야 하므로, $S = 0, L = 1$ 의 경우는 가능하지 않고 $S = 1, L = 1$ 의 경우만 가능하다. 따라서 가능한 $J = 2, 1, 0$ 이 되고, 그 분광학적 기호는 다음과 같다.

$$^3P_2,\ ^3P_1,\ ^3P_0$$

12.9 $n + l$ 규칙을 적용하여 원자번호가 21인 스칸듐(Sc) 원자의 바닥상태 전자궤도들을 n 과 l 의 기호로 아래의 예처럼 표시하고, 훈트의 규칙을 써서 바닥상태의 각운동량들을 구하여 분광학적 기호로도 표시하라.

원자번호가 8 인 산소(O) 원자 바닥상태의 전자궤도들 표시 예: $(1s)^2(2s)^2(2p)^4$

풀이: 전자궤도는 $n + l$ 규칙에 의해 $(1s)^2(2s)^2(2p)^6(3s)^2(3p)^6(4s)^2(3d)^1$ 이다.

스핀과 궤도 각운동량은 각각 $S = 1/2$, $L = 2$ 이고, 훈트의 3번 규칙에 의해 전체 각운동량 $J = |L - S| = 3/2$ 이다. 이는 분광학적 기호로 $^2D_{3/2}$ 이다.

12.10 위의 문제와 같은 방식으로 원자번호 13, 14, 15인 경우의 원자 바닥상태의 전자궤도들과 각운동량들을 구하고, 각각을 분광학적 기호로 표시하라.

풀이: 원자번호 13 인 경우, 전자궤도: $(1s)^2(2s)^2(2p)^6(3s)^2(3p)^1$

스핀과 궤도 각운동량은 각각 $S = 1/2$, $L = 1$ 이고, 훈트의 제3 규칙에 의해 전체 각운동량 $J = |L - S| = 1/2$ 이다. 이는 분광학적 기호로 $^2P_{1/2}$ 이다.

원자번호 14 인 경우, 전자궤도: $(1s)^2(2s)^2(2p)^6(3s)^2(3p)^2$

$3p$ 궤도의 전자는 궤도 각운동량 1 을 가지므로, 두 전자의 전체 궤도 각운동량은 $2, 1, 0$ 의 세 가지 값이 가능하다. 하지만 각 전자는 m_l 값으로 $(1, 0, -1)$, m_s 값으로 $(\frac{1}{2}, -\frac{1}{2})$만 가능하다. 그러므로 두 전자가 가질 수 있는 (m_l, m_s) 값은 $(1, \pm\frac{1}{2})$, $(0, \pm\frac{1}{2}), (-1, \pm\frac{1}{2})$ 의 여섯 경우 중의 둘이 되어야 한다. 그런데 훈트의 제1 규칙에 의해 전체 스핀이 가장 크려면 전체 스핀의 z 성분이 가장 크면 된다. 이 경우, 두 전자의 m_s 값은 모두 $\frac{1}{2}$ 이 되어야 한나. 즉, $S = 1$ 이다. 이 경우 파울리 배타원리에 의하여 m_l 값은 서로 달라야 한다. 그러므로 훈트의 제2 규칙에 의해 가장 큰 전체 z 성분 궤도 각운동량 값은 두 전자의 (m_l, m_s) 값이 $(1, \frac{1}{2}), (0, \frac{1}{2})$의 값들을 가질 때가 된다. 이 경우 전체 궤도 각운동량 z 성분의 최대값은 1 이 되므로 전체 궤도 각운동량 값은 $L = 1$ 이

된다. 훈트의 제3 규칙에 의해 전체 각운동량 $J = |L - S| = 0$ 이다. 이는 분광학적 기호로 $^3P_0$ 이다.

원자번호 15 인 경우, 전자궤도: $(1s)^2(2s)^2(2p)^6(3s)^2(3p)^3$
원자번호 14 의 경우와 마찬가지로 훈트의 제1 규칙에 의해 전체 스핀이 가장 크려면 전체 스핀의 z 성분이 가장 크면 된다. 이 경우, 세 전자의 m_s 값은 모두 $\frac{1}{2}$ 이 되어야 한다. 즉, $S = 3/2$ 이다. 이 경우 파울리 배타원리에 의하여 m_l 값은 서로 달라야 한다. 그러므로 훈트의 제2 규칙에 의해 가장 큰 전체 z 성분 궤도 각운동량 값은 세 전자의 (m_l, m_s) 값이 $(1, \frac{1}{2}), (0, \frac{1}{2}), (-1, \frac{1}{2})$의 값들을 가질 때가 된다. 이 경우 전체 궤도 각운동량 z 성분의 최대값은 0 이 되므로 전체 궤도 각운동량 값은 $L = 0$ 이 된다. 훈트의 제3 규칙에 의해 전체 각운동량 $J = |L - S| = 3/2$ 이다. 이는 분광학적 기호로 $^4S_{3/2}$ 이다.

제13장 산란

13.1 식 (13.5)로 주어진 3차원의 산란 파동함수는 구면으로 퍼져 나가며 확률이 보존되는 파동함수임을 알 수 있다. 2차원의 경우에 이에 상응하는 원형으로 퍼져 나가는 확률이 보존되는 산란 파동함수를 구하라.

풀이: 문제 7.6에서와 같이 2차원 지름운동량을 $p_r = \frac{1}{2}(\hat{r}\cdot\vec{p}+\vec{p}\cdot\hat{r})$ 로 정의하고 이에 대한 고유상태 방정식 $p_r\phi_r = \hbar k\phi_r$ 을 풀어 보자.

먼저 2차원 x, y 좌표에서 r, θ 를 다음과 같이 표시하자.

$$r^2 = x^2 + y^2, \quad \theta = \tan^{-1}(y/x)$$

그러면 지름운동량은 에르미트 연산자로서 다음과 같이 표시된다.

$$p_r = \frac{1}{2}(\hat{r}\cdot\vec{p}+\vec{p}\cdot\hat{r}) = \frac{\hbar}{2i}(\hat{r}\cdot\nabla+\nabla\cdot\hat{r})$$

2차원 극좌표에서 ∇ 는 다음과 같고,

$$\nabla = \hat{r}\frac{\partial}{\partial r} + \hat{\theta}\frac{1}{r}\frac{\partial}{\partial\theta}$$

$\hat{r}, \hat{\theta}$ 는 다음과 같이 표시된다.

$$\hat{r} = \hat{i}\cos\theta + \hat{j}\sin\theta, \quad \hat{\theta} = -\hat{i}\sin\theta + \hat{j}\cos\theta$$

따라서 다음의 관계가 성립한다.

$$\frac{\partial\hat{r}}{\partial r} = 0, \quad \frac{\partial\hat{r}}{\partial\theta} = \hat{\theta}$$

한편, 고유상태 방정식은 다음과 같이 된다.

$$p_r\phi_r = \frac{\hbar}{2i}(\hat{r}\cdot\nabla+\nabla\cdot\hat{r})\phi_r = \hbar k\phi_r$$

여기서 $(\hat{r}\cdot\nabla)\phi_r = \frac{\partial \phi_r}{\partial r}$ 이고, $(\nabla\cdot\hat{r})\phi_r$ 은 다음과 같아진다.

$$(\nabla\cdot\hat{r})\phi_r = \left(\hat{r}\frac{\partial}{\partial r} + \hat{\theta}\frac{1}{r}\frac{\partial}{\partial\theta}\right)\cdot(\hat{r}\phi_r) = \frac{\partial\phi_r}{\partial r} + \frac{1}{r}\phi_r$$

이로부터 고유상태 방정식은 다음과 같이 된다.

$$\frac{1}{2}\left(2\frac{\partial\phi_r}{\partial r} + \frac{1}{r}\phi_r\right) = ik\phi_r \;\Rightarrow\; \frac{\partial\phi_r}{\partial r} = \left(ik - \frac{1}{2r}\right)\phi_r$$

이를 적분하면 다음의 결과를 얻는다.

$$\phi_r \sim \frac{1}{\sqrt{r}}e^{ikr}$$

이는 2차원에서 원형 파동이 r 에 비례하여 퍼져 나가므로, 확률이 보존되려면 파동함수 절대값의 제곱이 $1/r$ 에 비례하여 감쇠되어야 한다는 우리의 예상과 일치한다. 따라서 우리가 구하지 않은 산란 파동의 θ 의존성을 결합하여 산란 파동을 $f(\theta)\frac{1}{\sqrt{r}}e^{ikr}$ 로 쓰고 입사파동 $e^{i\vec{k}\cdot\vec{x}}$ 을 더하면, 산란 파동함수는 다음과 같이 쓸 수 있다.

$$\phi(r,\theta) = e^{i\vec{k}\cdot\vec{x}} + \frac{f(\theta)}{\sqrt{r}}e^{ikr}$$

13.2 부분파동 전개에서 구면 베셀함수 및 구면 한켈함수 표현: 본문의 식 (13.15)는 구면 베셀함수로 다음과 같이 쓰여진다.

$$e^{ikz} \sim \sum_{l=0}^{\infty}(2l+1)i^l j_l(kr)P_l(\cos\theta)$$

그리고 r 이 큰 영역에서 $h_l^{(1)}(kr) \sim e^{ikr}/r$ 이므로, 식 (13.16)은 구면 베셀과 한켈함수로 다음과 같이 쓸 수 있다.

$$\sum_{l=0}^{\infty}\left[(2l+1)i^l j_l(kr)P_l(\cos\theta) + A_l h_l^{(1)}(kr)P_l(\cos\theta)\right] = \sum_{l=0}^{\infty}B_l j_l(kr+\delta_l)P_l(\cos\theta)$$

여기서 $x \gg 1$ 일 때 $h_l^{(1)}(x) \to \frac{1}{x}(-i)^{l+1}e^{ix}$ 과 $h_l^{(2)}(x) \to \frac{1}{x}(i)^{l+1}e^{-ix}$ 의 관계가 성립하므로, $j_l(x) = \frac{1}{2}\left[h_l^{(1)}(x) + h_l^{(2)}(x)\right]$의 관계를 써서 B_l 을 구하고, A_l 과 δ_l 사이의

관계를 구하라.

풀이: j_l 을 한켈 함수들로 나타내고 그 점근 표현을 쓰면, P_l 의 계수들은 다음과 같다.

$$(2l+1)i^l\frac{1}{2}\left[\frac{1}{kr}(-i)^{l+1}e^{ikr}+\frac{1}{kr}(i)^{l+1}e^{-ikr}\right]+A_l\frac{1}{kr}(-i)^{l+1}e^{ikr}$$
$$=\frac{B_l}{2}\left[\frac{1}{kr+\delta_l}(-i)^{l+1}e^{i(kr+\delta_l)}+\frac{1}{kr+\delta_l}(i)^{l+1}e^{-i(kr+\delta_l)}\right]$$

먼저 e^{-ikr} 의 계수들은 다음의 관계를 만족한다.

$$\frac{2l+1}{2}\frac{i^{2l+1}}{kr}=\frac{B_l}{2}\frac{i^{l+1}e^{-i\delta_l}}{kr+\delta_l}$$

따라서 B_l 은 다음과 같이 주어진다.

$$B_l=\frac{(2l+1)i^l(kr+\delta_l)e^{i\delta_l}}{kr}$$

다음으로 e^{ikr} 의 계수들은 다음의 관계를 만족한다.

$$\frac{2l+1}{2}\frac{i^l(-i)^{l+1}}{kr}+A_l\frac{(-i)^{l+1}}{kr}=\frac{B_l}{2}\frac{(-i)^{l+1}e^{i\delta_l}}{kr+\delta_l}=\frac{(2l+1)i^l(kr+\delta_l)e^{i\delta_l}}{2kr}\frac{(-i)^{l+1}e^{i\delta_l}}{kr+\delta_l}$$

위 식을 정리하면 다음의 결과를 얻는다.

$$\frac{2l+1}{2}i^l+A_l=\frac{(2l+1)i^le^{2i\delta_l}}{2}\quad\Longrightarrow\quad A_l=(2l+1)i^{l+1}e^{i\delta_l}\sin\delta_l$$

13.3 문제 13.2의 결과를 활용하여, 위치에너지가 다음과 같이 주어진 강체구에서

$$V(r)=\begin{cases}\infty, & r\le a\\ 0, & r>a\end{cases}$$

위상변화 δ_l 을 구하고, $l=0$ 일 때 본문에서 얻은 $\delta_0=-ka$ 와 일치함을 보여라.

도움말: 이 경우 $r=a$ 에서 파동함수가 0 이 됨을 써서 A_l 을 구하여 위상변화를 구할 수 있다. 여기서 구면 한켈함수가 구면 베셀함수와 구면 노이만함수로 다음과 같이 표시되므로,

$$h_l^{(1)}(x)\equiv j_l(x)+in_l(x),$$

이를 써서 위상변화를 구면 베셀함수와 구면 노이만 함수로 표시하라.

$l=0$ 인 경우의 구면 베셀함수와 구면 노이만함수는 각각 다음과 같다.

$$j_0(x)=\frac{\sin x}{x},\quad n_0(x)=-\frac{\cos x}{x}$$

풀이: 앞 문제에서 산란된 전체 파동함수는 다음과 같이 주어졌다.

$$\psi(r,\theta)=\sum_{l=0}^{\infty}\left[(2l+1)i^l j_l(kr)P_l(\cos\theta)+A_l h_l^{(1)}(kr)P_l(\cos\theta)\right]$$

$r=a$ 에서 입자가 존재할 수 없으므로, 경계조건은 다음과 같다.

$$\psi(a,\theta)=0$$

따라서 다음의 관계가 성립한다.

$$(2l+1)i^l j_l(ka)+A_l h_l^{(1)}(ka)=0 \quad\Longrightarrow\quad A_l=-\frac{(2l+1)i^l j_l(ka)}{h_l^{(1)}(ka)}$$

앞에서 얻은 계수 A_l의 결과를 대입하면 다음 관계가 성립한다.

$$A_l=(2l+1)i^{l+1}e^{i\delta_l}\sin\delta_l=-\frac{(2l+1)i^l j_l(ka)}{h_l^{(1)}(ka)}$$

이로부터 다음 관계가 성립한다.

$$\begin{aligned}
e^{i\delta_l}\sin\delta_l &= \cos\delta_l\sin\delta_l+i\sin^2\delta_l = i\frac{j_l(ka)}{h_l^{(1)}(ka)} = i\frac{j_l(ka)}{j_l(ka)+in_l(ka)}\\
&= i\frac{j_l(ka)(j_l(ka)-in_l(ka))}{j_l^2(ka)+n_l^2(ka)}
\end{aligned}$$

양변의 실수부와 허수부가 각각 서로 같아야 하므로 다음 결과를 얻는다.

$$\cos\delta_l\sin\delta_l=\frac{\frac{n_l(ka)}{j_l(ka)}}{1+\frac{n_l^2(ka)}{j_l^2(ka)}},\qquad \sin^2\delta_l=\frac{1}{1+\frac{n_l^2(ka)}{j_l^2(ka)}}$$

이로부터 다음의 결과를 얻는다.

$$\tan\delta_l=\frac{j_l(ka)}{n_l(ka)}$$

따라서 위상변화 δ_l 은 다음과 같다.

$$\delta_l = \tan^{-1}\left[\frac{j_l(ka)}{n_l(ka)}\right]$$

$l = 0$ 의 경우, 아래와 같이 되어 $\delta_0 = -ka$ 가 된다.

$$\tan\delta_0 = \frac{j_0(ka)}{n_0(ka)} = \frac{\frac{\sin ka}{ka}}{-\frac{\cos ka}{ka}} = -\tan ka$$

13.4 아래와 같이 주어지는 구형 델타함수 껍질에 의한 산란을 생각하자.

$$V(r) = \lambda\delta(r-a)$$

여기서 λ 와 a 는 상수이다.

1). 부분파동 전개를 써서 S-파동 산란단면적을 주는 위상변화 δ_0 를 구하라.

2). 아주 낮은 에너지($k \to 0$)일 때의 그 위상변화 δ_0 와 그에 의한 미분 산란단면적을 구하라.

풀이: 1). 식 (13.9)에서 주어진 3차원 지름 슈뢰딩거 방정식은 다음과 같다.

$$\frac{1}{r}\frac{d^2}{dr^2}[rR_l(r)] + \left[k^2 - \frac{l(l+1)}{r^2} - \frac{2mV(r)}{\hbar^2}\right]R_l(r) = 0, \quad k^2 \equiv \frac{2mE}{\hbar^2}$$

$R(r) = u(r)/r$ 로 놓으면, S-파동 산란의 경우 $l = 0$ 이므로 지름 방정식은 다음과 같이 된다.

$$\frac{d^2u}{dr^2} + \left[k^2 - \frac{2m\lambda}{\hbar^2}\delta(r-a)\right]u(r) = 0$$

지름 파동함수 R 은 $r = 0$ 에서 유한한 값을 가져야 하므로, $u(r=0) = 0$ 이 만족되어야 한다. 따라서 $r < a$ 인 영역 I에서 해는 다음과 같다.

$$u_I(r) = A\sin kr, \quad r < a$$

$r > a$ 인 영역 II에서는 위상변화 δ_0 를 도입하여 다음과 같이 쓰겠다.

$$u_{II}(r) = C\sin(kr + \delta_0), \quad r > a$$

$r = a$ 에서의 경계조건은 다음과 같다.

$$\begin{aligned} u_I(a) &= u_{II}(a) \\ \left.\frac{du_{II}}{dr}\right|_{a+\epsilon} - \left.\frac{du_I}{dr}\right|_{a-\epsilon} &= \frac{2m\lambda}{\hbar^2} u_I(a) \end{aligned}$$

즉, 다음의 조건들이 만족되어야 한다.

$$\begin{aligned} A\sin ka &= C\sin(ka + \delta_0) \\ Ck\cos(ka + \delta_0) - Ak\cos ka &= \frac{2m\lambda}{\hbar^2} A\sin ka \end{aligned}$$

위 식을 다음과 같이 다시 쓰면,

$$\begin{aligned} \frac{C}{A}\sin(ka + \delta_0) &= \sin ka \\ \frac{C}{A}\cos(ka + \delta_0) &= \cos ka + \frac{2m\lambda}{\hbar^2 k}\sin ka \end{aligned}$$

다음의 결과를 얻는다.

$$\begin{aligned} \left(\frac{C}{A}\right)^2 &= 1 + \frac{2m\lambda}{\hbar^2 k}\sin 2ka + \left(\frac{2m\lambda}{\hbar^2 k}\right)^2 \sin^2 ka \\ \tan(ka + \delta_0) &= \frac{\tan ka}{1 + \frac{2m\lambda}{\hbar^2 k}\tan ka} \end{aligned}$$

정리하면 S-파동의 위상변화는 다음과 같이 주어진다.

$$\tan\delta_0 = \frac{-\frac{2m\lambda}{\hbar^2 k}\tan^2 ka}{1 + \frac{2m\lambda}{\hbar^2 k}\tan ka + \tan^2 ka}$$

따라서 위상변화 δ_0 는 다음과 같다.

$$\delta_0 = \tan^{-1}\left(\frac{-\frac{2m\lambda}{\hbar^2 k}\tan^2 ka}{1 + \frac{2m\lambda}{\hbar^2 k}\tan ka + \tan^2 ka}\right)$$

2). 아주 낮은 에너지의 경우, $k \to 0$ 이므로 $\tan ka \sim ka$ 가 되고, 아래에서 $k \to 0$ 이면 $\tan\delta_0 \ll 1$ 이므로, 위상변화 δ_0 는 다음과 같이 쓸 수 있다.

$$\tan\delta_0 \simeq -\frac{\frac{2m\lambda}{\hbar^2}ka^2}{1 + \frac{2m\lambda}{\hbar^2}a} \quad\Longrightarrow\quad \delta_0 \simeq -\frac{ka}{1 + \frac{\hbar^2}{2m\lambda a}}$$

S-파동의 미분 산란단면적은 다음의 산란진폭의 표현에서

$$f(\theta) = \sum_{l=0}^{\infty} \frac{1}{k}(2l+1)e^{i\delta_l}\sin\delta_l P_l(\cos\theta)$$

다음과 같이 된다.

$$\frac{d\sigma}{d\Omega} = |f(\theta)|^2 \simeq \frac{\sin^2\delta_0}{k^2} \simeq \frac{\delta_0^2}{k^2} \simeq \frac{a^2}{\left[1+\frac{\hbar^2}{2m\lambda a}\right]^2}$$

13.5 위치에너지가 아래와 같은 구형 장벽이 있다.

$$V(r) = \begin{cases} V_0, & r \le a \quad (V_0 > 0) \\ 0, & r > a \end{cases}$$

1). 위치에너지가 산란 표적의 중심에서의 거리에만 의존할 때, 1차 보른 어림의 산란 진폭은 식 (13.102)로 다음과 같이 주어진다.

$$f(\theta) = -\frac{2m}{\hbar^2\kappa}\int_0^{\infty} r'V(r')\sin\kappa r' dr', \quad \kappa = 2\sqrt{\frac{2mE}{\hbar^2}}\sin\frac{\theta}{2}$$

이를 써서 미분 산란단면적을 구하라.

2). 저에너지(장파장) 산란일 경우, 아래와 같이 식 (13.96)으로 주어지는 1차 보른 진폭에서 지수함수 부분의 변화는 무시할 만하다.

$$f^{(1)}(\theta) \simeq -\frac{m}{2\pi\hbar^2}\int e^{i(\vec{k}-\vec{k}')\cdot\vec{x}'}V(\vec{x}')d^3\vec{x}'$$

이 경우 전체 산란단면적이 본문에서의 결과 식 (13.53), $\sigma \simeq 4\pi a^2\left(\frac{\tanh\tilde{\kappa}a}{\tilde{\kappa}a}-1\right)^2$ 과 같은지 확인하라. 여기서 $\tilde{\kappa}^2 \equiv \frac{2m(V_0-E)}{\hbar^2}$ 이고, 저에너지는 $E \ll V_0$ 임을 뜻한다.

풀이: 1). 1차 보른 진폭은 다음과 같다.

$$\begin{aligned} f(\theta) &= -\frac{2mV_0}{\hbar^2\kappa}\int_0^a r'\sin\kappa r' dr' \\ &= -\frac{2mV_0}{\hbar^2\kappa}\left(-\frac{r'}{\kappa}\cos\kappa r'\Big|_0^a + \frac{1}{\kappa}\int_0^a \cos\kappa r' dr'\right) \\ &= \frac{2mV_0}{\hbar^2\kappa}\left(\frac{a}{\kappa}\cos\kappa a - \frac{1}{\kappa^2}\sin\kappa a\right) \\ &= \frac{2mV_0}{\hbar^2\kappa^3}(\kappa a\cos\kappa a - \sin\kappa a) \end{aligned}$$

따라서 미분 산란단면적은 다음과 같다.

$$\frac{d\sigma}{d\Omega}=\left(\frac{2mV_0}{\hbar^2\kappa^3}\right)^2(\kappa a\cos\kappa a-\sin\kappa a)^2$$

2). 저에너지 산란의 경우, 식 (13.96)의 지수함수 부분을 무시하면, 1차 보른 진폭은 다음과 같다.

$$f^{(1)}(\theta)\cong-\frac{m}{2\pi\hbar^2}\int V_0 d^3\vec{x}'=-\frac{m}{2\pi\hbar^2}V_0\frac{4\pi}{3}a^3=\frac{2mV_0a^3}{3\hbar^2}$$

따라서 미분 산란단면적과 전체 산란단면적은 다음과 같다.

$$\frac{d\sigma}{d\Omega}=|f^{(1)}(\theta)|^2\simeq\left(\frac{2mV_0a^3}{3\hbar^2}\right)^2,\quad \sigma\simeq 4\pi\left(\frac{2mV_0a^3}{3\hbar^2}\right)^2$$

주어진 식 (13.53)은 $\tanh x\simeq x-x^3/3+\cdots$ 이고, $E\ll V_0$ 에서 $\tilde{\kappa}^2\simeq\frac{2mV_0}{\hbar^2}$ 이므로 다음과 같이 되어 위의 결과와 일치한다.

$$\sigma\simeq 4\pi a^2\left(\frac{\tilde{\kappa}a-\frac{(\tilde{\kappa}a)^3}{3}}{\tilde{\kappa}a}-1\right)^2=4\pi a^2\left(-\frac{(\tilde{\kappa}a)^2}{3}\right)^2\simeq 4\pi\left(\frac{2mV_0a^3}{3\hbar^2}\right)^2$$

13.6 보른 어림에 의해 다음 위치에너지에 대한 미분 산란단면적과 전체 산란단면적을 구하라. 아래에서 A 와 α 는 상수이다.

$$V(r)=A\exp(-\alpha r^2)$$

풀이: 식 (13.102)로 주어진 1차 보른 어림의 산란진폭은 다음과 같다.

$$\begin{aligned} f(\theta) &= -\frac{2m}{\hbar^2\kappa}\int_0^\infty r'V(r')\sin\kappa r'dr' \quad (\text{여기서}\ \ \kappa=2\sqrt{\frac{2mE}{\hbar^2}}\sin\frac{\theta}{2}\ ) \\ &= -\frac{2m}{\hbar^2\kappa}\int_0^\infty r'A\exp(-\alpha r'^2)\sin\kappa r'dr' \end{aligned}$$

여기서 피적분함수 integrand 가 우함수이므로, 이는 다음과 같이 다시 쓸 수 있다.

$$\begin{aligned} f(\theta) &= -\frac{m}{\hbar^2\kappa}\int_{-\infty}^\infty r'A\exp(-\alpha r'^2)\sin\kappa r'dr' \\ &= -\frac{m}{\hbar^2\kappa}\frac{A}{2i}\int_{-\infty}^\infty r'(e^{-\alpha r'^2+i\kappa r'}-e^{-\alpha r'^2-i\kappa r'})dr' \end{aligned}$$

첫 번째 항의 적분은 다음과 같이 계산할 수 있다.

$$\begin{aligned}\int_{-\infty}^{\infty} r' e^{-\alpha r'^2 + i\kappa r'} dr' &= -i\frac{\partial}{\partial\kappa}\int_{-\infty}^{\infty} e^{-\alpha r'^2 + i\kappa r'} dr' \\ &= -i\frac{\partial}{\partial\kappa}\int_{-\infty}^{\infty} e^{-\alpha r'^2 + i\kappa r'} dr' \\ &= -i\frac{\partial}{\partial\kappa}\left[e^{-\frac{\kappa^2}{4\alpha}}\int_{-\infty}^{\infty} e^{-\alpha\left(r' - \frac{i\kappa}{2\alpha}\right)^2} dr'\right] \\ &= -i\frac{\partial}{\partial\kappa}\left[\frac{\sqrt{\pi}}{\sqrt{\alpha}} e^{-\frac{\kappa^2}{4\alpha}}\right] = i\frac{\sqrt{\pi}}{\sqrt{\alpha}}\frac{\kappa}{2\alpha} e^{-\frac{\kappa^2}{4\alpha}}\end{aligned}$$

두 번째 항도 같은 방식으로 계산하면 두 배가 되어, $f(\theta)$는 다음과 같이 주어진다.

$$f(\theta) = -\frac{m}{\hbar^2\kappa}\frac{A}{2i}2i\frac{\sqrt{\pi}}{\sqrt{\alpha}}\frac{\kappa}{2\alpha}e^{-\frac{\kappa^2}{4\alpha}} = -\frac{\sqrt{\pi}mA}{2\alpha^{3/2}\hbar^2}e^{-\frac{\kappa^2}{4\alpha}}$$

이로부터 미분 산란단면적은 다음과 같다.

$$\frac{d\sigma}{d\Omega} = |f(\theta)|^2 = \frac{\pi m^2 A^2}{4\alpha^3\hbar^4}e^{-\frac{4mE}{\alpha\hbar^2}\sin^2\frac{\theta}{2}}$$

전체 산란단면적은 다음과 같다.

$$\begin{aligned}\sigma &= \int \frac{d\sigma}{d\Omega}d\Omega = \frac{\pi m^2 A^2}{4\alpha^3\hbar^4}\int e^{-\frac{4mE}{\alpha\hbar^2}\sin^2\frac{\theta}{2}}d\Omega \\ &= \frac{\pi m^2 A^2}{4\alpha^3\hbar^4}\int_0^{2\pi} d\phi \int_0^{\pi} d\theta \sin\theta e^{-\frac{4mE}{\alpha\hbar^2}\sin^2\frac{\theta}{2}}\end{aligned}$$

여기서 θ 에 대한 적분은 $\sin\theta = 2\sin\frac{\theta}{2}\cos\frac{\theta}{2}$ 와 $d(\sin\frac{\theta}{2}) = \frac{1}{2}\cos\frac{\theta}{2}d\theta$ 를 쓰면 다음과 같이 된다.

$$\begin{aligned}\int_0^{\pi} d\theta \sin\theta e^{-\frac{4mE}{\alpha\hbar^2}\sin^2\frac{\theta}{2}} &= 4\int_0^{\pi} d(\sin\frac{\theta}{2})\sin\frac{\theta}{2}e^{-\frac{4mE}{\alpha\hbar^2}\sin^2\frac{\theta}{2}} \\ &= 4\int_0^1 dt\, t\, e^{-\frac{4mE}{\alpha\hbar^2}t^2} \\ &= 2\int_0^1 dy\, e^{-\frac{4mE}{\alpha\hbar^2}y} = \frac{\alpha\hbar^2}{2mE}\left[1 - e^{-\frac{4mE}{\alpha\hbar^2}}\right]\end{aligned}$$

따라서 전체 산란단면적은 최종적으로 다음과 같이 주어진다.

$$\sigma = \frac{\pi^2 m A^2}{4\alpha^2\hbar^2 E}\left[1 - e^{-\frac{4mE}{\alpha\hbar^2}}\right]$$

13.7 위치에너지가 구형 델타함수 껍질로 주어진(문제 13.4) 산란에서 식 (13.102)로 주어지는 1차 보른 어림을 써서 미분 산란단면적을 구하라. 이를 아주 낮은 에너지의 경우에 문제 13.4의 2)번 결과와 비교하라.

풀이: 1차 보른 어림에 의한 산란진폭은 다음과 같다.

$$
\begin{aligned}
f(\theta) &= -\frac{2m}{\hbar^2\kappa}\int_0^\infty r'V(r')\sin\kappa r'dr' \quad (\text{여기서} \quad \kappa = 2\sqrt{\frac{2mE}{\hbar^2}}\sin\frac{\theta}{2}\ ) \\
&= -\frac{2m}{\hbar^2\kappa}\int_0^\infty r'\lambda\delta(r'-a)\sin\kappa r'dr' \\
&= -\frac{2ma\lambda}{\hbar^2\kappa}\sin\kappa a
\end{aligned}
$$

따라서 미분 산란단면적은 다음과 같다.

$$
\frac{d\sigma}{d\Omega} = |f(\theta)|^2 = \frac{4m^2a^2\lambda^2}{\hbar^4\kappa^2}\sin^2\kappa a, \quad \kappa = 2k\sin\frac{\theta}{2}, \quad k = \sqrt{\frac{2mE}{\hbar^2}}
$$

낮은 에너지의 경우, $ka \ll 1$ 이므로 $\kappa a \ll 1$ 이 되어 $\sin\kappa a \simeq \kappa a$ 가 된다. 따라서 미분 산란단면적은 다음과 같이 주어진다.

$$
\frac{d\sigma}{d\Omega} = |f(\theta)|^2 \simeq \frac{4m^2a^4\lambda^2}{\hbar^4}
$$

한편, 산란 파동함수는 $\frac{f(\theta)}{r}e^{ikr}$ 로 기술되었는데, 이는 $\frac{f(\theta)}{r}$ 가 위치 r 에서의 산란된 파동의 상대적 크기를 나타냄을 보여준다. 그런데 낮은 에너지의 경우 상호작용이 있는 $r=a$ 근처에서 파동의 상대적 크기는 아주 작을 것이다. 따라서 $\frac{f}{a} \ll 1$ 이라고 할 수 있다. 즉, $\frac{2ma\lambda}{\hbar^2} \ll 1$ 임을 뜻한다. 문제 13.4의 2)번 결과에 이 관계를 대입하면 다음과 같이 되어 위에 얻은 결과와 같아짐을 보여준다.

$$
\frac{d\sigma}{d\Omega} = |f(\theta)|^2 \simeq \frac{a^2}{\left[1+\frac{\hbar^2}{2m\lambda a}\right]^2} \simeq \frac{4m^2\lambda^2a^4}{\hbar^4}
$$

13.8 스핀 1/2 이고 질량이 m, 전하가 q 인 두 페르미온 동일입자가 다음과 같은 위치에너지의 작용 하에 산란한다.

$$
V(r) = \frac{q^2}{r}e^{-\mu r}
$$

(a) 산란각이 θ 인 경우 (b) 산란각이 $\pi-\theta$ 인 경우

그림 9: 질량중심의 계에서 본 동일입자 산란 (문제 13.8)

1). 질량중심계에서 각 입자의 운동에너지가 E 이고 입사 입자들의 스핀이 편극되지 않았을 때, 입자들의 산란 방향 축과 입사 방향 축 사이의 산란각이 θ 일 경우(그림 9 참조) 미분 산란단면적을 1차 보른 어림을 써서 구하라.

도움말: 질량중심계에서는 두 입자들의 운동이 대칭적이므로, 위에 주어진 위치에너지에 의한 작용은 아래 주어진 위치에너지에 의한 작용과 동등해짐을 사용하라.

$$V(s) = \frac{q^2}{2s} e^{-2\mu s}$$

여기서 s 는 두 입자 사이의 중간 점에서 각 입자까지 거리로 $s = r/2$ 이다.

2). 낮은 에너지(S-파동) 산란에서 산란 후 두 입자의 스핀 상태가 삼중항에 있을 확률은 얼마인가?

풀이: 1). 질량중심계에서 1차 보른 어림을 쓰면 산란진폭은 다음과 같이 주어진다.

$$\begin{aligned} f(\theta) &= -\frac{2m}{\hbar^2 \kappa} \int_0^\infty sV(s) \sin \kappa s \, ds \qquad (\text{여기서} \;\; \kappa = 2\sqrt{\frac{2mE}{\hbar^2}} \sin\frac{\theta}{2}\,) \\ &= -\frac{mq^2}{\hbar^2 \kappa} \int_0^\infty e^{-2\mu s} \sin \kappa s \, ds \end{aligned}$$

여기서 부분 적분을 두 번 하면, 적분은 다음과 같아진다.

$$\begin{aligned}&\int_0^\infty e^{-2\mu s}\sin\kappa s\,ds\\&=-\frac{1}{\kappa}e^{-2\mu s}\cos\kappa s\bigg|_0^\infty-\frac{2\mu}{\kappa^2}e^{-2\mu s}\sin\kappa s\bigg|_0^\infty-\frac{(2\mu)^2}{\kappa^2}\int_0^\infty e^{-2\mu s}\sin\kappa s\,ds\\&=\frac{1}{\kappa}-\frac{(2\mu)^2}{\kappa^2}\int_0^\infty e^{-2\mu s}\sin\kappa s\,ds\end{aligned}$$

따라서 적분값은 다음과 같다.

$$\int_0^\infty e^{-2\mu s}\sin\kappa s\,ds=\frac{\kappa}{\kappa^2+(2\mu)^2}$$

그러므로 산란진폭은 다음과 같다.

$$f(\theta)\;=\;-\frac{mq^2}{\hbar^2\kappa}\frac{\kappa}{\kappa^2+(2\mu)^2}\;=\;-\frac{mq^2}{\hbar^2(\kappa^2+4\mu^2)}$$

미분 산란단면적은 본문에서 삼중항일 경우($S=1$) 다음과 같고,

$$\frac{d\sigma_{\text{삼중항}}}{d\Omega}=|f(\theta)-f(\pi-\theta)|^2$$

단일항의 경우($S=0$) 다음과 같다.

$$\frac{d\sigma_{\text{단일항}}}{d\Omega}=|f(\theta)+f(\pi-\theta)|^2$$

여기서 $f(\theta)$와 $f(\pi-\theta)$ 는 각각 다음과 같으므로,

$$\begin{aligned}f(\theta)&=-\frac{mq^2}{4\hbar^2}\frac{1}{k^2\sin^2\frac{\theta}{2}+\mu^2}\qquad(\text{여기서}\;\;k^2=\frac{2mE}{\hbar^2}\;)\\f(\pi-\theta)&=-\frac{mq^2}{4\hbar^2}\frac{1}{k^2\sin^2\frac{\pi-\theta}{2}+\mu^2}\\&=-\frac{mq^2}{4\hbar^2}\frac{1}{k^2\cos^2\frac{\theta}{2}+\mu^2}\end{aligned}$$

삼중항과 단일항 경우의 미분 산란단면적은 각각 다음과 같다.

$$\begin{aligned}\frac{d\sigma_{\text{삼중항}}}{d\Omega}&=\left(\frac{mq^2}{4\hbar^2}\right)^2\left[\frac{k^2\cos\theta}{(k^2\cos^2\frac{\theta}{2}+\mu^2)(k^2\sin^2\frac{\theta}{2}+\mu^2)}\right]^2\\\frac{d\sigma_{\text{단일항}}}{d\Omega}&=\left(\frac{mq^2}{4\hbar^2}\right)^2\left[\frac{k^2+2\mu^2}{(k^2\sin^2\frac{\theta}{2}+\mu^2)(k^2\cos^2\frac{\theta}{2}+\mu^2)}\right]^2\end{aligned}$$

그러므로 편극되지 않은 두 페르미온 동일입자의 미분 산란단면적은 다음과 같다.

$$\begin{aligned}\frac{d\sigma}{d\Omega} &= \frac{3}{4}\frac{d\sigma_{\text{삼중항}}}{d\Omega}+\frac{1}{4}\frac{d\sigma_{\text{단일항}}}{d\Omega}\\ &= \frac{1}{4}\left(\frac{mq^2}{4\hbar^2}\right)^2\frac{3(k^2\cos\theta)^2+(k^2+2\mu^2)^2}{\left[(k^2\sin^2\frac{\theta}{2}+\mu^2)(k^2\cos^2\frac{\theta}{2}+\mu^2)\right]^2}\end{aligned}$$

참고로 질량이 같은 두 물체의 탄성 산란에서 질량중심계와 실험실계에서의 산란단면적은 다음의 관계에 있다.(Goldstein의 *Classical Mechanics*[29] sec.3-11 참조)

$$\frac{d\sigma_{Lab}}{d\Omega}(\vartheta)=4\cos\vartheta\,\frac{d\sigma_{CM}}{d\Omega}(\theta),\quad \vartheta=\theta/2$$

2). 낮은 에너지 산란의 S-파동은 궤도 각운동량 $l=0$ 의 상태이므로 전체 공간 파동함수는 대칭이 되어 전체 스핀 함수는 반대칭이 되어야 한다. 즉, 전체 스핀은 단일항 상태($S=0$)가 되어야 하므로 스핀 함수가 대칭인 삼중항 상태($S=1$)의 기여는 없다.

제14장 양자 얽힘

14.1 순수 모둠의 경우, 밀도연산자가 $\rho^2 = \rho$ 의 관계를 만족함을 보여라. 이 경우 $\text{Tr}\left(\rho^2\right) = 1$ 의 관계를 만족하고, 밀도연산자의 행렬 표현인 밀도행렬에서 대각선 행렬 요소 중 하나만 1 이고 나머지 행렬 요소들은 다 0 이 됨을 보여라.

풀이: 순수 모둠이 $|\alpha_m>$ 상태에 있다면, 그 밀도연산자는 다음과 같다.

$$\rho \; = \sum_i \delta_{im} \; |\alpha_i >< \alpha_i| \; = \; |\alpha_m >< \alpha_m|$$

여기서 $<\alpha_m|\alpha_m> = 1$ 이므로, ρ^2 은 다음과 같이 되어 ρ 가 된다.

$$\rho^2 \; = \; (|\alpha_m >< \alpha_m|)^2 \; = \; |\alpha_m >< \alpha_m|\alpha_m >< \alpha_m| \; = \; |\alpha_m >< \alpha_m| \; = \; \rho$$

따라서 $\text{Tr}\left(\rho^2\right)$은 다음과 같이 된다.

$$\begin{aligned}\text{Tr}\left(\rho^2\right) \; &= \; \sum_i <\alpha_i|\rho^2|\alpha_i> = \sum_i <\alpha_i|\alpha_m >< \alpha_m|\alpha_i> \\ &= \; \sum_i \delta_{im}\delta_{mi} \; = \; \delta_{mm} \; = \; 1\end{aligned}$$

밀도연산자의 j 번째 행 k 번째 열의 행렬 요소는 다음과 같다.

$$\rho_{jk} = <\alpha_j|\rho|\alpha_k> = <\alpha_j|\alpha_m >< \alpha_m|\alpha_k> = \delta_{jm}\delta_{mk}$$

즉, 대각선의 m 번째 요소만 1 이 되고, 나머지 행렬 요소는 다 0 이 된다.

14.2 아래와 같이 식 (14.7)에서 주어진 밀도연산자의 정의식을 써서

$$\rho \; \equiv \sum_i \; p_i \; |\alpha_i >< \alpha_i|$$

섞인 모둠의 경우 밀도연산자 ρ 에 대한 다음의 관계가 성립함을 보여라.

$$0 < \text{Tr}\left(\rho^2\right) < 1$$

풀이: 먼저 ρ^2 은 다음과 같다.

$$\begin{aligned}
\rho^2 &= (\sum_i p_i \, |\alpha_i >< \alpha_i|)(\sum_j p_j \, |\alpha_j >< \alpha_j|) \\
&= \sum_{i,j} p_i p_j \, |\alpha_i >< \alpha_i | \alpha_j >< \alpha_j| \\
&= \sum_{i,j} p_i p_j \, |\alpha_i > \delta_{ij} < \alpha_j| \\
&= \sum_i p_i^2 \, |\alpha_i >< \alpha_i|
\end{aligned}$$

따라서 $\mathrm{Tr}\left(\rho^2\right)$ 은 다음과 같다.

$$\begin{aligned}
\mathrm{Tr}\left(\rho^2\right) &= \sum_i \langle \alpha_i | \, (\sum_j p_j^2 \, |\alpha_j\rangle \langle \alpha_j | \,) \, |\alpha_i\rangle \\
&= \sum_{i,j} p_j^2 \, \langle \alpha_i \mid \alpha_j \rangle \, \delta_{ij} \\
&= \sum_i p_i^2 \, \langle \alpha_i \mid \alpha_i \rangle \; = \; \sum_i p_i^2
\end{aligned}$$

여기서 주목할 점은 $0 \leq p_i \leq 1$ 이고, $\sum_i p_i = 1$ 인데, 섞인 모둠이므로 적어도 두 개의 p_i 는 0 이 아니라는 것이다. 따라서 $\sum_i p_i^2$ 은 다음과 같이 쓸 수 있다.

$$\sum_i p_i^2 \; = \; (\sum_i p_i)^2 - \sum_{i,j(i \neq j)} p_i p_j \; = \; 1 - \sum_{i,j(i \neq j)} p_i p_j \; < 1$$

즉, $\mathrm{Tr}\left(\rho^2\right)$ 은 다음의 관계를 만족한다.

$$0 < \mathrm{Tr}\left(\rho^2\right) < 1$$

14.3 밀도연산자 ρ 를 고유상태 기저들로 표시하면 밀도연산자의 행렬 표현이 대각행렬로 주어짐을 보이고, 그로부터 식 (14.23)으로 아래와 같이 정의된 폰 노이만 엔트로피가 다음과 같이 표현됨을 보여라.

$$S(\rho) \equiv -k_B \; \mathrm{Tr}\left(\rho \ln \rho\right) = -k_B \sum_i \; p_i \ln p_i$$

여기서 p_i 는 섞인 모둠에서 i 번째 순수 모둠(상태)의 존재 비율이다.

풀이: 밀도연산자를 고유상태 기저($|\alpha_i>$)들로 표시하면, 밀도연산자의 (jk)번째 행렬 요소는 다음과 같다.

$$\rho_{jk} = <\alpha_j|(\sum_i p_i |\alpha_i><\alpha_i|)|\alpha_k> = \sum_i p_i\delta_{ji}\delta_{ik} = p_j\delta_{jk}$$

이는 밀도연산자 행렬이 대각행렬임을 보여준다.

$$\rho = \begin{pmatrix} p_1 & 0 & 0 & \cdots \\ 0 & p_2 & 0 & \cdots \\ 0 & 0 & p_3 & \cdots \\ \vdots & \vdots & \vdots & \ddots \end{pmatrix}$$

따라서 폰 노이만 엔트로피는 다음과 같이 된다.

$$\begin{aligned} S(\rho) &\equiv -k_B \,\mathrm{Tr}\,(\rho\ln\rho) \\ &= -k_B \,\mathrm{Tr}\left[\begin{pmatrix} p_1 & 0 & \cdots \\ 0 & p_2 & \cdots \\ \vdots & \vdots & \ddots \end{pmatrix} \ln \begin{pmatrix} p_1 & 0 & \cdots \\ 0 & p_2 & \cdots \\ \vdots & \vdots & \ddots \end{pmatrix}\right] \\ &= -k_B \,\mathrm{Tr}\begin{pmatrix} p_1\ln p_1 & 0 & \cdots \\ 0 & p_2\ln p_2 & \cdots \\ \vdots & \vdots & \ddots \end{pmatrix} \\ &= -k_B \sum_i p_i \ln p_i \end{aligned}$$

위의 결과에 대해 덧붙이자면, 행렬의 로그는 다음의 관계를 만족하게 정해졌다.

$$M = e^{\ln M} = \sum_{n=0}^{\infty} \frac{(\ln M)^n}{n!} = 1 + \ln M + \frac{1}{2!}(\ln M)^2 + \cdots$$

그런데 $\ln\rho = \begin{pmatrix} \ln p_1 & 0 & \cdots \\ 0 & \ln p_2 & \cdots \\ \vdots & \vdots & \ddots \end{pmatrix}$ 이면, $(\ln\rho)^n = \begin{pmatrix} (\ln p_1)^n & 0 & \cdots \\ 0 & (\ln p_2)^n & \cdots \\ \vdots & \vdots & \ddots \end{pmatrix}$ 가

되어, 다음과 같이 위에 주어진 관계를 만족한다.

$$
\begin{aligned}
\rho &= e^{\ln \rho} = 1 + \ln \rho + \frac{1}{2!}(\ln \rho)^2 + \cdots \\
&= \begin{pmatrix} \sum_{n=0}^{\infty} \frac{(\ln p_1)^n}{n!} & 0 & \cdots \\ 0 & \sum_{n=0}^{\infty} \frac{(\ln p_2)^n}{n!} & \cdots \\ \vdots & \vdots & \ddots \end{pmatrix} \\
&= \begin{pmatrix} e^{\ln p_1} & 0 & \cdots \\ 0 & e^{\ln p_2} & \cdots \\ \vdots & \vdots & \ddots \end{pmatrix} \\
&= \begin{pmatrix} p_1 & 0 & 0 & \cdots \\ 0 & p_2 & 0 & \cdots \\ 0 & 0 & p_3 & \cdots \\ \vdots & \vdots & \vdots & \ddots \end{pmatrix} = \rho
\end{aligned}
$$

참고로 대각화 가능한 경우의 행렬은 그 로그를 다음과 같이 정의할 수 있다. 먼저 대각화된 행렬 Λ 가 원래의 행렬 M 과 다음의 관계로 주어진다고 하자.

$$\Lambda = V^{-1}MV$$

여기서 행렬 V 의 열들은 행렬 M 의 고유벡터들이며, 행렬 Λ 는 그 고유값들로 주어진 대각행렬이다. 이 경우 $M = V\Lambda V^{-1}$ 이 되는데, 이 M 행렬의 로그는 앞에서처럼 구할 수 있는 대각행렬 Λ 의 로그로 다음과 같이 주어진다.

$$\ln M = V(\ln \Lambda)V^{-1}$$

이는 다음과 같이 주어진 관계를 만족함을 확인할 수 있다.

$$
\begin{aligned}
M &= e^{\ln M} = \sum_{n=0}^{\infty} \frac{(\ln M)^n}{n!} = \sum_{n=0}^{\infty} \frac{[V(\ln \Lambda)V^{-1}]^n}{n!} \\
&= V\left[\sum_{n=0}^{\infty} \frac{(\ln \Lambda)^n}{n!}\right]V^{-1} = Ve^{\ln \Lambda}V^{-1} \\
&= V\Lambda V^{-1} = M
\end{aligned}
$$

14.4 문제 14.3의 결과를 써서 완전 무작위 모둠의 경우 밀도연산자 ρ 가 $\mathrm{Tr}\,(\rho) = 1$ 을 만족하면서 단위행렬에 비례하게 됨을 보여라. 이와 함께 문제 14.1의 결과로부터 순수 모둠의 폰 노이만 엔트로피는 0 이 되고, 완전 무작위 모둠의 경우 $S = k_B\ \ln N$ 이 되며, 일반적인 섞인 모둠의 폰 노이만 엔트로피는 항상 0 보다 큼을 보여라. 여기서 N 은 섞인 모둠에 존재하는 서로 다른 순수 모둠의 갯수이다.

도움말: 주어진 관계식 $S = -k_B \sum_i\ p_i \ln p_i \quad (k_B > 0)$에서 일반적인 섞인 모둠의 경우 $0 < p_i < 1$ 임을 사용하라.

풀이: 밀도연산자는 문제 14.3에서 고유상태 기저들로 다음과 같이 표현되었다.

$$\rho\ = \sum_i\ p_i\ |\alpha_i >< \alpha_i|$$

완전 무작위 모둠의 경우 구성 상태들이 모두 같은 확률로 존재하므로, $p_i = p$ 가 되고 $\sum_i p = 1$ 의 조건을 만족한다. 따라서 밀도연산자 행렬은 다음과 같이 쓸 수 있다.

$$\rho = \begin{pmatrix} p & 0 & 0 & \cdots \\ 0 & p & 0 & \cdots \\ 0 & 0 & p & \cdots \\ \vdots & \vdots & \vdots & \ddots \end{pmatrix} = p \begin{pmatrix} 1 & 0 & 0 & \cdots \\ 0 & 1 & 0 & \cdots \\ 0 & 0 & 1 & \cdots \\ \vdots & \vdots & \vdots & \ddots \end{pmatrix}$$

즉, 밀도연산자 행렬은 단위 행렬에 비례하고, $\mathrm{Tr}\,(\rho) = \sum_\mathrm{i} \mathrm{p} = 1$ 이 된다.

구성 상태가 $|\alpha_m>$ 인 순수 모둠의 밀도연산자는 문제 14.1에서 다음과 같았다.

$$\rho\ =\ |\alpha_m >< \alpha_m|$$

따라서 폰 노이만 엔트로피는 다음과 같이 쓸 수 있다.

$$S = -k_B \sum_i\ p_i \ln p_i\ = -k_B\ p_m \ln p_m$$

그런데 $p_m = 1$ 이므로, $S = 0$ 이 된다.

완전 무작위 모둠의 경우, 위에서 모든 $p_i = p$ 이므로, 그 구성 상태의 가지수를 N 이라고 하면 $p = 1/N$ 이 되어, 그 폰 노이만 엔트로피는 다음과 같다.

$$S = -k_B \sum_i\ p_i \ln p_i\ = -k_B\ N\ p \ln p\ = -k_B\ N\ \frac{1}{N} \ln \frac{1}{N}\ =\ k_B\ \ln N$$

일반적인 섞인 모둠의 경우, 폰 노이만 엔트로피는 다음과 같이 쓸 수 있는데,

$$S = -k_B \sum_i p_i \ln p_i$$

이때 $0 < p_i < 1$ 이므로 $\ln p_i < 0$ 이 되어, $S > 0$ 이 된다. 즉, 일반적인 섞인 모둠의 폰 노이만 엔트로피는 항상 0 보다 크다.

14.5 $+z$ 방향으로 향하는 크기가 B 인 균일한 자기장 내에 있는, 자기쌍극자모멘트가 $\frac{q}{mc}\vec{S}$ 로 주어지는 전하 q, 스핀 1/2 인 입자들로 구성된 정준 모둠을 생각하자. 이 경우 해밀토니안은 다음과 같이 주어진다.

$$H = -\frac{q}{mc}\vec{S}\cdot\vec{B}$$

S_z 의 고유상태들을 기저로 하는 밀도연산자 행렬과 분배함수를 구하여, 각 스핀 성분의 모둠평균을 구하라.

<u>도움말</u>: 정준 모둠에서 밀도연산자 ρ 와 분배함수 Z 는 해밀토니안 고유상태 기저에서 다음과 같이 표시됨을 이용하라.

$$\rho = \frac{\exp(-\beta H)}{Z}, \quad Z = \mathrm{Tr}\left[\exp(-\beta H)\right], \quad \beta^{-1} = k_B T$$

풀이: S_z 의 고유상태들을 $|\uparrow>$ 와 $|\downarrow>$ 로 표시하면, 그 해밀토니안 고유값들은 다음과 같다.

$$H|\uparrow> = -\frac{q}{mc}BS_z|\uparrow> = -\frac{qB\hbar}{2mc}|\uparrow>, \qquad H|\downarrow> = \frac{qB\hbar}{2mc}|\downarrow>$$

이는 다음의 행렬 표현들을 준다.

$$H = \begin{pmatrix} -\frac{\hbar w}{2} & 0 \\ 0 & \frac{\hbar w}{2} \end{pmatrix}, \quad \exp(-\beta H) = \begin{pmatrix} e^{\frac{\beta\hbar w}{2}} & 0 \\ 0 & e^{-\frac{\beta\hbar w}{2}} \end{pmatrix}, \quad w \equiv \frac{qB}{mc}$$

따라서 분배함수와 밀도연산자의 행렬 표현은 각각 다음과 같다.

$$Z = \mathrm{Tr}\left[\exp(-\beta H)\right] = e^{\frac{\beta\hbar w}{2}} + e^{-\frac{\beta\hbar w}{2}} = 2\cosh\frac{\beta\hbar w}{2}$$

$$\rho = \frac{\exp(-\beta H)}{Z} = \frac{(\cosh\frac{\beta\hbar w}{2})^{-1}}{2}\begin{pmatrix} e^{\frac{\beta\hbar w}{2}} & 0 \\ 0 & e^{-\frac{\beta\hbar w}{2}} \end{pmatrix}$$

여기서 각 스핀 성분은 S_z 의 고유상태 기저에서 각각 다음과 같이 표현되므로,

$$S_x = \frac{\hbar}{2}\begin{pmatrix} 0 & 1 \\ 1 & 0 \end{pmatrix}, \quad S_y = \frac{\hbar}{2}\begin{pmatrix} 0 & -i \\ i & 0 \end{pmatrix}, \quad S_z = \frac{\hbar}{2}\begin{pmatrix} 1 & 0 \\ 0 & -1 \end{pmatrix}$$

먼저 S_x 의 모둠평균은 다음과 같다.

$$\begin{aligned} < S_x > &= \mathrm{Tr}(\rho\, S_x) \\ &= \frac{(\cosh\frac{\beta\hbar w}{2})^{-1}}{2}\mathrm{Tr}\left[\begin{pmatrix} e^{\frac{\beta\hbar w}{2}} & 0 \\ 0 & e^{-\frac{\beta\hbar w}{2}} \end{pmatrix}\begin{pmatrix} 0 & \frac{\hbar}{2} \\ \frac{\hbar}{2} & 0 \end{pmatrix}\right] \\ &= \frac{(\cosh\frac{\beta\hbar w}{2})^{-1}}{2}\mathrm{Tr}\begin{pmatrix} 0 & \frac{\hbar}{2}e^{\frac{\beta\hbar w}{2}} \\ \frac{\hbar}{2}e^{-\frac{\beta\hbar w}{2}} & 0 \end{pmatrix} \\ &= 0 \end{aligned}$$

마찬가지로 S_y 의 모둠평균은 다음과 같다.

$$\begin{aligned} < S_y > &= \mathrm{Tr}(\rho\, S_y) \\ &= \frac{(\cosh\frac{\beta\hbar w}{2})^{-1}}{2}\mathrm{Tr}\left[\begin{pmatrix} e^{\frac{\beta\hbar w}{2}} & 0 \\ 0 & e^{-\frac{\beta\hbar w}{2}} \end{pmatrix}\begin{pmatrix} 0 & -\frac{i\hbar}{2} \\ \frac{i\hbar}{2} & 0 \end{pmatrix}\right] \\ &= \frac{(\cosh\frac{\beta\hbar w}{2})^{-1}}{2}\mathrm{Tr}\begin{pmatrix} 0 & -\frac{i\hbar}{2}e^{\frac{\beta\hbar w}{2}} \\ \frac{i\hbar}{2}e^{-\frac{\beta\hbar w}{2}} & 0 \end{pmatrix} \\ &= 0 \end{aligned}$$

끝으로 S_z 의 모둠평균은 다음과 같다.

$$\begin{aligned} < S_z > &= \mathrm{Tr}(\rho\, S_z) \\ &= \frac{(\cosh\frac{\beta\hbar w}{2})^{-1}}{2}\mathrm{Tr}\left[\begin{pmatrix} e^{\frac{\beta\hbar w}{2}} & 0 \\ 0 & e^{-\frac{\beta\hbar w}{2}} \end{pmatrix}\begin{pmatrix} \frac{\hbar}{2} & 0 \\ 0 & -\frac{\hbar}{2} \end{pmatrix}\right] \\ &= \frac{(\cosh\frac{\beta\hbar w}{2})^{-1}}{2}\mathrm{Tr}\begin{pmatrix} \frac{\hbar}{2}e^{\frac{\beta\hbar w}{2}} & 0 \\ 0 & -\frac{\hbar}{2}e^{-\frac{\beta\hbar w}{2}} \end{pmatrix} \\ &= \frac{\hbar}{2}\tanh\left(\frac{\hbar w}{2k_BT}\right), \quad w \equiv \frac{qB}{mc} \end{aligned}$$

14.6 이분복합계가 다음의 상태로 주어졌을 때, 부분계 A 의 밀도연산자와 얽힘 엔트로피를 구하라.

1). $|\Psi\rangle = \frac{1}{2}(|0\rangle_A - |1\rangle_A) \otimes (|0\rangle_B - |1\rangle_B)$

2). $|\Psi\rangle = \frac{1}{\sqrt{2}}(|0\rangle_A \otimes |1\rangle_B - \ |1\rangle_A \otimes |0\rangle_B)$

여기서 구성 성분계 A 와 B 의 힐버트 공간 $\mathcal{H_A}$ 와 $\mathcal{H_B}$ 의 기저는 각각 $\{|0\rangle_A, |1\rangle_A\}$와 $\{|0\rangle_B, |1\rangle_B\}$이다.

<u>도움말</u>: 얽힘 엔트로피는 주어진 밀도연산자 행렬 ρ_A 를 구하고, 그 고유벡터들을 기저로 하는 대각행렬 Λ 가 $\rho_A = V\Lambda V^{-1}$ 의 관계에 있을 때, $\ln\rho_A = V(\ln\Lambda)V^{-1}$ 로 주어짐을 활용하라.

풀이: 1). 먼저 부분계 A 의 밀도연산자 ρ_A 는 다음과 같이 주어진다.

$$\begin{aligned}
\rho_A &= \mathrm{Tr}_{\mathcal{H}_B}(\rho) \\
&= \sum_m {}_B\langle\phi_m|\left(|\Psi\rangle\langle\Psi|\right)|\phi_m\rangle_B \\
&= \frac{1}{4}\sum_m {}_B\langle\phi_m|\left(|0\rangle_A - |1\rangle_A\right)\otimes\left(|0\rangle_B - |1\rangle_B\right)\left({}_A\langle 0| - {}_A\langle 1|\right)\otimes\left({}_B\langle 0| - {}_B\langle 1|\,\right)|\phi_m\rangle_B \\
&= \frac{1}{4}\left[(|0\rangle_A - |1\rangle_A)({}_A\langle 0| - {}_A\langle 1|) + (|0\rangle_A - |1\rangle_A)({}_A\langle 0| - {}_A\langle 1|)\right] \\
&= \frac{1}{2}(|0\rangle_A - |1\rangle_A)({}_A\langle 0| - {}_A\langle 1|) \\
&= \frac{1}{2}\left[\ |0\rangle\langle 0| - |1\rangle\langle 0| - |0\rangle\langle 1| + |1\rangle\langle 1|\ \right]_A
\end{aligned}$$

위에서 $|\phi_m\rangle_B$ 는 $|0\rangle_B$ 과 $|1\rangle_B$ 를 나타내며, $|0\rangle_A$ 과 $|1\rangle_A$ 를 기저로 하는 밀도연산자 ρ_A 의 행렬 표현은 다음과 같다.

$$\rho_A = \frac{1}{2}\begin{pmatrix} 1 & -1 \\ -1 & 1 \end{pmatrix}$$

다음으로 부분계 A 의 얽힘 엔트로피는 다음과 같이 주어지는데,

$$S_A = -k_B\ \mathrm{Tr}_{\mathcal{H}_A}\left(\rho_A \ln\rho_A\right)$$

앞의 문제 14.3의 풀이에서 우리는 행렬 M 이 대각행렬 Λ 로 $M = V\Lambda V^{-1}$ 의 형태로 쓰여질 때, 행렬 M 의 로그가 다음과 같이 주어짐을 보았다.

$$\ln M = V(\ln \Lambda)V^{-1}$$

여기서 행렬 V의 열들은 행렬 M의 고유벡터들이고, Λ 는 그 고유값들로 주어진 대각 행렬이다. 그리고 엔트로피 계산에서 나오는 $\mathrm{Tr}\,(M \ln M)$은 다음의 관계를 만족한다.

$$\mathrm{Tr}(M \ln M) = \mathrm{Tr}[V\Lambda V^{-1} V(\ln \Lambda)V^{-1}] = \mathrm{Tr}[V\Lambda(\ln \Lambda)V^{-1}] = \mathrm{Tr}(\Lambda \ln \Lambda)$$

따라서 엔트로피 계산을 위해서는 밀도연산자 행렬을 그 고유벡터들의 기저에서 표현한 대각행렬로 바꾸어 계산해야 한다. 위에서는 $|0\rangle_A$ 과 $|1\rangle_A$ 를 기저로 썼지만, 우리는 이를 다음의 기저로 바꾸어 써도 된다.

$$|\widetilde{\phi}_1 >_A = \frac{1}{\sqrt{2}}(|0\rangle_A - |1\rangle_A), \quad |\widetilde{\phi}_2 >_A = \frac{1}{\sqrt{2}}(|0\rangle_A + |1\rangle_A)$$

앞에서 얻은 결과를 쓰면, 밀도연산자 ρ_A 의 새로운 기저에서의 표현은 다음과 같다.

$$\rho_A = \frac{1}{2}(|0\rangle_A - |1\rangle_A)({}_A\langle 0| - {}_A\langle 1|) = |\widetilde{\phi}_1 >_A \; {}_A < \widetilde{\phi}_1| \quad \Longrightarrow \quad \rho_A = \begin{pmatrix} 1 & 0 \\ 0 & 0 \end{pmatrix}$$

따라서 부분계 A 의 얽힘 엔트로피는 다음과 같다.

$$S_A = -k_B \; \mathrm{Tr}_{\mathcal{H}_A}(\rho_A \ln \rho_A) = -k_B \sum_i \widehat{p}_i \ln \widehat{p}_i = -k_B \ln 1 = 0$$

참고로, 위에서 우리는 새로운 기저를 직관적으로 생각했지만, $|0\rangle_A$ 과 $|1\rangle_A$ 를 기저로 하는 밀도연산자 ρ_A 의 행렬 표현에서도 바로 구할 수 있다. 즉, 행렬 $\rho_A = \frac{1}{2}\begin{pmatrix} 1 & -1 \\ -1 & 1 \end{pmatrix}$ 의 고유값을 구하면 1 과 0 을 얻으며, 이 각각의 고유값에 해당하는 고유벡터들이 바로 위에서 사용한 $|\widetilde{\phi}_1 >_A$ 와 $|\widetilde{\phi}_2 >_A$ 임은 곧 확인할 수 있다.

2). 이 경우, 부분계 A 의 밀도연산자 ρ_A 는 다음과 같다.

$$\begin{aligned}
\rho_A &= \mathrm{Tr}_{\mathcal{H}_B}(\rho) \\
&= \sum_m {}_B\langle\phi_m|\left(|\Psi\rangle\langle\Psi|\right)|\phi_m\rangle_B \\
&= \frac{1}{2}\sum_m {}_B\langle\phi_m|\left(|0\rangle_A\otimes|1\rangle_B - |1\rangle_A\otimes|0\rangle_B\right)\left({}_A\langle 0|\otimes {}_B\langle 1| - {}_A\langle 1|\otimes {}_B\langle 0|\right)|\phi_m\rangle_B \\
&= \frac{1}{2}\left(|1\rangle_A\, {}_A\langle 1| + |0\rangle_A\, {}_A\langle 0|\right) \iff \rho_A = \frac{1}{2}\begin{pmatrix} 1 & 0 \\ 0 & 1 \end{pmatrix}
\end{aligned}$$

따라서 부분계 A 의 얽힘 엔트로피는 다음과 같다.

$$S_A = -k_B\,\mathrm{Tr}_{\mathcal{H}_A}(\rho_A \ln \rho_A) = -k_B\sum_i \widehat{p}_i \ln \widehat{p}_i = -k_B\, 2\times\frac{1}{2}\ln\frac{1}{2} = k_B \ln 2$$

14.7 식 (14.63)에서 ${}_B < \widehat{\phi}_{i'}|\,\widehat{\phi}_i >_B = \widehat{p}_i\delta_{ii'}$ 의 관계로 정의된 확률 $\widehat{p}_i$ 가 다음과 같이 주어짐을 보여라.

$$\widehat{p}_i = \sum_m |c_{im}|^2$$

풀이: 식 (14.60)에서 주어진 $|\widehat{\phi}_i >_B \equiv \sum_m c_{im}\,|\phi_m >_B$ 의 관계를 대입하면, 다음 관계를 얻는다.

$${}_B < \widehat{\phi}_{i'}|\,\widehat{\phi}_i >_B = \sum_{m'} c^*_{i'm'}\ {}_B < \phi_{m'}|\sum_m c_{im}\,|\phi_m >_B = \sum_{m',m} c^*_{i'm'}c_{im}\delta_{mm'} = \widehat{p}_i\delta_{ii'}$$

따라서 맨 마지막 관계에서 다음의 결과를 얻는다.

$$\sum_m c^*_{i'm}c_{im} = \widehat{p}_i\delta_{ii'} \ \Rightarrow\ \widehat{p}_i = \sum_m |c_{im}|^2$$

14.8 아래 기술된 특이값 분해 singular value decomposition 정리를 써서, 이분복합계를 기술하는 임의의 순수상태 $|\Psi\rangle_{AB}$ 는 구성 부분계들의 힐버트 공간 $\mathcal{H}_A$ 와 $\mathcal{H}_B$ 의 직교규격화된 기저들의 텐서곱으로 전개할 수 있다는 아래의 슈미트 분해 정리(식 (14.65))를 증명하라.

$$|\Psi >_{AB} = \sum_i \sqrt{\widehat{p}_i}\ |\psi_i >_A \otimes |\widetilde{\phi}_i >_B$$

특이값 분해 정리: 임의의 $m \times n$ 복소 행렬 M 은 $m \times m$ 유니타리 행렬 U, $m \times n$ 직사각형 대각 행렬 D, 그리고 $n \times n$ 유니타리 행렬 V 로 다음과 같이 분해될 수 있다.

$$M = UDV$$

여기서 직사각형 대각 행렬 D 의 성분들은 특이값들 singular values 이라고 하며, 음이 아닌 실수들이다($d_{ii} \geq 0$).

<u>도움말</u>: 먼저 이분복합계의 순수상태 $|\Psi\rangle$를 구성 부분계인 힐버트 공간 $\mathcal{H}_A$ 와 $\mathcal{H}_B$ 의 기저상태들의 텐서곱들로 나타낸 식 (14.59)의 전개계수들 $\{c_{im}\}$을 $n_A \times n_B$ 복소 행렬 M 으로 놓고 특이값 분해 정리를 적용하라. 여기서 n_A 와 n_B 는 각각 힐버트 공간 $\mathcal{H}_A$ 와 $\mathcal{H}_B$ 의 차원이다.

풀이: 이분복합계에서의 순수상태 $|\Psi\rangle$를 구성 부분계인 힐버트 공간 $\mathcal{H}_A$ 와 $\mathcal{H}_B$ 의 기저상태들의 텐서곱들로 아래와 같이 나타내자.

$$|\Psi>_{AB} = \sum_{i,m} c_{im}\, |\psi_i>_A \otimes |\phi_m>_B$$

여기서 $\{|\psi_i>_A\}$ 와 $\{|\phi_m>_B\}$ 는 각각 정규직교하는 기저들이라고 하자. $\mathcal{H}_A$ 와 $\mathcal{H}_B$ 의 차원이 각각 n_A 와 n_B 라고 하면, 계수 c_{im} 은 $n_A \times n_B$ 복소 행렬(M)을 이룬다. 행렬 M에 특이값 분해 정리를 적용하면, 우리는 c_{im} 을 다음과 같이 쓸 수 있다.

$$c_{im} = \sum_k u_{ik} d_{kk} v_{km}$$

여기서 u_{ik} 와 v_{km} 는 각각 $n_A \times n_A$ 유니타리 행렬 U 와 $n_B \times n_B$ 유니타리 행렬 V, d_{kk} 는 $n_A \times n_B$ 대각행렬 D 에 속한다. 따라서 상태 $|\Psi>$ 는 다음과 같이 쓸 수 있다.

$$|\Psi>_{AB} = \sum_{i,k,m} u_{ik} d_{kk} v_{km}\, |\psi_i>_A \otimes |\phi_m>_B$$

여기서 $|k>_A \equiv \sum_i u_{ik}|\psi_i>_A$ 와 $|k>_B \equiv \sum_m v_{km}|\phi_m>_B$ 로 정의하고, $d_{kk} \equiv \lambda_k$ 로 놓으면 위 식은 다시 다음과 같이 쓸 수 있다.

$$|\Psi>_{AB} = \sum_k \lambda_k\, |k>_A \otimes |k>_B$$

이는 $\lambda_k = \sqrt{\widehat{p_k}}$ 로, $|k>_A = |\psi_k>_A$ 로, $|k>_B = |\widetilde{\phi_k}>_B$ 로 표시하면, 식 (14.65)와 일치한다.

여기서 U 의 유니타리성과 $\{|\psi_i>_A\}$의 정규직교성으로부터 $\{|k>_A\}$ 는 아래와 같이 정규직교하며,

$$\begin{aligned} {}_A<k'|k>_A &= \sum_{i,i'} {}_A<\psi_{i'}|u^*_{i'k'}u_{ik}|\psi_i>_A = \sum_{i,i'} \delta_{i'i}u^*_{i'k'}u_{ik} \\ &= \sum_i u^*_{ik'}u_{ik} = \sum_i (U^\dagger)_{k'i}(U)_{ik} = \delta_{k'k} \end{aligned}$$

마찬가지로 V 의 유니타리성과 $\{|\phi_m>_B\}$ 의 정규직교성으로부터 $\{|k>_B\}$ 도 정규직교한다.

14.9 식 (14.78)로 다음처럼 주어진 벨 부등식이 양자역학적 예측과 위배됨을 보여라.

$$P(\hat{a}+;\hat{b}+) \leq P(\hat{a}+;\hat{c}+) + P(\hat{c}+;\hat{b}+)$$

여기서 두 스핀 1/2 입자들은 스핀 단일항 상태에 있으며, $P(\hat{a}+;\hat{b}+)$는 입자 1을 $\hat{a}$ 방향으로, 입자 2를 $\hat{b}$ 방향으로 동시에 측정하여 각각 $|\hat{a},+>_1$ 상태와 $|\hat{b},+>_2$ 상태를 얻을 확률이다. 마찬가지로 $P(\hat{a}+;\hat{c}+)$는 입자 1은 $\hat{a}+$ 방향으로 입자 2는 $\hat{c}+$ 방향으로 측정할 확률, $P(\hat{c}+;\hat{b}+)$는 입자 1은 $\hat{c}+$ 방향으로 입자 2는 $\hat{b}+$ 방향으로 측정할 확률이다.

도움말: 먼저 문제 10.8에서 $\hat{n} = (\theta, \phi)$ 방향으로 스핀이 업인 상태 $|\hat{n},+>$ 가 다음과 같이 주어짐을 기억하자.

$$|\hat{n},+> = \begin{pmatrix} \cos(\theta/2)e^{-i\phi/2} \\ \sin(\theta/2)e^{i\phi/2} \end{pmatrix}$$

여기서 $|\hat{n},+>$ 는 $\vec{S}\cdot\hat{n} \equiv S_{\hat{n}}$ 일때, $S_{\hat{n}}\,|\hat{n},+> = \frac{\hbar}{2}|\hat{n},+>$ 을 만족한다. 이 결과는 S_z 의 고유상태들을 기저로 한 표현이므로, 이 상태가 원래의 업 상태인 $|\hat{z},+>$ 에 있을 확률이나, 역으로 $|\hat{z},+>$ 가 $|\hat{n},+>$ 에 있을 확률은 $\cos^2(\theta/2)$ 가 된다. 여기에 스핀 단일항을 이루는 입자 1과 2의 스핀은 같은 방향에서는 서로 반대임을 써서

$P(\hat{a}+;\hat{b}+) = \sin^2(\theta_{ab}/2)$ 가 됨을 보여라. 여기서 θ_{ab} 는 두 방향 $\hat{a}$ 와 $\hat{b}$ 가 이루는 사이각이다. 이 결과를 써서 $\hat{a}$ 와 $\hat{b}$ 가 수직이고($\theta_{ab} = \pi/2$), 방향 $\hat{c}$ 는 두 방향 사이를 이등분한다고($\theta_{ac} = \pi/4,\ \ \theta_{cb} = \pi/4$) 가정하여 벨 부등식 (14.78)이 위배됨을 보여라.

풀이: $P(\hat{a}+;\hat{b}+)$는 입자 1이 $+\hat{a}$ 방향, 입자 2가 $+\hat{b}$ 방향으로 동시에 존재할 확률이므로, $\hat{a}$ 와 $\hat{b}$ 가 각각 도움말의 $\hat{z}$ 와 $\hat{n}$ 에 해당한다고 생각하자. 스핀 단일항 상태에서 입자 1이 $+\hat{z}$ 방향으로 향하고 있다면, 입자 2는 $-\hat{z}$ 방향으로 향하게 된다. 이런 입자 2가 원래의 $-\hat{z}$ 방향에서 $\hat{n}$ 방향으로 향할 확률은, $\hat{z}$ 와 $\hat{n}$ 사이의 사이각이 θ_{ab} 라고 하면 $-\hat{z}$ 와 $\hat{n}$ 사이의 사이각은 $\pi - \theta_{ab}$ 이므로, $\cos^2[(\pi - \theta_{ab})/2] = \sin^2(\theta_{ab}/2)$ 이 된다. 즉, $P(\hat{a}+;\hat{b}+)$는 $\sin^2(\theta_{ab}/2)$ 이 된다. 마찬가지로 $P(\hat{a}+;\hat{c}+)$는 $\sin^2(\theta_{ac}/2)$, $P(\hat{c}+;\hat{b}+)$는 $\sin^2(\theta_{cb}/2)$ 가 된다. 따라서 벨 부등식은 다음과 같이 된다.

$$\sin^2(\theta_{ab}/2) \le \sin^2(\theta_{ac}/2) + \sin^2(\theta_{cb}/2)$$

여기서 $\theta_{ab} = \pi/2$ 이고, 방향 $\hat{c}$ 는 $\hat{a}$ 와 $\hat{b}$ 두 방향 사이를 이등분하는 방향이라고 하면, $\theta_{ac} = \pi/4,\ \ \theta_{cb} = \pi/4$ 가 되므로 다음 부등식이 성립하여야 한다.

$$\sin^2(\pi/4) \le \sin^2(\pi/8) + \sin^2(\pi/8)$$

그러나 $\sin^2(\pi/8) = [1 - \cos(\pi/4)]/2 \simeq 0.146$ 이고, $\sin^2(\pi/4) = 1/2$ 이므로, 위 부등식은 성립하지 않는다. 즉, 벨 부등식은 양자역학적 예측과 위배된다.

14.10 n-큐비트 두 개로 이루어진 이분복합계의 최대로 얽힌 순수상태에 대한 얽힘 엔트로피는 $nk_B \ln 2$ 로 주어짐을 보여라.

도움말: 이는 다음의 과정을 거쳐 구할 수 있다. 먼저 n-큐비트 두 개로 이루어진 이분복합계에서 순수상태는 슈미트 분해 정리에 의해 다음과 같이 쓸 수 있다.

$$|\psi> = \sum_{i=1}^{2^n} \sqrt{p_i}\ |i>_A \otimes |\tilde{i}>_B\ , \quad \sum_i p_i = 1$$

이로부터 전체 계의 밀도연산자 ρ 는 다음과 같이 쓸 수 있다.

$$\rho = |\psi><\psi| = \sum_{i,j} \sqrt{p_i p_j}\ |i>_A \otimes |\tilde{i}>_B \quad {}_A<j|\ \otimes {}_B<\tilde{j}|$$

따라서 부분계 A 의 밀도연산자 ρ_A 는 다음과 같이 쓸 수 있다.

$$\begin{aligned}\rho_A &= \mathrm{Tr}_{\mathcal{H}_B}(\rho) \\ &= \sum_{i,j,k} \sqrt{p_i p_j}\ |i>_A\ \ {}_A<j|\ \ {}_B<\tilde{k}|\tilde{i}>_B\ \ {}_B<\tilde{j}|\tilde{k}>_B\end{aligned}$$

여기서 최대로 얽혀 있는 이분복합계의 순수상태에서 얻어지는 부분계의 밀도연산자는 최대로 섞여 있게 되는 특성을 써서 ρ_A 가 다음과 같이 주어짐을 보여라.

$$\rho_A = \sum_{k=1}^{2^n} \frac{1}{2^n}|k>_A\ {}_A<k| = \frac{1}{2^n}\begin{pmatrix} 1 & & 0 \\ & \ddots & \\ 0 & & 1 \end{pmatrix}$$

이를 써서 얽힘 엔트로피 $S_A = -k_B\ \mathrm{Tr}_{\mathcal{H}_A}(\rho_A \ln \rho_A)$ 를 계산한다.

풀이: 도움말에서 부분계 A 의 밀도연산자 표현에서 ${}_B<\tilde{k}|\tilde{i}>_B = \delta_{ik}$ 이므로, ρ_A 는 다음과 같이 주어진다.

$$\begin{aligned}\rho_A &= \sum_{i,j,k} \sqrt{p_i p_j}\ |i>_A\ \ {}_A<j|\ \ \delta_{ik}\delta jk \\ &= \sum_{i} p_i\ |i>_A\ \ {}_A<i|\end{aligned}$$

도움말에서 주어졌듯이 최대로 얽혀 있는 이분복합계에서 순수상태의 부분계는 최대로 섞여 있게 되므로, 부분계를 구성하는 모든 기저상태(순수 모둠)들은 동일한 비율로 존재할 것이다. n-큐비트의 경우, 가능한 기저의 갯수(차원)는 2^n 이므로, $p_i = 1/2^n$ 이 되어야 한다. 즉, 도움말에 주어진 밀도연산자 ρ_A 의 표현을 얻는다.

$$\rho_A = \sum_{i=1}^{2^n} \frac{1}{2^n}|i>_A\ {}_A<i| = \frac{1}{2^n}\begin{pmatrix} 1 & & 0 \\ & \ddots & \\ 0 & & 1 \end{pmatrix}$$

따라서 얽힘 엔트로피는 다음과 같다.

$$
\begin{aligned}
S_A &= -k_B \operatorname{Tr}_{\mathcal{H}_A}(\rho_A \ln \rho_A) \\
&= -k_B \operatorname{Tr}\left[\begin{pmatrix} \frac{1}{2^n} & & 0 \\ & \ddots & \\ 0 & & \frac{1}{2^n} \end{pmatrix} \ln \begin{pmatrix} \frac{1}{2^n} & & 0 \\ & \ddots & \\ 0 & & \frac{1}{2^n} \end{pmatrix}\right] \\
&= -k_B \operatorname{Tr}\begin{pmatrix} \frac{1}{2^n}\ln\frac{1}{2^n} & & 0 \\ & \ddots & \\ 0 & & \frac{1}{2^n}\ln\frac{1}{2^n} \end{pmatrix} \\
&= -k_B\, 2^n \times \frac{1}{2^n}\ln\frac{1}{2^n} = nk_B \ln 2
\end{aligned}
$$

14.11 식 (14.90)에서 아래의 행렬표현으로 주어진 하다마드 게이트 H 가 기저 $|0\rangle$은 $(|0\rangle + |1\rangle)/\sqrt{2}$ 로, 기저 $|1\rangle$은 $(|0\rangle - |1\rangle)/\sqrt{2}$ 로 변환시키는 작용을 함을 보여라.

$$H \equiv \frac{1}{\sqrt{2}}\begin{pmatrix} 1 & 1 \\ 1 & -1 \end{pmatrix}$$

<u>도움말</u>: 단일 큐비트 기저의 행렬 표현이 $|0\rangle$은 $\begin{pmatrix} 1 \\ 0 \end{pmatrix}$이고, $|1\rangle$은 $\begin{pmatrix} 0 \\ 1 \end{pmatrix}$임을 사용하라.

풀이: 먼저 기저 $|0\rangle$에 하다마드 게이트를 작용시키면 다음과 같다.

$$H|0> = \frac{1}{\sqrt{2}}\begin{pmatrix} 1 & 1 \\ 1 & -1 \end{pmatrix}\begin{pmatrix} 1 \\ 0 \end{pmatrix} = \frac{1}{\sqrt{2}}\begin{pmatrix} 1 \\ 1 \end{pmatrix} = \frac{1}{\sqrt{2}}(|0> + |1>)$$

다음으로 기저 $|1\rangle$에 하다마드 게이트를 작용시키면 다음과 같다.

$$H|1> = \frac{1}{\sqrt{2}}\begin{pmatrix} 1 & 1 \\ 1 & -1 \end{pmatrix}\begin{pmatrix} 0 \\ 1 \end{pmatrix} = \frac{1}{\sqrt{2}}\begin{pmatrix} 1 \\ -1 \end{pmatrix} = \frac{1}{\sqrt{2}}(|0> - |1>)$$

14.12 앨리스(A)와 봅(B)이 한 큐비트씩 공유한 벨 상태 $|\phi_+\rangle_{AB}$와 별도의 단일 큐비트 상태 $|\psi\rangle_C$와의 텐서곱으로 주어진 상태 $|\psi\rangle_C \otimes |\phi_+\rangle_{AB}$가 있다.

$$|\psi>_C \otimes |\phi_+>_{AB} \equiv (\alpha|0>_C + \beta|1>_C) \otimes \frac{1}{\sqrt{2}}(\,|00>_{AB} + |11>_{AB})$$

그러면 텐서곱으로 주어진 상태 $|\psi\rangle_C \otimes |\phi_+\rangle_{AB}$는 다음과 같이 정의된 벨 상태들로,

$$|\phi_\pm > \equiv \frac{1}{\sqrt{2}}(\ |00>\pm|11>), \quad |\psi_\pm > \equiv \frac{1}{\sqrt{2}}(\ |01>\pm|10>),$$

아래와 같이 표현됨을 보여라.

$$\begin{aligned} |\psi>_C \otimes |\phi_+>_{AB} &= \frac{1}{2}\{\ |\phi_+>_{CA}(\alpha|0>_B + \beta|1>_B) \\ &\quad + |\phi_->_{CA}(\alpha|0>_B - \beta|1>_B) \\ &\quad + |\psi_+>_{CA}(\alpha|1>_B + \beta|0>_B) \\ &\quad + |\psi_->_{CA}(\alpha|1>_B - \beta|0>_B)\} \end{aligned}$$

도움말: $|00\rangle$, $|01\rangle$, $|10\rangle$, $|11\rangle$을 $|\phi_\pm\rangle$, $|\psi_\pm\rangle$들로 바꾼 표현을 활용하라.

풀이: 먼저 텐서곱으로 주어진 상태는 다음과 같이 쓸 수 있다.

$$|\psi>_C \otimes |\phi_+>_{AB} = \frac{1}{\sqrt{2}}\{\alpha|000>_{CAB} + \alpha|011>_{CAB} + \beta|100>_{CAB} + \beta|111>_{CAB}\}$$

여기서 $|00>, |01>, |10>, |11>$ 은 각각 다음과 같이 표현할 수 있다.

$$\begin{aligned} |00> &= \frac{1}{\sqrt{2}}(\ |\phi_+> + |\phi_->) \\ |01> &= \frac{1}{\sqrt{2}}(\ |\psi_+> + |\psi_->) \\ |10> &= \frac{1}{\sqrt{2}}(\ |\psi_+> - |\psi_->) \\ |11> &= \frac{1}{\sqrt{2}}(\ |\phi_+> - |\phi_->) \end{aligned}$$

이를 쓰면 $|000>_{CAB}$ 는 다음과 같이 쓰여진다.

$$|000>_{CAB} = \frac{1}{\sqrt{2}}(\ |\phi_+>_{CA} + |\phi_->_{CA})\ |0>_B$$

마찬가지로 $|011>_{CAB}, |100>_{CAB}, |111>_{CAB}$ 도 다음과 같이 주어진다.

$$\begin{aligned} |011>_{CAB} &= \frac{1}{\sqrt{2}}(\ |\psi_+>_{CA} + |\psi_->_{CA})\ |1>_B \\ |100>_{CAB} &= \frac{1}{\sqrt{2}}(\ |\psi_+>_{CA} - |\psi_->_{CA})\ |0>_B \\ |111>_{CAB} &= \frac{1}{\sqrt{2}}(\ |\phi_+>_{CA} - |\phi_->_{CA})\ |1>_B \end{aligned}$$

따라서 텐서곱 상태 $|\psi>_C \otimes |\phi_+>_{AB}$ 는 다음과 같이 보이고자 하는 결과를 준다.

$$\begin{aligned}
|\psi>_C \otimes |\phi_+>_{AB} &= \frac{1}{2}\{\alpha(\,|\phi_+>_{CA} + |\phi_->_{CA})\,|0>_B \\
&\quad + \alpha(\,|\psi_+>_{CA} + |\psi_->_{CA})\,|1>_B \\
&\quad + \beta(\,|\psi_+>_{CA} - |\psi_->_{CA})\,|0>_B \\
&\quad + \beta(\,|\phi_+>_{CA} - |\phi_->_{CA})\,|1>_B\} \\
&= \frac{1}{2}\{\,|\phi_+>_{CA}(\alpha|0>_B + \beta|1>_B) \\
&\quad + \,|\phi_->_{CA}(\alpha|0>_B - \beta|1>_B) \\
&\quad + \,|\psi_+>_{CA}(\alpha|1>_B + \beta|0>_B) \\
&\quad + |\psi_->_{CA}(\alpha|1>_B - \beta|0>_B)\}
\end{aligned}$$

14.13 앨리스(A)와 봅(B)이 각각 한 큐비트씩을 공유하는 벨 상태 $|\phi_+\rangle_{AB}$와 제 3의 상태 $|\psi\rangle_C = \alpha\,|0\rangle_C + \beta\,|1\rangle_C$의 텐서곱으로 전체 계의 상태가 주어지는 경우(식 (14.96) 참조), 양자 순간이동에서 제 3의 상태를 전송하는 관찰자 A의 측정 전에 그 상태를 전송 받게 되는 관찰자 B는 최대로 섞인 상태에 있음을 보여라. 이는 관찰자 B의 밀도연산자가 관찰자 A의 측정 전에 단위행렬에 비례함을 보임으로써 보여라.
도움말: 상태가 식 (14.96)으로 주어지는 전체 계의 밀도연산자를 구하고, 이를 관찰자 A의 힐버트 공간에 대해 트레이스를 취하여 부분계 B의 밀도연산자를 구한다. 이때 식 (14.96)의 첫 두 큐비트인 CA에 대한 트레이스를 취해야 함에 유의하라.
풀이: 먼저 전체 계의 상태는 다음과 같이 주어지므로,

$$\begin{aligned}
|\Psi> &\equiv |\psi>_C \otimes |\phi_+>_{AB} \\
&= \frac{1}{\sqrt{2}}\{\alpha|000>_{CAB} + \alpha|011>_{CAB} + \beta|100>_{CAB} + \beta|111>_{CAB}\}
\end{aligned}$$

전체 계의 밀도연산자는 다음과 같다.

$$\begin{aligned}
\rho &\equiv |\Psi><\Psi| \\
&= \frac{1}{2}\{|\alpha|^2|000><000| + |\alpha|^2|000><011| + \alpha\beta^*|000><100| + \alpha\beta^*|000><111| \\
&\quad +|\alpha|^2|011><000| + |\alpha|^2|011><011| + \alpha\beta^*|011><100| + \alpha^*\beta|100><000| \\
&\quad +\alpha\beta^*|011><111| + \alpha^*\beta|100><011| + |\beta|^2|100><100| + |\beta|^2|100><111| \\
&\quad +\alpha\beta^*|011><111| + \alpha^*\beta|111><000| + |\beta|^2|111><100| + |\beta|^2|111><111|\}
\end{aligned}$$

다음으로 부분계 B의 밀도연산자는 다음과 같이 되어 단위행렬에 비례한다.

$$\begin{aligned}
\rho_B &\equiv \mathrm{Tr}_{\mathcal{H}_{C\mathcal{A}}}\,\rho \\
&= {}_{CA}<00|\rho|00>_{CA} + {}_{CA}<01|\rho|01>_{CA} + {}_{CA}<10|\rho|10>_{CA} + {}_{CA}<11|\rho|11>_{CA} \\
&= \frac{1}{2}\left\{|\alpha|^2\ |0><0| + |\alpha|^2\ |1><1| + |\beta|^2\ |0><0| + |\beta|^2\ |1><1|\right\} \\
&= \frac{1}{2}\left\{(|\alpha|^2+|\beta|^2)\ |0><0| + (|\alpha|^2+|\beta|^2)\ |1><1|\right\} \\
&= \frac{1}{2}\{\ |0><0| + |1><1|\ \} = \frac{1}{2}\begin{pmatrix} 1 & 0 \\ 0 & 1 \end{pmatrix}
\end{aligned}$$

14.14 최대로 얽힌 $N \times N$ 차원의 이분복합계의 순수상태는 슈미트 분해에 의해 아래와 같이 식 (14.102)처럼 쓸 수 있음을 보여라.

$$|\tilde{\Psi}>_{AB} = \frac{1}{\sqrt{N}} \sum_{i=0}^{N-1} |i>_A \otimes |\tilde{i}>_B$$

<u>도움말</u>: 일반적으로 이분복합계의 순수상태는 슈미트 분해 정리에 의해 아래와 같이 식 (14.65)처럼 쓸 수 있다.

$$|\Psi>_{AB} = \sum_i \sqrt{\widehat{p}_i}\ |\psi_i>_A \otimes |\tilde{\phi}_i>_B$$

이 순수상태가 최대로 얽힌 상태일 경우, 그 부분계의 밀도연산자는 단위행렬에 비례하게 된다(문제 14.10). 이를 참고하여 위의 $\widehat{p}_i$ 값들이 모두 $1/N$ 의 값을 가지게 됨을 보여라.

풀이: $N \times N$ 차원 이분복합계의 순수상태는 슈미트 분해 정리에 의해 다음과 같이 쓸 수 있다.

$$|\Psi>_{AB} = \sum_{i=0}^{N-1} \sqrt{\widehat{p}_i}\ |\psi_i>_A \otimes |\widetilde{\phi}_i>_B$$

이 순수상태가 최대로 얽혔을 경우, 각 부분계의 밀도연산자는 단위행렬에 비례해야 한다. 여기서 부분계 B의 밀도연산자는 다음과 같다.

$$\begin{aligned}
\rho_B &\equiv \mathrm{Tr}_{\mathcal{H}_\mathcal{A}}\, \rho \ = \ \mathrm{Tr}_{\mathcal{H}_\mathcal{A}}\, |\Psi>_{AB}\ {}_{AB}<\Psi| \\
&= \sum_{k=0}^{N-1} {}_A<\psi_k| \left(\sum_{i=0}^{N-1}\sum_{j=0}^{N-1} \sqrt{\widehat{p}_i\widehat{p}_j}\ |\psi_i>_A \otimes |\widetilde{\phi}_i>_B\ \ {}_A<\psi_j| \otimes\ {}_B<\widetilde{\phi}_j| \right) |\psi_k>_A \\
&= \sum_{k=0}^{N-1}\sum_{i=0}^{N-1}\sum_{j=0}^{N-1} \delta_{ki}\delta_{jk} \sqrt{\widehat{p}_i\widehat{p}_j} |\widetilde{\phi}_i>_B\ {}_B<\widetilde{\phi}_j| \ = \ \sum_{i=0}^{N-1} \widehat{p}_i\ |\widetilde{\phi}_i>_B\ {}_B<\widetilde{\phi}_i|
\end{aligned}$$

이러한 부분계의 밀도연산자가 단위행렬에 비례하려면, 모든 $\widehat{p}_i$ 가 $1/N$ 이 되어야 한다. 이제 $|\Psi>_{AB} \equiv |\tilde{\Psi}>_{AB}$, $|\psi_i>_A \equiv |i>_A$, $|\widetilde{\phi}_i>_B \equiv |\tilde{i}>_B$ 로 놓으면, 다음과 같이 되어 주어진 관계가 성립한다.

$$|\tilde{\Psi}>_{AB} = \frac{1}{\sqrt{N}} \sum_{i=0}^{N-1} |i>_A \otimes |\tilde{i}>_B$$

찾아보기

기본 양자역학 문제 풀이집

인쇄 | 2024년 1월 05일
발행 | 2024년 1월 10일

지은이 | 이 창 영
펴낸이 | 조 승 식
펴낸곳 | (주)도서출판 북스힐

등 록 | 1998년 7월 28일 제22-457호
주 소 | 서울시 강북구 한천로 153길 17
전 화 | (02) 994-0071
팩 스 | (02) 994-0073

홈페이지 | www.bookshill.com
이메일 | bookshill@bookshill.com

정가 20,000원

ISBN 979-11-5971-563-1

Published by bookshill, Inc. Printed in Korea.